铝板带箔材生产技术问答

王国军 王 强 主编

U0332067

中南大学出版社
www.csupress.com.cn

图书在版编目(CIP)数据

铝板带箔材生产技术问答/王国军,王强主编.
—长沙:中南大学出版社,2014.6
ISBN 978 - 7 - 5487 - 1089 - 9

Ⅰ.铝... Ⅱ.①王...②王... Ⅲ.①铝 – 金属板 – 板材轧制 – 问题解答②铝 – 金属板 – 箔材轧制 – 问题解答
Ⅳ.TG335.5 – 44

中国版本图书馆 CIP 数据核字(2014)第 115794 号

铝板带箔材生产技术问答

王国军 王 强 主编

□责任编辑	刘颖维	
□责任印制	易红卫	
□出版发行	中南大学出版社	
	社址:长沙市麓山南路	邮编:410083
	发行科电话:0731-88876770	传真:0731-88710482
□印　　装	国防科技大学印刷厂	

□开　　本	880×1230 1/16 □印张 11.5 □字数 331 千字
□版　　次	2014 年 8 月第 1 版 □2014 年 8 月第 1 次印刷
□书　　号	ISBN 978 – 7 – 5487 – 1089 – 9
□定　　价	35.00 元

前　言

铝及铝合金材料具有一系列的优良特性，已经被广泛应用于国民经济的各个领域，如航空航天、交通运输、电子通讯、建筑装饰、包装容器、机械电气、石油化工、能源动力行业等，已经成为发展国民经济与提高人民物质生活和文化生活水平的重要基础材料。

近20年来，中国的铝加工业蓬勃发展，现在正处于高速发展的第三次高潮中。在铝加工工业中轧制产品无论从建设规模、产能与产量上都是铝加工材的第一大品种。铝轧制的发展过程中出现了许多的新设备、新技术、新工艺和新问题。这些已经成为从事铝轧制生产一线生产操作和工艺技术人员急需掌握和解决的问题。

王国军研究员级高工，材料学博士，在铝加工企业长期从事铝合金工艺技术管理、科研和新产品开发工作，负责产品的售前、售中和售后技术支持和服务，也负责技术领域新员工的培训、老员工的成长。在上述背景条件下，组织编写了《铝板带箔材生产技术问答》一书。本书精选了铝合金板带箔材生产过程中涉及的设备、工艺、操作要点、常见问题解决等全过程的技术问题，全书共分14章，内容包括变形铝合金基础知识、轧制原理、热轧设备及工艺、热连轧设备及工艺、冷轧设备及工艺、板型控制技术、模型与控制、轧制时的冷却与润滑、铸轧设备及工艺、精整设备及工艺、变形铝合金热处理、铝合金轧制产品常见缺陷及产生原因、铸轧带材缺陷特征及其产生原因、铝箔缺陷特征及其产生原因。本书从问题选择和结构安排上，力求理论联系实际、深入浅出、结合生产实际进行问题解答，同时突出了先进技术特点与行业发展前沿介绍，力争为读者提供一本实用的技术读物。

王国军负责全书的统筹审核和校对工作。第1章、第3章、第10章、第11章由王强、曹永亮编写，第4章、第6章、第7章、第8章由王海彬、罗潇编写，第 2 章、第 5 章、第 9 章、第 12 章、第 13 章、第 14 章、附录由高新宇、曹永亮编写，王强、高新宇进行统稿与初步校核。

本书在编写过程中，徐涛、赵永军、韩冰、谢延翠、马英义、魏继承等同志协助做了大量的工作，同时得到了不少专家和一线工人师傅的指导，并参阅了《铝加工技术实用手册》《铝加工生产技术 500 问》《铝合金热轧及热连轧技术》等国内外文献资料与企业的生产实例、图表和数据等，在此一并表示衷心的感谢。

由于作者水平有限，书中不妥之处，敬请广大读者批评指正。

编者

2014 年 1 月

目 录

第 1 章　变形铝合金基础知识

1　变形铝及铝合金是如何分类的？

按合金状态图及热处理特点分为可热处理强化铝合金和不可热处理强化铝合金两大类。

按合金性能和用途可分为：工业纯铝、切削铝合金、耐热铝合金、低强度铝合金、中强度铝合金、高强度铝合金、超高强度铝合金、锻造铝合金和特殊铝合金。

按合金中所含主要元素成分可分为：工业纯铝（1XXX 系）、Al – Cu合金（2XXX 系）、Al – Mn 合金（3XXX 系）、Al – Si 合金（4XXX 系）、Al – Mg 合金（5XXX 系）、Al – Mg – Si 合金（6XXX 系）、Al – Zn – Mg – Cu合金（7XXX 系）、Al – Li 合金（8XXX 系）及备用合金组（9XXX 系）。

2　我国变形铝及铝合金牌号是怎样表示的？

根据 GB/T 16474 的规定，凡是化学成分与变形铝及铝合金国际牌号注册协议组织（简称国际牌号注册组织）命名的合金相同的所有合金，其牌号直接采用国际四位数字体系牌号，未与国际四位数字体系牌号的变形铝合金接轨的，虽采用四位字符牌号命名，但试验铝合金在四位字符牌号前加 X，并按要求注册化学成分。四位字符牌号命名方法应符合四位字符体系牌号命名方法的规定。

四位字符体系牌号的第一、第三、第四位为阿拉伯数字，第二位为英文大写字母（C、I、L、N、O、P、Q、Z 字母除外）。牌号的第一位数字表示铝及铝合金的组别，如表 1 – 1 所示。除改型合金外，铝合金组别按主要合金元素来确定。例如：7A52、7B52 合金主要合金元素指极限含量算术平均值为最大的合金元素。当有一个以上的合金元素极限含量算术平均值同为最大时，应按 Cu、Mn、Si、Mg、Zn 和其他元素的顺序来确定合金组别。牌号的第二位字母表示原始纯铝或铝合金的改型情况，最后两位数字用以标志同一组中不同的铝合金或表示铝的纯度，例如 1060 合金。

表 1−1　铝合金牌号组别及系列

组别	牌号系列	组别	牌号系列
纯铝（Al 含量不小于 99.00%）	1XXX	以 Mg 和 Si 为主要合金元素并以 Mg_2Si 相为强化相的铝合金	6XXX
以 Cu 为主要合金元素的铝合金	2XXX	以 Zn 为主要合金元素的铝合金	7XXX
以 Mn 为主要合金元素的铝合金	3XXX	以其他元素为主要合金元素的铝合金	8XXX
以 Si 为主要合金元素的铝合金	4XXX	备用合金组	9XXX
以 Mg 为主要合金元素的铝合金	5XXX		

　　1. 纯铝的牌号命名法

　　Al 含量不低于 99.00% 时为纯铝，其牌号用 1XXX 系列表示。如 1035 合金牌号的最后两位数字表示最低 Al 含量百分数。当最低 Al 含量百分数精确到 0.01% 时，牌号的最后两位数字就是最低 Al 含量百分数中小数点后面的两位。牌号第二位的字母表示原始纯铝的改型情况。如果第二位的字母为 A，则表示为原始纯铝；如果是字母 B～Y（按国际规定用字母表的次序选用），则表示为原始纯铝的改型，与原始纯铝相比，其元素含量略有改变。

　　2. 铝合金的牌号命名法

　　铝合金的牌号用 2XXX～8XXX 系列表示。牌号的最后两位数字没有特殊意义，仅用来区分同一组中不同的铝合金。牌号第二位的字母表示原始合金的改型情况。如果牌号第二位的字母是 A，则表示为原始合金；如果是字母 B～Y（按国际规定用字母表的次序选用），则表示为原始合金的改型合金。改型合金与原始合金相比，化学成分的变化，仅限于一个合金元素或一组组合元素形式的合金含量，极限含量算术平均值的变化量符合表 1－2 的规定。

表1－2　极限含量算术平均值的变化量

原始合金中的极限含量算术平均值范围/%	≤1.2	1.0～2.0	2.0～3.0	3.0～4.0	4.0～5.0	5.0～6.0	>6.0
极限含量算术平均值的变化量不大于/%	0.15	0.2	0.25	0.3	0.35	0.4	0.5

注：(1) 改型合金中的组合元素极限含量的算术平均值，应与原始合金中相同组合元素的算术平均值或相同元素（构成该组和元素的各单个元素）的算术平均值之和相比较。

(2) 增加或删除了极限含量算术平均值不超过 0.30% 的一个合金元素；增加或删除了极限含量算术平均值不超过 0.40% 的一组组合元素形式的合金元素。

(3) 为了同一目的，用一个合金元素代替了另一个合金元素。

(4) 改变了杂质的极限含量。

(5) 细化晶粒的元素含量有变化。

3　我国变形铝合金的新旧牌号是如何对应的？

我国变形铝合金的新旧牌号对照见表 1－3。

表1－3　中国变形铝合金的新旧牌号对照表

新牌号	旧牌号	新牌号	旧牌号	新牌号	旧牌号	新牌号	旧牌号
1A99	原 LG5	2A20	曾用 LY20	4043		6A02	原 LD2
1A97	原 LG4	2A21	曾用 214	4043A		6B02	原 LD2－1
1A95		2A25	曾用 225	4047		6A51	曾用 651
1A93	原 LG3	2A49	曾用 149	4047A		6101	

续表 1 – 3

新牌号	旧牌号	新牌号	旧牌号	新牌号	旧牌号	新牌号	旧牌号
1A90	原LG2	2A50	原LD5	5A01	曾用2101、LF15	6101A	
1A85	原LG1	2B50	原LD6	5A02	原LF2	6005	
1080		2A70	原LD7	5A03	原LF3	6005A	
1080A		2B70	曾用LD7 – 1	5A05	原LF5	6351	
1070		2A80	原LD8	5B05	原LF10	6060	
1070A	代L1	2A90	原LD9	5A06	原LF6	6061	原LD30
1370		2004		5B06	原LF14	6063	原LD31
1060	代L2	2011		5A12	原LF12	6063A	
1050		2014		5A13	原LF13	6070	原LD2 – 2
1050A	代L3	2014A		5A30	曾用2103、LF16	6181	
1A50	原LB2	2214		5A33	原LF33	6082	
1350		2017		5A41	原LT41	7A01	原LB1
1145		2117		5A43	原LT43	7A03	原LC3
1035	代L4	2218		5A66	原LT66	7A04	原LC4
1A30	原L4 – 1	2618		5005		7A05	曾用705
1100	代L5 – 1	2219	曾用LY19、147	5019		7A09	原LC9
1200	代L5	2024		5050		7A10	原LC10
1235		2124		5251		7A15	曾用LC15、157
2A01	原LY1	3A21	原LF21	5052		7A19	曾用919、LC19

续表 1 – 3

新牌号	旧牌号	新牌号	旧牌号	新牌号	旧牌号	新牌号	旧牌号
2A02	原 LY2	3003		5154		7A31	曾用 183 – 1
2A04	原 LY4	3103		5154A		7A33	曾用 LB733
2A06	原 LY6	3004		5454		7A52	曾用 LC52、5210
2A10	原 LY10	3005		5554		7003	原 LC12
2A11	原 LY11	3105		5754		7005	
2B11	原 LY8	4A01	原 LT1	5056	原 LF5 – 1	7020	
2A12	原 LY12	4A11	原 LD11	5356		7022	
2B12	原 LY9	4A13	原 LT13	5456		7050	
2A13	原 LY13	4A17	原 LT17	5082		7075	
2A14	原 LD10	4004		5182		7475	
2A16	原 LY16	4032		5083	原 LF4	8A06	原 L6
2B16	曾用 LY16 – 1			5183		8011	曾用 LT96
2A17	原 LY17			5086		8090	

　　注：(1)"原"是指化学成分与新牌号等同，且都符合 GB/T 3190 规定的旧牌号。

　　　　(2)"代"是指与新牌号的化学成分相近似，且符合 GB/T 3190 规定的旧牌号。

　　　　(3)"曾用"是指已经鉴定，工业生产时曾经用过的牌号，但没有收入 GB/T 3190 中。

4　ISO 的变形铝合金牌号是怎样表示的？

　　国际标准化组织（ISO）制定的轻金属（铝、铝锭）及其合金的牌号是由化学元素符号与代表其成分的数字组成（ISO2092 及 ISO）。在牌号前冠以 ISO，如已用文字指明是国标标准牌号，则可省略。

1. 重熔用纯铝锭

电解厂生产的重熔纯铝锭牌号由铝的化学元素符号 Al 与代表其纯度的百分数数字组成，但应精确到小数点后两位或两位以上，如 Al99.80。

2. 加工的工业纯铝及铝合金

加工铝材的变形铝及铝合金的牌号由化学元素符号与代表金属纯度或合金元素含量的百分数数字组成。在工业纯产品牌号中，数字只表达小数点后一位，如 Al99.0。如果工业纯铝产品还含有最大量不超过 0.1%（Cu 例外，为 0.2%）的合金元素，则在数字后还应标出该合金元素的化学符号，如 Al99.0Cu，即是 Al 含量为 99.0%，Cu 含量≤0.2% 的工业纯铝。若工业纯铝中的某些杂质受到控制，且有特种用途时，应在表示纯度的数字后附加表示用途的大写拉丁字母，如纯度为 99.5% Al 的电工铝的牌号为 Al99.5E（E 为电工英文首字母）。

铝合金的牌号由基本元素 Al 及合金元素的化学元素符号及合金元素含量的平均百分数数字组成。合金元素含量大于 1% 的，只标出其含量整数，如 Mg 含量的平均数约为 3.0% 的 Al-Mg 合金，其牌号为 AlMg3。合金元素含量小于 1%，不标数字，如 Mg 及 Si 的含量分别小于 1% 的 Al-Mg-Si 合金的牌号为 AlMgSi。为了区别他们的含量关系，也可在其中的一个合金元素的化学元素后附加表示其平均含量的小数数字，如 AlMg0.5Si。

当合金中的基本金属是特殊规定成分的纯金属熔炼时，应在基本金属的元素符号后附加其含量百分数的小数点后的两位数字，例如 Al90Mg2 表示一种约含 2% Mg 与用纯度为 99.90% 的高纯铝锭熔炼的 Al-Mg 合金。

在合金牌号中，表示合金元素的化学符号依其含量多少，按递减次序排列，如他们的含量大致相等，则按其化学元素符号的字母顺序排列。需指出的是，国际标准中还规定变形铝及铝合金的牌号可用四位数字表示，即用美国铝业协会（AA）的牌号，但去掉数字前的 AA 字母。例如：7075 合金。

5　美国的变形铝合金牌号是怎样表示的?

根据美国国家标准 ANSIH351 – 1978 的规定，美国的变形铝及铝合金的牌号用四位数字表示。该标准是美国铝业协会(The Aluminium Association)1954 年采用的，1957 年由美国标准化协会纳入美国标准。

在四位数字牌号中，第一位数字表示合金系列。按铝合金中主要合金元素的分类如下:

①工业纯铝[$w($Al$)\geqslant99.00\%$]，1XXX 系列。

②Al – Cu 系合金，2XXX 系列。

③Al – Mn 系合金，3XXX 系列。

④Al – Si 系合金，4XXX 系列。

⑤Al – Mg 系合金，5XXX 系列。

⑥Al – Si – Mg 系合金，6XXX 系列。

⑦Al – Zn 系合金，7XXX 系列。

⑧其他元素合金，8XXX 系列。

⑨备用系，9XXX 系列。

在 1XXX 中，最后两位数字表示最低铝含量中小数点右边的两位数字，如 1060 是最低 Al 含量为 99.6% 的工业纯铝。牌号的第二位数字表示对杂质范围的修改，若是零则表示该工业纯铝的杂质范围为生产的正常范围;如果为 1 ~ 9 的自然数，则表示生产中应对某一种或几种杂质或合金元素加以专门地控制，例如 1350 工业纯铝是一种Al 含量大于 99.50% 的电工铝，其中有 3 种杂质应受到控制，即$\omega($V + Ti$)\leqslant0.02\%$，$\omega($B$)\leqslant0.05\%$，$\omega($Ga$)\leqslant0.03\%$。

在 2XXX ~ 8XXX 合金系列中，牌号最后两位数字只用来区别该型号中不同牌号的铝合金。第二位数字表示对合金的修改，如为零，则表示原始合金;如为 1 ~ 9 中的任一整数，则表示对合金的修改次数。

对于试验合金的牌号，在 4 位数字前加 X。

6 日本的变形铝合金牌号是怎样表示的?

日本的变形铝合金的牌号分为三部分,最前面的为 A 表示铝及铝合金;第二部分是国际数字牌号;第三部分表示材料品种或尺寸精度等级的大写字母,如 A2024P,P 表示板材。

7 我国变形铝及铝合金状态代号及其表示方法是怎样的?

1. 基础状态代号

根据 GB/T 16475—1996 标准规定,基础状态代号用一个英文大写字母表示。细分状态代号采用基础状态代号后跟一位或多位阿拉伯数字表示方法。基础状态代号分为 5 种,如表 1-4 所示。

表 1-4 基础状态代号

代号	名称	说明与应用
F	自由加工状态	适用于在成形过程中,对于加工硬化和热处理条件无特殊要求的产品,该状态产品的力学性能不作规定
O	退火状态	适用于经完全退火获得最低强度的加工产品
H	加工硬化状态	适用于通过加工硬化提高强度的产品,产品在加工硬化后可经过(也可不经过)使强度有所降低的附加热处理。H 代号后面必须跟有两位或三位阿拉伯数字
W	固溶热处理状态	一种不稳定状态,仅适用于经固溶热处理后,室温下自然时效的合金,该状态代号仅表示产品处于自然时效阶段
T	热处理状态(不同于 F、O、H 状态)	适用于热处理后,经过(或不经过)加工硬化达到稳定状态的产品。T 代号后面必须跟有一位或多位阿拉伯数字

2. 细分状态代号

(1) H(加工硬化)的细分状态

在字母 H 后面添加两位阿拉伯数字(称作 HXX 状态),或三位阿拉伯数字(称作 HXXX 状态)表示 H 的细分状态。

A. HXX 状态

H 后面的第一位数字表示获得该状态的基本处理程序,如下所示:

H1——单纯加工硬化状态。适用于未经过附加热处理,只经过加工硬化即获得所需强度的状态。

H2——加工硬化及不完全退火的状态。适用于加工硬化程度超过成品规定要求后,经不完全退火,使强度降低到规定指标的产品。对于室温下自然时效软化的合金,H2 与对应的 H3 具有相同的最小极限抗拉强度值;对于其他合金,H2 与对应的 H1 具有相同的最小极限抗拉强度值,但延伸率比 H1 稍高。

H3——加工硬化及稳定化处理的状态。适用于加工硬化后经低温热处理或由于加工过程中的受热作用致使其力学性能达到稳定的产品。H3 状态仅适用于在室温下逐渐时效软化(除非经稳定化处理)的合金。

H4——加工硬化及涂漆处理的状态。适用于加工硬化后,经涂漆处理导致了不完全退火的产品。

H 后面的第二位数字表示产品的加工硬化程度。数字 8 表示硬状态。通常采用 O(退火)状态的最小抗拉强度与表 1-5 规定的强度差值之和来规定 HX8 状态的最小抗拉强度值。对于 O 状态和 HX8 状态之间的状态,应在 HX 代号后分别添加从 1~7 的数字来表示,在 HX 后添加数字 9 表示比 HX8 加工硬化程度更大的超硬状态。各种 HXX 细分状态代号及对应的加工硬化程度如表 1-6 所示。

表 1-5 HX8 状态与 O 状态的最小抗拉强度的差值

O 状态的最小抗拉强度/MPa	HX8 状态与 O 状态的最小抗拉强度差值/MPa	O 状态的最小抗拉强度/MPa	HX8 状态与 O 状态的最小抗拉强度差值/MPa
≤40	55	165 ~ 200	100
45 ~ 60	65	205 ~ 240	105
65 ~ 80	75	245 ~ 280	110
85 ~ 100	85	285 ~ 320	115
105 ~ 120	90	≥325	120
125 ~ 160	95	—	—

表 1-6 HXY 细分状态代号与加工硬化程度

细分状态代号	加工硬化程度
HX1	抗拉强度极限为 O 与 HX2 状态的中间值
HX2	抗拉强度极限为 O 与 HX4 状态的中间值
HX3	抗拉强度极限为 HX2 与 HX4 状态的中间值
HX4	抗拉强度极限为 O 与 HX8 状态的中间值
HX5	抗拉强度极限为 HX4 与 HX6 状态的中间值
HX6	抗拉强度极限为 HX4 与 HX8 状态的中间值
HX7	抗拉强度极限为 HX6 与 HX8 状态的中间值
HX8	硬状态
HX9	超硬状态,最小抗拉强度极限值超 HX8 状态至少 10 MPa

注:当按表 1-6 确定的 HX1 ~ HX9 状态抗拉强度极限值不是以 0 或 5 结尾时,应修正至以 0 或 5 结尾的相邻较大值。

B. HXXX 状态

HXXX 状态代号如下所示:

H111——适用于终退火后又进行了适量的加工硬化,但加工硬化程度又不及 H11 状态的产品。

H112——适用于热加工成形的产品。该状态产品的力学性能有规定要求。

H116——适用于 Mg 含量 ≥4.0% 的 5XXX 系合金制成的产品。这些产品具有规定的力学性能和抗剥落腐蚀性能要求。

C. 花纹板的状态代号

花纹板的状态代号和其对应的压花前的板材状态代号如表 1 - 7 所示。

表 1 - 7　花纹板和其压花前的板材状态代号对照

花纹板的状态代号	压花前的板材状态代号	花纹板的状态代号	压花前的板材状态代号
H114	O	H164 H264 H364	H15 H25 H35
H124 H224 H324	H11 H21 H31	H174 H274 H374	H16 H26 H36
H134 H234 H334	H12 H22 H32	H184 H284 H384	H17 H27 H37
H144 H244 H344	H13 H23 H33	H194 H294 H394	H18 H28 H38
H154 H254 H354	H14 H24 H34	H195 H295 H395	H19 H29 H39

（2）T 的细分状态

在字母 T 后面添加一位或多位阿拉伯数字表示 T 的细分状态。

A. TX 状态

在 T 后面添加 0～10 的阿拉伯数字，表示的细分状态（称作 TX 状态）如表 1 - 8 所示。T 后面的数字表示对产品的基本处理程序。

表 1-8 TX 细分状态代号说明与应用

状态代号	说明与应用
T0	固溶热处理后，经自然时效再通过冷加工的状态 适用于经冷加工提高强度的产品
T1	由高温成形过程冷却，然后自然时效至基本稳定的状态 适用于由高温成形过程冷却后，不再进行冷加工(可进行矫直、矫平，但不影响力学性能极限)的产品
T2	由高温成形过程冷却，经冷加工后自然时效至基本稳定的状态 适用于由高温成形过程冷却后，进行冷加工、或矫直、矫平以提高强度的产品
T3	固溶热处理后进行冷加工，再经自然时效至基本稳定的状态 适用于在固溶热处理后，进行冷加工、或矫直、矫平以提高强度的产品
T4	固溶热处理后自然时效至基本稳定的状态 适用于固溶热处理后，不再进行冷加工(可进行矫直、矫平，但不影响力学性能极限)的产品
T5	由高温成形过程冷却，然后进行人工时效的状态 适用于由高温成形过程冷却后，不经过冷加工(可进行矫直、矫平，但不影响力学性能极限)，予以人工时效的产品
T6	固溶热处理后进行人工时效的状态 适用于固溶热处理后，不再进行冷加工(可进行矫直、矫平，但不影响力学性能极限)的产品
T7	固溶热处理后进行过时效的状态 适用于固溶热处理后，为获取某些重要特性，在人工时效时，强度在时效曲线上越过了最高峰点的产品
T8	固溶热处理后经冷加工，然后进行人工时效的状态 适用于经冷加工、或矫直、矫平以提高强度的产品
T9	固溶热处理后人工时效，然后进行冷加工的状态 适用于经冷加工提高强度的产品
T10	由高温成形过程冷却后，进行冷加工，然后人工时效的状态 适用于经冷加工、或矫直、矫平以提高强度的产品

B. TXX 状态及 TXXX 状态（消除应力状态除外）

在 TX 状态代号后面再添加一位阿拉伯数字（称作 TXX 状态），或添加两位阿拉伯数字（称作 TXXX 状态），表示经过了明显改变产品特性（如力学性能、抗腐蚀性能等）的特定工艺处理的状态，如表 1 - 9所示。

表 1 - 9　TXX 及 TXXX 细分代号说明与应用

状态代号	说明与应用
T42	适用于自 O 或 F 状态固溶热处理后，自然时效到充分稳定状态的产品，也适用于需将任何状态的加工产品热处理后，力学性能达到 T42 状态的产品
T62	适用于自 O 或 F 状态固溶热处理后，进行人工时效的产品，也适用于需将对任何状态的加工产品热处理后，力学性能达到 T62 状态的产品
T73	适用于固溶热处理后，经过时效以达到规定的力学性能和抗应力腐蚀性能指标的产品
T74	与 T73 状态定义相同，该状态的抗拉强度大于 T73 状态，但小于 T76 状态
T76	与 T73 状态定义相同，该状态的抗拉强度分别高于 T73、T74 状态，抗应力腐蚀断裂性能分别低于 T73、T74 状态，但其抗剥落腐蚀性能仍较好
T7X2	适用于自 O 或 F 状态固溶热处理后，进行人工过时效处理，力学性能及抗腐蚀性能达到 T7X 状态的产品
T81	适用于固溶热处理后，经 1% 左右的冷加工变形提高强度，然后进行人工时效的产品
T87	适用于固溶热处理后，经 7% 左右的冷加工变形提高强度，然后进行人工时效的产品

C. 消除应力状态

在上述 TX 或 TXX 或 TXXX 状态代号后面再添加 51、或 510、或 511、或 54 表示经历了消除应力处理的产品状态代号，如表 1 - 10 所示。

表 1 -10   消除应力状态代号说明与应用

状态代号	说明与应用
TX51 TXX51 TXXX51	适用于固溶热处理或自高温成形过程冷却后，按规定量进行拉伸的厚板、轧制或冷精整的棒材以及模锻件、锻环或轧制环，这些产品拉伸后不再进行矫直 厚板的永久变形量为 1.5% ~3%；轧制或冷精整棒材的永久变形量为 1% ~3%；模锻件、锻环或轧制环的永久变形量为 1% ~5%
TX510 TXX510 TXXX510	适用于固溶热处理或自高温成形过程冷却后，按规定量进行拉伸的挤制棒、型和管材，以及拉制管材，这些产品拉伸后不再进行矫直。 挤制棒、型和管材的永久变形量 1% ~3%；拉制管材的永久变形量为 1.5% ~3%
TX511 TXX511 TXXX511	适用于固溶热处理或自高温成形过程冷却后，按规定量进行拉伸的挤制棒、管和管材，以及拉制管材，这些产品拉伸后略微矫直以符合标准公差 挤制棒、型和管材的永久变形量 1% ~3%；拉制管材的永久变形量为 1.5% ~3%
TX52 TXX52 TXXX52	适用于固溶热处理或高温成形过程冷却后，通过压缩来消除应力，以产生 1% ~5% 的永久变形量的产品
TX54 TXX54 TXXX54	适用于在终锻模内通过冷整形来消除应力的模锻件

（3）W 的消除应力状态

正如 T 的消除应力状态代号表示方法，可在 W 状态代号后面添加相同的数字（如 51、52、54），以表示不稳定的固溶热处理及消除应力状态。

8   ISO 的变形铝合金状态代号及其表示方法是怎样的？

按国际标准规定，铝材的状态代号由拉丁字母与数字组成，标于合金牌号后，用连字号把他们分开。

1. 基本状态代号

加工铝材的基本状态代号如下：

M——制造状态，表示热成形的材料，对其力学性能有一定的要求。

F——加工状态，表示不控制力学性能的热加工的材料所处的状态。

O——退火状态，表示处于最低强度性能的完全退火的压力加工产品所处的状态。

H——加工硬化状态(仅用于压力加工产品)，表示退火的材料(或热成形的)再加以冷加工所处的状态，以使材料达到标定的力学性能；或是冷加工后经部分退火或稳定化退火所处的状态，通常，在字母 H 之后加一数字，在数字后再加一字母，表示材料的最终加工硬化程度。

T——一种完全不同于 M、F、O 与 H 状态的热处理状态，用于通过热处理可使其强度增加的产品，在字母 T 之后附有第二个字母，以表示不同的热处理状态。材料在热处理之后，既可进行一定量的冷加工，也可不进行冷加工。

2.基本状态代号的细目

加工硬化状态(H)的细目如下：

H1——加工硬化的。

H2——加工硬化后经部分退火的。

H3——加工硬化后经稳定化处理的。

在数字之后，还应加字母，以表示材料的最终加工硬化程度(符号 X 表示上述的 1、2、3)：

HXH——充分硬化状态。

HXD——材料的抗拉强度大致介于 O 状态与 HXH 状态之间；

FIXB——材料的抗拉强度大致介于 O 状态与 HXD 状态之间。

HXF——材料的抗拉强度大致介于 HXD 状态与 HXH 状态之间。

HKJ——材料的抗拉强度比 HXH 状态的大 10 MPa 以上的状态。

热处理状态(T)的细目是在字母 T 之后再加另一字母，以表示不同的热处理状态。

TA——从热成形工序冷却到室温与自然时效后的状态。适用于热加工(如热挤压)后以一定的降温速度冷却到室温,并自然时效到稳定状态的产品。

TB——固溶热处理与自然时效状态。适用于固溶热处理后不进行冷加工的材料,但矫平与矫直时的冷加工则例外。处于这种状态的某些合金材料的性能是不稳定的。

TC——热加工后冷却到室温,再冷加工与自然时效后的状态。适用于从热加工(锻造或挤压)温度以一定的降温速度冷却到室温,再冷加工一定的量以提高其强度的产品。处于这种状态的某些合金的性能是不稳定的。

TD——固溶热处理、冷加工与自然时效后的状态。适用于固溶热处理后进行一定量的冷加工,以提高其强度或降低其内应力的产品。处于这种状态的某些合金材料的性能是不稳定的。

TE——从热成形温度冷却到室温再进行人工时效后的状态。适用于热挤压产品。

TF——固溶热处理与人工时效后的状态。适用于固溶热处理后不进行冷加工的材料,但可进行必要的矫直与平整。

TG——从热加工温度冷却到室温,再冷加工与人工时效后的状态。适用于少量冷加工可提高其强度的材料。

TH——固溶热处理、冷加工与人工时效后的状态。适用于少量冷加工可提高其强度的材料。

TL——固溶热处理、人工时效与冷加工的状态。适用于冷加工可提高其强度的材料。

TM——固溶热处理与稳定化处理后的状态。适用于固溶热处理后加以稳定化热处理,使其强度越过强度曲线上峰值而具有某些特殊性能的材料。

ISO2107 还规定:如果必要,在状态代号细目之后可再附加一位或两位数字,一个或两个字母,以表示材料状态的精细变化。

加工铝材的国际标准状态代号也可用美国铝业协会的状态代号替换,它们的对应关系如表 1 - 11 所示。

表 1–11　ISO 与美国铝业协会状态代号对比表

ISO 状态代号	AA 状态代号	ISO 状态代号	AA 状态代号
M	H112	TB	T4
F	F	TC	T2
O	O	TD	T3
H1B、H2B、H3B	H12、H22、H32	TE	T5
H1D、H2D、H3D	H14、H24、H34	TF	T6
H1F、H2F、H3F	H16、H26、H36	TG	T10
H1H、H2H、H3H	H18、H28、H38	TH	T8
H1J、H2J、H3J	H19、H29、H39	TL	T9
TA	T1	TM	T7

9　美国的变形铝合金状态代号及其表示方法是怎样的？

美国变形铝合金材料的状态代号标在合金牌号后，并用破折号隔开。标准的状态名称系统是由一个表示基本状态的字母和一个或几个数字所组成。除了退火和加工状态之外，按不同种类加上一个数字或几个数字来更准确地说明。

1. 四种基本状态

F——加工状态，用于经过正常加工工序后所获得产品的状态，如热挤压状态与热轧状态。适用于不需要进行专门的热处理或加工硬化的产品，对其力学性能不加以限制。

H——应变硬化状态。

O——退火状态。

T——热处理状态。

2. 基本状态代号 H 和 T 的详细分类

H1n——单纯加工硬化状态，适用于不需要退火的材料，只需通过加工硬化就可获得所需强度，H1 后的 n 代表加工硬化程度的数字。

H2n——加工硬化后进行不完全退火的状态。H2 后的数字表示材料经不完全退火后所保留的加工硬化程度。

H3n——加工硬化后再经过稳定化处理的状态。适用于加工硬化后经低温退火、使其强度略为降低、伸长率稍有升高而力学性能稳定的材料，冷加工后与130℃～170℃进行稳定化处理。n是表示加工硬化程度的数字：

$n=2$，表示1/4硬状态；

$n=4$，表示1/2硬状态；

$n=6$，表示3/4硬状态；

$n=8$，表示全硬状态；

$n=9$，表示超硬状态。

数字8表示材料极限抗拉强度与完全退火后受到75%冷加工量（加工温度不超过50℃）获得的强度相当的状态。数字4表示极限抗拉强度约为O状态和8状态中间值的材料状态。数字2表示极限抗拉强度约为O状态与4状态的中间值的材料状态。数字6表示约为4和8状态中间值的材料状态。数字9表示材料的最低抗拉强度比状态8的强度还大10 MPa以上的状态。对于第二位数字为奇数的两位数字H状态，其标定抗拉强度是第二位数字为偶数的相邻的两位数字H状态材料的标定值的算术平均值。

H后三位数字的材料状态的最低抗拉强度与相应的两位数字的材料相当，具体内容如下：

H111——加工硬化程度比H11稍小的状态。

H112——一种对加工硬化程度或退火程度未加调整的加工状态，但对材料的力学性能有要求，需做力学性能试验。

H116——Al－Mg系合金所处的一种专门的加工硬化状态（大加工率后稳定化）。

H191——加工硬化程度比H19的稍低而比H18的又略高的状态。

H311——适用于Mg含量大于4%的加工材料，加工硬化程度比H31稍小的状态。

H321——适用于Mg含量大于4%的加工材料，热加工和冷加工的加工硬化程度都比H32稍小的状态。

H323、H343——特殊的加工状态。适用于Mg含量大于4%的加工材料，处于这种状态的 Mg 含量高的铝材具有相当好的抗应力腐蚀开裂的能力。

T1——热加工后自然时效状态。

T2——高温热加工冷却后冷加工，然后再进行自然时效的状态。

T3——固溶处理后进行冷加工，然后自然时效的状态。

T4——固溶处理和自然时效能达到充分稳定的状态。

T5——高温热加工冷却后再进行人工时效的状态。

T6——固溶处理后人工时效状态。

T7——固溶处理后再经过稳定化处理的状态。

T8——固溶处理后冷加工在人工时效的状态。

T9——固溶处理后人工时效，再经冷加工的状态。

T10——高温热加工冷却在冷加工及人工时效的状态。

T31、T361、T37——T3 状态材料分别受到 1%、6%、7% 冷加工量的状态。

T41——在热水中淬火的状态，以防止变形与产生较大的热应力，此状态用于锻件。

T42——由用户进行 T 处理的状态。

TX51——消除应力的状态。

TX52——施加 1% ~5% 压缩量消除应力的状态，适用于锻件。

TX53——通过淬火时温度急剧变化引起的热变形消除应力后的状态。

TX54——通过拉伸与压缩相结合的方法消除残余应力后的状态，用于表示在终锻模内通过冷锻消除应力的锻件。

T61——在热水中进行 T6 处理，适用于铸件。

T62——由 O 或 F 状态固溶处理后，再进行人工时效的状态。

T73——为改善材料的抗应力腐蚀开裂的能力而进行过时效处理后的一种状态。

T7352——材料在固溶处理后经 1% ~3% 的永久压缩变形以消除残余应力，然后再经过过时效处理所达到的一种状态。

T736——过时效程度介于 T73 与 T76 之间的状态，这种状态的材料有高的抗应力腐蚀开裂的性能。

T76——过时效处理状态，这种状态的材料有相当高的抗剥落腐蚀的能力。

T81、T861、T87——分别为 T31、T371、T37 的人工时效状态。

10　日本的变形铝合金状态代号及其表示方法是怎样的？

日本变形铝合金的状态代号完全用美国铝业协会（AA）的国际状态代号。

11　主要添加元素（Cu、Si、Mg、Mn、Zn 等）在变形铝合金中的作用如何？

1．Cu

Cu 是变形铝合金中重要合金化元素，有一定的固溶强化作用，此外时效析出 $CuAl_2$ 相有着明显的时效强化效果。铝合金中 Cu 含量通常在 2.5% ~ 8%，其中 Cu 含量在 4% ~ 6.8% 时强化效果最好，所以大部分硬铝合金的中 Cu 含量处于这个范围。但随着 Cu 含量的增加，铝合金的变形抗力增高，焊接性能和抗腐蚀性能，特别抗应力腐蚀性能下降。

2．Si

Al – Si 合金的共晶温度为 577℃，此时 Si 在固溶体中的最大溶解度为 1.65%。尽管溶解度随着温度降低而减少，但这类合金一般是不能热处理强化的。Al – Si 合金具有良好的铸造性能和抗蚀性能。

若 Mg 和 Si 同时加入铝中形成从 Al – Mg – Si 系合金，这是一类重要的可热处理强化的铝合金，强化相为 Mg_2Si。其 Mg 与 Si 的质量比为 1.73∶1。设计 Al – Mg – Si 系合金成分时，基本上按此比例配置 Mg 和 Si 的含量。有的 Al – Mg – Si 合金，为了提高强度，加入适量的 Cr 以抵消 Cu 对抗蚀性的不利影响。Al – Mg – Si 系合金大致可分为三组。

第一组合金有平衡的 Mg、Si 含量。Mg 和 Si 的总量不超过 1.5%，Mg_2Si 一般在 0.8% ~ 1.2%。典型合金是 6063。固溶处理温度高，淬火敏感性低，挤压性能好，挤压后可直接风淬，抗蚀性高，阳极氧化处理效果好。

　　第二组合金的 Mg、Si 总量较高，Mg_2Si 为 1.4% 左右。Mg/Si 比亦为 1.73∶1 的平衡成分。该组合金加入了适量的 Cu 以提高强度，同时加入适量的 Cr 以抵消 Cu 对抗蚀性的不良影响。典型合金是 6061，其抗拉强度比 6063 约高 70 MPa，但淬火敏感性较高，不能实现风淬。

　　第三组合金的 Mg、Si 总量是 1.5%，但有过剩的 Si，其作用是细化 Mg_2Si 质点，同时 Si 沉淀后亦有强化作用。但 Si 易于在晶界偏析，将引起合金脆化，降低塑性。加入 Cr（如 6151）或 Mn（如 6351），有助于减小过剩硅的不良作用。

　　在变形铝合金中，Si 单独加入铝中只限于焊接材料，Si 加入铝中亦有一定的固溶强化作用。

3. Mg

　　Mg 在铝中的溶解度随温度下降而迅速减小，在大部分工业用变形铝合金中，Mg 含量均小于6%，而 Si 含量也低，这类合金是不能热处理强化的，但焊性良好，抗蚀性也好，并有中等强度。

　　Mg 对铝的强化作用是明显的，每增加 1% Mg，抗拉强度大约升高 34 MPa。如果加入 1% 以下的 Mn，可起补充强化作用。加 Mn 后可降低 Mg 含量，可降低热裂倾向，另外，Mn 还可以使 Mg_5Al_5 化合物均匀沉淀，改善抗蚀性和焊接性能。

4. Mn

　　Al – Mn 合金共晶温度为 658℃，此时 Mn 在 α 固溶体中的最大溶解度为 1.82%。合金强度随溶解度增加而不断增加，Mn 含量为 0.8% 时，伸长率达最大值。Al – Mn 合金是非时效硬化合金，即不可热处理强化合金。

　　Mn 能阻止铝及其合金的再结晶过程，提高再结晶温度，并能显著细化再结晶晶粒。再结晶晶粒细化主要是通过 $MnAl_6$ 化合物弥散质点对再结晶晶粒长大起阻碍作用。$MnAl_6$ 的另一作用是能溶解杂质铁，形成 $(FeMn)Al_6$，减小铁的有害影响。

　　Mn 是铝合金的重要合金化元素，可以单独加入形成 Al – Mn 二元合金，更多的是和其他合金元素一同加入，因而大多数铝合金含有锰（高纯铝及高纯铝合金除外）。但 Mn 会明显地增加铝的电阻，所以用作电导体材料时应控制锰的含量。

5. Zn

Zn 单独加入铝中，在变形的条件下对合金强度的提高十分有限，同时存在应力腐蚀开裂倾向，因而限制了它的应用。但 Zn 能提高铝的电极电位，Al – 1% Zn 的合金可用作包覆铝或牺牲阳极。

在铝中同时加入 Zn 和 Mg，形成强化相 $MgZn_2$，对合金产生明显的强化作用。$MgZn_2$ 含量从 0.5% 提高到 12% 时，可不断地增加抗拉强度和屈服强度，而且 Mg 含量超过形成 $MgZn_2$ 相所需要的量时，还会产生补充强化作用。

调整 Zn 和 Mg 的比例，可提高抗拉强度和增大应力腐蚀开裂抗力。所以在超硬铝合金中，Zn 和 Mg 的比例控制在 2.7 左右时，应力腐蚀开裂抗力最大。

如在 Al – Zn – Mg 基础上加入 Cu 元素，形成 Al – Zn – Mg – Cu 合金，其强化效果在所有铝合金中最大，也是航天、航空工业中最重要的铝合金材料。

12 微量添加元素(Ti、B、Cr、Zr 和稀土等)在变形铝合金中的作用如何？

通常，在铝合金中添加微量元素有：Ti、B、Zr、Fe、Si、Sr、Cr 元素。

1. Ti 和 B

Ti 是铝合金中常用的添加元素，以 A1 – Ti 或 Al – Ti – B 中间合金形式加入。Ti 与 Al 形成 $TiAl_2$ 相，成为结晶时的非自发核心，起细化铸造组织和焊缝组织的作用。Al – Ti 系产生包晶反应时，Ti 的临界含量约为 0.15%，如果有 B 存在则减小到 0.01%。

2. Cr

Cr 是 Al – Mg – Si 系、Al – Mg – Zn 系、Al – Mg 系合金中常见的添加元素。在 600℃ 时，Cr 在 Al 中的溶解度为 0.8%，室温时基本上不溶解。

Cr 在 Al 中形成 $(FeCr)Al_7$ 和 $(CrMn)Al_{12}$ 等金属间化合物，阻碍

再结晶的形核和长大过程，对合金有一定强化作用，还能改善合金韧性和降低应力腐蚀开裂敏感性。但会增加淬火敏感性，使阳极氧化膜呈黄色。Cr 在铝合金中的添加量一般不超过 0.35%，并随合金中过渡族元素的增加而降低。

3. Fe 和 Si

Fe 在 Al – Cu – Mg – Ni – Fe 系锻铝合金中，Si 在 Al – Mg – Si 系锻铝中和在 Al – Si 系焊条及硅铸造合金中，均是作为合金元素加入的，在其他铝合金中，Si 和 Fe 是常见的杂质元素，对合金组织性能有明显影响。他们主要以 $FeAl_3$ 和游离硅存在。当 Si 大于 Fe 时，形成 β – $FeSiAl_5$ 或 $Fe_2Si_2Al_9$ 相，而 Fe 大于 Si 时，形成 α – Fe_2SiAl_8 或 Fe_3SiAl_{12} 相。当 Fe/Si 比不当时，会引起铸件产生裂纹，铸铝中 Fe 含量过高时会使铸件产生脆性。

4. Sr

Sr 是表面活性元素，在结晶学上 Sr 能改变金属间化合物的行为。因此用 Sr 元素进行变质处理能改善合金的塑性加工性能和最终产品质量。由于 Sr 具有变质有效时间长、效果和再现性好等优点，近年来在 Al – Si 铸造合金中取代 Na 的使用。对挤压用铝合金中加入 0.015% ~ 0.03% Sr，使铸锭中 β – FeSiAl 相变成 α – FeSiAl 相，减少铸锭均匀化时间 60% ~ 70%，提高材料力学性能和塑性加工性；改善制品表面粗糙度。对于高 Si（10% ~ 13%）变形铝合金中加入 0.02% ~ 0.07% 的 Sr 元素，可使初晶硅减少至最低限度，力学性能也显著提高，抗拉强度由 233 MPa 提高到 236 MPa，屈服强度由 204 MPa 提高到 210 MPa，伸长率由 9% 增至 12%。在过共晶 Al – Si 合金中加入 Sr，能减小初晶硅粒子尺寸，改善塑性加工性能，可顺利热轧和冷轧。

5. Zr

Zr 也是铝合金的常用添加剂。一般加入量为 0.1% ~ 0.3%，Zr 和 Al 形成 Al_3Zr 化合物，阻碍再结晶过程，细化再结晶晶粒。Zr 亦能细化铸造组织，但比 Ti 的效果小。有 Zr 存在时会降低 Ti 和 B 细化晶粒的效果。在 Al – Zn – Mg – Cu 系合金中，由于 Zr 对淬火敏感性的影响比 Cr 和 Mn 的小，因此宜用 Zr 来代替 Cr 和 Mn 对再结晶组织的细化作用。

6. 稀土

稀土元素加入铝及铝合金中，有许多良好的作用，如在熔炼铸造时增加成分过冷，细化晶粒，减小二次枝晶间距，减少气体和夹杂，球化夹杂相，降低熔体表面张力，增加流动性等，对工艺性能有着明显的影响。

各种稀土加入量约为 0.1% 为好。混合稀土添加使 Al −0.65% Mg −0.61% Si 合金 GP 区形成的临界温度降低。含镁的铝合金，能激化稀土元素的变质作用。

13   杂质元素和有害元素对变形铝合金的作用如何？

在铝合金中有时还存在 V、Ca、Pb、Sn、Bi、Sb、Be 及 Na 等杂质元素。这些杂质元素由于熔点高低不一，结构不同，与铝形成的化合物亦不相同，因而对铝合金性能的影响各不一样。

1. V

V 和 Ti 有相似的作用。V 加入铝及铝合金中生成难溶化合物，在熔铸过程中起细化晶粒的作用，但其效果比 Ti 和 Zr 的小。V 亦有细化再结晶组织、提高再结晶温度的作用。微量 V 使铝的导电性能有明显的降低，故导电铝材应严格控制其含量。

2. Ca

Ca 在铝中的固溶度极低，与铝形成 $CaAl_4$ 化合物，Ca 又是铝合金的超塑性元素，含有 5% Ca 和 5% Mn 的铝合金具有超塑性。Ca 与 Si 形成 $CaSi_4$，不溶入铝，由于减小了 Si 的固溶量，可稍微提高工业纯铝的导电性能。Ca 能改善铝合金的切削性能。4A13 和 4A17 中加入 0.1% Ca，可提高强度，但降低塑性。$CaSi_2$ 不能使合金产生热处理强化作用。微量 Ca 有利于去除铝液中的氢。

3. Pb、Sn、Bi

这些熔点低的金属在铝中固溶度不大，略降低合金强度，但改善切削性能。Bi 在凝固过程中膨胀，对补缩有利。高 Mg 合金中加入 Bi，可防止钠脆。

4. Be

Be 在变形铝合金中可改善氧化膜的结构，减少熔铸时的烧损和夹杂。Be 为有毒元素，能使人产生过敏性中毒，因此不能加入接触食品或饮料的铝合金中。焊料金属中的 Be 含量通常控制在 8×10^{-6} 以下。用作焊接基体的铝合金也应控制 Be 的含量。在 Al - Mg 合金中，Mg 含量在 0.6% 以下时，氧化膜结构是 MgO 固溶于 Al_2O_3 中，当 Mg 含量达 1% 以上时，氧化膜则由氧化铝和氧化镁的混合物组成，其致密性减小，Mg 量愈高则致密性愈差，在熔炼和铸造过程中，Mg 的烧损和合金的吸气性增加，易形成氧化夹渣。加入 0.005% 以下的 Be，由于 Be 扩散至熔体表面，生成致密的氧化膜，从而减少了合金的烧损和污染，又不损害铝合金的抗蚀性。

5. Na

Na 在铝中几乎不溶解，最大固溶度 < 0.0025%，Na 熔点低（97.8℃），合金中存在 Na 时，凝固过程中吸附在枝晶表面或晶界。热加工时，晶界上的 Na 形成液态吸附层，产生脆性开裂，即所谓钠脆。当有 Si 存在时，形成 AlNaSi 化合物，无游离钠存在，不产生钠脆。当 Mg 含量超过 2% 时，Mg 夺取 Si，析出游离钠，产生钠脆。因此高镁铝合金不允许使用钠盐溶剂。防止钠脆的方法有氯化法，使 Na 形成 NaCl 排入渣中，加 Bi 使之生成 Na_2Bi 进入金属基体；加 Sb 生成 Na_3Sb 或加入稀土亦可起到相同的作用。

6. Sb

Sb 主要用作铸造铝合金的变质剂。对于变形铝合金使用很少，仅加入 Al - Mg 合金中可代替铋防止钠脆，并可提高抗海水腐蚀的能力。加入某些 Al - Zn - Mg - Cu 系合金中，可改善热压和冷压工艺性能。

14　1XXX 系铝合金的特点、主要杂质及所起作用是什么?

1. 主要特点

1XXX 系合金属于工业纯铝，具有密度小、导电性好、导热性高、熔解潜热大、光反射系数大、热中子吸收界面剂较小及外表色泽美观等特性、铝在空气中其表面能生成致密而坚固的氧化膜，阻止氧的侵入，因而具有较好的抗蚀性。1XXX 系铝合金用热处理方法不能强化，只能采用冷作硬化方法来提高强度，因此强度较低。

2. 主要杂质及所起作用

1XXX 系 Al 合金中的主要杂质是 Fe 和 Si，其次是 Cu、Mg、Zn、Mn、Cr、Ti、B 等，以及一些稀土元素，这些微量元素在部分 1XXX 系铝合金中还起合金化的作用，并且对合金的组织和性能均有一定的影响。

Fe：Fe 与 Al 可以生成 $FeAl_3$　Fe 与 Si 和 Al 可以生产三元化合物 $\alpha(Al、Fe、Si)$ 和 $\beta(Al、Fe、Si)$，它们是 1XXX 系铝合金中的主要相，性硬而脆，对力学性能影响较大，一般是使强度略有提高，而塑性降低，并可以提高再结晶温度。

Si：Si 与 Fe 是铝合金中的共存元素，当 Si 过剩时，以游离硅状态存在，性硬而脆，使合金的强度略有提高，而塑性降低，并对高纯 Al 的二次再结晶晶粒度有明显影响。

Cu：Cu 在 1XXX 系铝合金中主要以固溶状态存在，对合金的强度有些贡献，对再结晶温度也有影响。

Mg：Mg 在 1XXX 系铝合金中可以是添加元素，并主要以固溶状态存在，其作用是提高强度，对再结晶温度的影响较小。

Mn、Cr：Mn、Cr 可以明显提高再结晶温度，但对细化晶粒的作用不大。

Ti、B：Ti、B 是 1XXX 系铝合金的主要变质元素，既可以细化铸锭晶粒，又可以提高再结晶温度。但 Ti 对再结晶温度的影响与 Fe 和 Si 的含量有关，当含有 Fe 时，其影响非常显著；若含有少量的 Si 时，其作用减小；但当 Si 含量达到 0.48% 时，Ti 又可以使再结晶温度显著提高。

添加元素和杂质对 1XXX 系铝合金的电学性能影响较大，一般均使电性能降低，其中 Ni、Cu、Fe、Zn、Si 降低较少，而 V、Cr、Mn、Ti 则降低较多。此外，杂质的存在破坏了铝表面形成氧化膜的连续性，使铝的抗蚀性降低。

15 2XXX 系铝合金的特点、主要合金元素及所起作用是什么?

1. 2XXX 系铝合金的特点

2XXX 系铝合金是以 Cu 为主要合金元素的铝合金,它包括了 Al – Cu – Mg合金、Al – Cu – Mg – Fe – Ni 合金和 Al – Cu – Mn 合金等,这些合金均属于热处理可强化铝合金。

2XXX 系铝合金的特点是强度高,通常称为硬铝合金,其耐热性能和加工性能良好,但耐蚀性不如大多数其他铝合金好,在一定条件下会产生晶间腐蚀,因此,板材往往需要包覆一层纯铝,或一层对芯板有电化学保护的 6XXX 系铝合金,以大大提高其耐腐蚀性能。其中,Al – Cu – Mg – Fe – Ni合金具有极为复杂的化学组成和相组成,它在高温下有高的强度,并具有良好的工艺性能,主要用于在150~250℃以下工作的耐热零件;Al – Cu – Mn 合金的室温强度虽然低于 Al – Cu – Mg 合金2024 和2A14,但在225~250℃或更高温度下强度却比二者高,并且合金的工艺性能良好,易于焊接,主要应用于耐热可焊的结构件及锻件。该系合金广泛应用于航空和航天领域。

2. 主要合金元素及所起的作用

(1) Al – Cu – Mg 合金

本系合金的主要合金牌号有 2A01、2A02、2A06、2A10、2017、2A11、2A12、2024 等,主要添加元素有 Cu、Mg 和 Mn,他们对合金的作用如下:

A. Cu、Mg 含量对合金力学性能的影响

当 Mg 含量为1%~2%时,Cu 含量从1.0%增加到4%时,淬火状态的合金抗拉强度从200 MPa提高到380 MPa;淬火自然时效状态下合金的抗拉强度从300 MPa增加到480 MPa。Cu 含量在1%~4%范围内,Mg 从0.5%增加到2.0%时,合金的抗拉强度增加;继续增加 Mg 含量时,合金的强度降低。

含4.0%Cu 和2.0%Mg 的合金抗拉强度值为最大,Cu 含量3%~4%和 Mg 含量0.5%~1.3%的合金,其淬火自然的效效果最大。试验指出,含 Cu 含量4%~6%和 Mg 含量1%~2%Mg 的 Al – Cu – Mg 三元合金,

在淬火自然时效状态下，合金的抗拉强度可达 490 ~ 510 MPa。

B. Cu、Mg 含量对合金耐热性能的影响

由含有 0.6% Mn 的 Al – Cu – Mg 合金在 200℃ 和 160 MPa 应力下的持久强度试验值可知，Cu 含量 3.5% ~ 6% 和 Mg 含量 1.2% ~ 2.0% 的合金，持久强度最大。这时合金位于 Al – S(Al_2CuMg) 伪二元截面上或这一区域附近。远离伪二元截面的合金，即当 Mg 含量小于 1.2% 和大于 2.0% 时，其持久强度最低。若 Mg 含量提高到 3.0% 或更多时，合金持久强度将迅速降低。

在 250℃ 和 100 MPa 应力下试验，也得到了相似的规律。在 300℃ 下持久强度最大的合金，位于 Mg 含量较高的 Al – S 二元截面以右的 $\alpha + S$ 相区中。

C. Cu、Mg 含量对合金耐蚀性的影响

Cu 含量为 3% ~ 5% 的 Al – Cu 二元合金，在淬火自然时效状态下耐蚀性能很低。加入 0.5% Mg，降低 α 固溶体的电位，可部分改善合金的耐蚀性。含 Mg 量大于 1.0% 时，合金的局部腐蚀增加，腐蚀后伸长率急剧降低。

Cu 含量大于 4.0%，Mg 含量大于 1.0% 的合金，Mg 降低了 Cu 在 Al 中的溶解度，合金在淬火状态下，有不溶解的 $CuAl_2$ 和 S 相，这些相的存在加速了腐蚀。含 Cu 含量为 3% ~ 5% 和含 Mg 含量为 1% ~ 4% 的合金，他们位于同一相区，在淬火自然时效状态耐蚀性相差不多。$\alpha – S$ 相区的合金比 $\alpha – CuAl_2 – S$ 区域的耐蚀性能差。晶间腐蚀是 Al – Cu – Mg 系合金的主要腐蚀倾向。

Mn：Al – Cu – Mg 合金中加 Mn，主要是为了消除 Fe 的有害影响和提高耐蚀性。Mn 能稍许提高合金的室温强度，但使塑性有所降低。Mn 还能延迟和减弱 Al – Cu – Mg 合金的人工时效过程，提高合金的耐热强度。Mn 也是使 Al – Cu – Mg 合金具有挤压效应的主要因素之一。Mn 的添加量一般低于 1.0%，含量过高，能形成粗大的 $(FeMn)Al_6$ 脆性化合物，降低合金的塑性。

4. 微量元素的影响

Al – Cu – Mg 合金中添加的少量微量元素有 Ti 和 Zr，杂质主要是

Fe、Si 和 Zn 等，其影响如下。

Ti：合金中的 Ti 能细化铸态晶粒，减少铸造时形成裂纹的倾向性。

Zr：少量的 Zr 和 Ti 有相似的作用，细化铸态晶粒，减少铸造和焊接裂纹的倾向性，提高铸锭和焊接接头的塑性。加 Zr 不影响含 Mn 合金冷变形制品的强度，对无 Mn 合金强度稍有提高。

Si：Mg 含量低于 1.0% 的 Al – Cu – Mg 合金，Si 含量超过 0.5%，能提高人工时效的速度和强度，而不影响自然时效能力。因为 Si 和 Mg 形成了 Mg_2Si 相，有利于人工时效效果。但 Mg 含量提高到 1.5% 时，经淬火自然时效或人工时效处理后，合金的强度和耐热性能随 Si 含量的增加而下降。因而，Si 含量应尽可能低降低。Si 含量增加将使 2024、2A06 等合金铸造形成裂纹倾向增加，塑性下降。因此，合金中的 Si 含量一般限定在 0.5% 以下。要求塑性高的合金，Si 含量应能低些。

Fe：Fe 和 Al 形成 $FeAl_3$ 化合物；Fe 并溶入 Cu、Mn、Si 等元素所形成的化合物中，这些不溶入固溶体中的粗大化合物，降低了合金的塑性，变形时合金易于开裂，并使强化效果明显降低。而少量的 Fe（小于 0.25%）对合金力学性能影响很小，改善了铸造、焊接时裂纹的形成倾向，但使自然时效速度降低。为获得高塑性的材料，合金中的 Fe、Si 含量应尽量低些。

Zn：少量的 Zn(0.1% ~ 0.5%) 对 Al – Cu – Mg 合金的室温力学性能影响很小，但使合金耐热性降低。合金中 Zn 含量应限制在 0.3% 以下。

（2）Al – Cu – Mg – Fe – Ni 合金

本系合金的主要合金牌号有 2A70、2A80、2A90、2D70、2618 等，各合金元素的作用如下：

Cu 和 Mg：Cu、Mg 含量对上述合金室温强度和耐热性能的影响与 Al – Cu – Mg 合金的相似。由于该系合金中 Cu、Mg 含量比 Al – Cu – Mg 合金低，使合金位于 α + S(Al_2CuMg) 两相区中，因而合金具有较高的室温强度和良好的耐热性；另外，Cu 含量较低时，低浓度的固溶体分解倾向小，这对合金的耐热性是有利的。

Ni：Ni 与合金中的 Cu 可以形成不溶解的三元化合物，Ni 含量低时形成 AlCuNi，Ni 含量高时形成 $Al_3(CuNi)_2$，因此，Ni 的存在能降低固溶体中 Cu 的浓度，对淬火状态晶格常数的测定结果也证明了合金固溶体中 Cu 溶质原子的贫化。当 Fe 含量很低时，Ni 含量增加能降低合金的硬度，减小合金的强化效果。

Fe：Fe 和 Ni 一样，也能降低固溶体中 Cu 的浓度。当 Ni 含量很低时，合金的硬度随 Fe 含量的增加，开始时是明显降低，但当 Fe 含量达到某一数值后，又开始提高。

Ni 和 Fe：在 AlCu2.2Mg1.65 合金中同时添加 Fe 和 Ni 时，淬火自然时效、淬火人工时效、淬火和退火状态下的硬度变化特点相似，均在 Ni、Fe 含量相近的部位出现一个最大值，相应在此处其淬火状态下的晶格常数出现一极小值。

当合金中 Fe 含量大于 Ni 含量时，会出现 Al_7Cu_2Fe 相。相反，当合金中 Ni 含量大于 Fe 含量时，则会出现 AlCuNi 相，上述含 Cu 三元相的出现，降低了固溶体中 Cu 的浓度，只有当 Fe、Ni 含量相等时，则全部生成 Al9FeNi 相，在这种情况下，由于没有过剩的 Fe 或 Ni 去形成不溶解的含 Cu 相，则合金中的 Cu 除形成 $S(Al_2CuMg)$ 相外，同时也增加了 Cu 在固溶体中的浓度，这有利于提高合金强度及其耐热性。

Fe、Ni 含量可以影响合金耐热性。Al9FeNi 相是硬脆的化合物，在 Al 中溶解度极小，经锻造和热处理后，当它们弥散分布于组织中时，能够显著地提高合金的耐热性。例如在 AlCu2.2Mg1.65 合金中 Ni 含量 1.0%，加入 0.7% ~ 0.9% 的 Fe 的合金持久强度值最大。

Si：在 2A80 合金中加入 0.5% ~ 1.2% 的 Si 提高了合金的室温强度，但使合金的耐热性降低。

Ti：2A70 合金中加入 0.02% ~ 0.1% 的 Ti，细化铸态晶粒，提高锻造工艺性能，对耐热性有利，但对室温性能影响不大。

（3）Al – Cu – Mn 系

本系合金主要合金牌号有 2A16、2A17 等，其主要合金元素作用如下。

Cu：在室温和高温下，随着 Cu 含量提高，合金强度增加。Cu 含量达到 5.0% 时,合金强度接近最大值。另外,Cu 能改善合金的焊接性能。

Mn:Mn 是提高耐热合金的主要元素,它提高固溶体中原子的激活能,降低溶质原子的扩散系数和固溶体的分解速度。当固溶体分解时,析出 T 相($Al_{20}Cu_2Mn_3$)的形成和长大过程也非常缓慢,所以合金在一定高温下长时间受热时性能也很稳定。添加适当的 Mn(0.6% ~ 0.8%),能提高合金淬火和自然时效状态的室温强度和持久强度。但 Mn 含量过高,T 相增多,使界面增加,加速了扩散作用,降低了合金的耐热性。另外,Mn 也能降低合金焊接时的裂纹倾向。

Al – Cu – Mn 合金中添加的微量元素有 Mg、Ti、Zr,而主要杂质元素有 Fe、Si、Zn 等,其影响如下。

Mg:在 2A16 合金中 Cu、Mn 含量不变的情况下,添加 0.25% ~ 0.45% 的 Mg 而成为 2A17 合金。Mg 可以提高合金的室温强度,并改善 150 ~ 225℃ 以下的耐热强度。然而,温度再升高时,合金的强度明显降低。但加入 Mg 能使合金的焊接性能变坏。故在用于耐热可焊的 2A16 合金中,杂质 Mg 含量应不大于 0.05%。

Ti:Ti 能细化铸态晶粒,提高合金的再结晶温度,降低过饱和固溶体的分解倾向,使合金高温下的组织稳定。但 Ti 含量大于 0.3% 时,生产粗大针状晶体 $TiAl_3$ 化合物,使合金的耐热性有所降低。合金的 Ti 含量规定为 0.1% ~ 0.2%。

Zr:在 2219 合金中加入 0.1% ~ 0.25% 的 Zr 时,能细化晶粒,并提高了合金的再结晶温度和固溶体的稳定性,从而提高了合金的耐热性,并改善了合金的焊接性和焊缝的塑性。但 Zr 含量高时,能生成较多的脆性化合物 $ZrAl_3$。

Fe:合金中的 Fe 含量超过 0.45% 时,形成不溶解相 Al_7Cu_2Fe,能降低合金淬火时效状态的力学性能和 300℃ 时的持久强度。所以 Fe 含量应限制在 0.3% 以下。

Si:少量 Si(0.4%)对室温力学性能影响不明显,但降低 300℃ 时的持久强度。Si 含量超过 0.4% 时,还降低室温力学性能。故 Si 含量限制在 0.3% 以下。

Zn：少量 Zn(0.3%)对合金室温性能没有影响，但能加快 Cu 在 Al 中扩散速度，降低合金 300℃时的持久强度，故限制在 0.1% 以下。

16 3XXX 系铝合金的特点、主要合金元素及所起作用是什么?

1.3XXX 系铝合金的特点

3XXX 系铝合金是以 Mn 为主要合金元素的铝合金，属于热处理不可强化铝合金。它的塑性高，焊接性能好，强度比 1XXX 系铝合金高，而耐蚀性能与 1XXX 系铝合金相近，是一种耐腐蚀性能良好的中等强度铝合金，它用途广，用量大。

2. 合金元素和杂质元素在 3XXX 系铝合金中的作用

Mn：Mn 是 3XXX 系铝合金中唯一的主合金元素，其含量一般在 1.0% ~ 1.6% 范围内，合金的强度、塑性和工艺性能良好，Mn 与 Al 可以生成 $MnAl_6$ 相。合金的强度随 Mn 含量的增加而提高，当 Mn 含量高于 1.6% 时，合金强度随之提高，但由于形成大量脆性化合物 $MnAl_6$，合金变形时容易开裂。随着 Mn 含量的增加，合金的再结晶温度相应地提高。该系合金由于具有很大的过冷能力，因此在快速冷却结晶时，产生很大的晶内偏析，Mn 的浓度在枝晶的中心部位低，而在边缘部位高，当冷加工产品存在明显的 Mn 偏析时，在退火后易形成粗大晶粒。

Fe：Fe 能溶于 $MnAl_6$ 中形成(FeMn)Al_6化合物，从而降低 Mn 在 Al 中的溶解度。在合金中加入 0.4% ~0.7% 的 Fe，但 Fe + Mn 要保证不大于 1.85%，可以有效地细化板材退火后的晶粒，否则，形成大量的粗大片状(FeMn)Al_6化合物，会显著降低合金的力学性能和工艺性能。

Si：Si 是有害杂质。Si 与 Mn 形成复杂三元相 T($Al_{12}Mn_3Si_2$)，该相也能溶解 Fe，形成(Al、Fe、Mn、Si)四元相。若合金中 Fe 和 Si 同时存在，则先形成 α($Al_{12}Mn_3Si_2$)或 β($Al_9Fe_2Si_2$)相，破坏了 Fe 的有利影响，故合金中的 Si 应控制在 0.6% 以下。Si 也能降低 Mn 在 Al 中的溶解度，而且比 Fe 的影响大。Fe 和 Si 可以加速 Mn 在热变形时从过饱和固溶体中的分解过程，也可以提高一些力学性能。

Mg：少量的 Mg(≈0.3%)能显著地细化该系合金退火后的晶粒，

并稍许提高其抗拉强度。但同时也损害了退火材料的表面光泽。Mg 也可以是 Al – Mg 合金中的合金化元素，添加 0.3% ~ 1.3% Mg，合金强度提高，延伸率(退火状态)降低，因此发展出 Al – Mg – Mn 系合金。

Cu：合金中含有 0.05% ~ 0.5% 的 Cu，可以显著提高其抗拉强度。但含有少量的 Cu(0.1%)，便能使合金的耐蚀性能降低，故合金中 Cu 含量应控制在 0.2% 以下。

Zn：Zn 含量低于 0.5% 时，对合金的力学性能和耐蚀性能无明显影响，考虑到合金的焊接性能，Zn 含量限制在 0.2% 以下。

1.17　4XXX 系铝合金的特点、主要合金元素及所起的作用是什么?

1. 4XXX 系铝合金的特点

4XXX 系铝合金是以 Si 为主要合金元素的铝合金，其大多数合金属于热处理不可强化铝合金，只有含 Cu、Mg 和 Ni 的合金，以及焊接热处理强化合金后吸取了某些元素时，才可以通过热处理强化。该系合金由于含 Si 量高，熔点低，熔体流动性好，容易补缩，并且不会使最终产品产生脆性，因此主要用于制造铝合金焊接的添加材料，如钎焊板、焊条和焊丝等。另外，由于一些该系合金的耐磨性能和高温性能好，也被用于制造活塞及耐热零件。含硅 5% 左右的合金，经阳极氧化上色后呈黑灰色，因此适宜做建筑材料以及制造装饰件。

2. 主要合金和杂质元素及所起的作用

Si：Si 是该系合金中的主要合金成分，含量最低为 4.5%，最高可达到 13.5%。Si 在合金中主要以 α + Si 共晶体和 β(Al$_5$FeSi) 形式存在，Si 含量增加，其共晶体增加，合金熔体的流动性增加，同时合金的强度和耐磨性也随之提高。

Ni 和 Fe：Ni 与 Fe 可以形成不溶于铝的金属间化合物，能提高合金的高温强度和硬度，而又不降低其线膨胀系数。

Cu 和 Mg：Cu 和 Mg 可以生成 Mg$_2$Si、CuAl$_2$ 和 S 相，提高合金的强度。

Cr 和 Ti：Cr 和 Ti 可以细化晶粒，改善合金的气密性。

18　5XXX 系铝合金的特点、主要合金元素及所起作用是什么？

1.5XXX 系铝合金的特点

5XXX 系铝合金是以 Mg 为主要合金元素的铝合金，属于不可热处理强化铝合金。该系合金密度小，强度比 1XXX 系和 3XXX 系铝合金高，属于中高强度铝合金，疲劳性能和焊接性能良好，耐海洋大气腐蚀性好。为了避免高 Mg 合金产生应力腐蚀，对最终冷加工产品要进行稳定化处理，或控制最终冷加工量，并且限制使用温度（不超过 65℃）。该系合金主要用于制作焊接结构件和应用在船舶领域。

2. 主要合金和杂质元素及所起的作用

5XXX 系铝合金的主要成分是 Mg，并添加少量的 Mn、Cr、Ti 等元素，而杂质元素主要有 Fe、Si、Cu、Zn 等。

Mg：Mg 主要以固溶状态和 β（Mg_2Al_3 或 Mg_5Al_8）相存在，虽然 Mg 在合金中的溶解度随温度降低而迅速减小，但由于析出形核困难，核心少，析出相粗大，因而合金的时效强化效果低，一般都是在退火或冷加工状态下使用。因此，该系合金也称为不可强化铝合金。该系合金的强度随 Mg 含量的增加而提高，塑性则随之而降低，其加工工艺性能也随之变差。Mg 含量对合金的再结晶温度影响较大，当 Mg 含量小于 5% 时，再结晶温度随 Mg 含量的增加而降低，当 Mg 含量超过 5% 时，再结晶温度则随 Mg 含量的增加而升高。Mg 含量对合金的焊接性能也有明显影响，当 Mg 含量小于 6% 时，合金的焊接裂纹倾向随 Mg 含量的增加而降低，当 Mg 含量超过 6% 时，则相反；当 Mg 含量小于 9% 时，焊缝的强度随 Mg 含量的增加而显著提高，此时塑性和焊接系数虽逐渐略有降低。但变化不大，当 Mg 含量大于 9% 时，其强度、塑性和焊接系数均明显降低。

Mn：5XXX 系铝合金中通常含有 1.0% 以下的 Mn。合金中的 Mn 部分固溶于基体，其余以 $MnAl_6$ 相的形式存在于组织中。Mn 可以提高合金的再结晶温度，阻止晶粒粗化，并使合金强度略有提高，使屈服强度明显提高。在高 Mg 合金中，添加 Mn 可以使 Mg 在基体中的溶解度降低，减少焊缝裂纹倾向，提高焊缝和基体金属的强度。

Cr：Cr 和 Mn 有相似的作用，可以提高基体金属和焊缝的强度，减少焊接热裂倾向，提高耐应力腐蚀性能，但使塑性略降低。某些合金中可以用 Cr 代替 Mn。就强化效果来说，Cr 不如 Mn，若两元素同时加入，其效果比单一加入的好。

Be：在高 Mg 合金中加入微量的 Be(0.0001% ~ 0.005%)，能降低铸锭的裂纹倾向和改善轧制板材的表面质量，同时减少熔炼时 Mg 的烧损，并且还能减少在加热过程中材料表面形成的氧化物。

Ti：高 Mg 合金中加入少量的 Ti，作用主要是细化晶粒。

Fe：Fe 与 Mn 和 Cr 能形成难溶的化合物，从而降低 Mn 和 Cr 在合金中的作用，当铸锭组织中形成较多硬脆性化合物时，容易产生加工裂纹。此外，Fe 还降低该系合金的耐腐蚀性能，因此 Fe 含量一般应控制在 0.4% 以下，对于焊丝材料 Fe 含量最好限制在 0.2% 以下。

Si：Si 是有害杂质(5A03 合金除外)，Si 与 Mg 形成 Mg_2Si 相，由于 Mg 含量过剩，降低了 Mg_2Si 相在基体中的溶解度，所以不但强化作用不大，而且降低了合金的塑性。轧制时，Si 比 Fe 的副作用更大些，因此 Si 含量一般应控制在 0.5% 以下。5A03 合金中含 0.5% ~ 0.8% 的 Si，可以降低焊接裂纹倾向，改善合金的焊接性能。

Cu：微量的 Cu 就能使合金的耐蚀性能变差，因此 Cu 含量应控制在 0.2% 以下，有的合金限制得更严格些。

Zn：Zn 含量小于 0.2% 时，对合金的力学性能和耐腐蚀性能没有明显影响。在高 Mg 合金中添加少量的 Zn，抗拉强度可以提高 10 ~ 20 MPa。合金中杂质 Zn 含量应控制在 0.2% 以下。

Na：微量杂质 Na 能强烈损害合金的热变形性能，出现"钠脆性"，在高 Mg 合金中更为突出。消除钠脆性的办法是使富集于晶界的游离 Na 变成化合物。可以采用氯化方法使之产生氯化钠并随炉渣排除，非敏感产品，也可以采用添加微量 Sb 的方法。

19　6XXX 系铝合金的特点、主要合金元素及所起的作用是什么？

1.6XXX 系铝合金的特点

6XXX 系铝合金是以 Mi 和 Si 为主要合金元素并以 Mg_2Si 相为强化相的铝合金，属于热处理可强化铝合金。合金具有中等强度、耐蚀性高、无应力腐蚀破裂倾向、焊接性能良好、焊接区腐蚀性能不变、成形性和工艺性能良好等优点。当合金中含铜时，合金的强度可接近2XXX 系铝合金，工艺性能优于 2XXX 系铝合金，但耐蚀性变差，合金有良好的锻造性能。该系合金中用得最广的是 6061 和 6063 合金，他们具有最佳的综合性能和经济性，主要产品为挤压型材，是最佳挤压合金，该合金应用量最大的为建筑型材。

2. 主要合金和杂质元素及其作用

6XXX 系铝合金的主要合金元素有 Mg、Si、Cu，其作用如下。

（1）Mg 和 Si 的作用

Mg、Si 含量的变化对退火状态的 Al－Mg－Si 合金抗拉强度和伸长率的影响不明显。

随着 Mg、Si 含量的增加，Al－Mg－Si 合金淬火自然时效状态的抗拉强度提高，伸长率降低。当 Mg、Si 总含量一定时，变化 Mg、Si 含量之比对性能也有很大影响。固定 Mg 含量，合金的抗拉强度随着 Si 含量的增加而提高。固定 Mg_2Si 相的含量，增加 Si 含量，合金的强化效果提高，而伸长率稍有提高。固定 Si 含量，合金的抗拉强度随着 Mg 含量的增加而提高。含 Si 量较小的合金，抗拉强度的最大值位于 $\alpha(Al)－Mg_2Si－Mg_2Al_3$ 三相区内。Al－Mg－Si 合金三元合金抗拉强度的最大值位于 $\alpha(Al)－Mg_2Si－Si$ 三相区内。

Mg、Si 对淬火人工时效状态合金的力学性能的影响规律，与淬火自然时效状态合金的情况基本相同，但抗拉强度有很大提高，最大值仍位于 $\alpha(Al)－Mg_2Si－Si$ 三相区内，同时伸长率相应降低。

合金中存在剩余 Si 和 Mg_2Si 时，随其数量的增加，耐蚀性能降低。但当合金位于 $\alpha(Al)－Mg_2Si$ 二相区以及 Mg_2Si 相全部固溶于基体的单相区内的合金，耐蚀性最好。所有合金均无应力腐蚀裂纹倾向。

合金在焊接时，焊接裂纹倾向性较大，但在 $\alpha(Al)－Mg_2Si$ 二相区中，成分为 0.2%～0.4%Si、12%～14%Mg 的合金和在 $\alpha(Al)－Mg_2Si－Si$ 三相区中，成分为 1.2%～2.0%Si、0.8%～2.0%Mg 的合

金，其焊接裂纹倾向较小。

（2）Cu 的作用

Al – Mg – Si 合金中添加 Cu 后，Cu 在组织中的存在形式不仅取决于 Cu 含量，而且受 Mg、Si 含量的影响。当 Cu 含量很少，Mg/Si 比为 1.73∶1 时，则形成 Mg_2Si 相，Cu 全部固溶于基体中；当 Cu 含量较多，Mg/Si 比小于 1.08 时，可能形成 W（$Al_4CuMg_5Si_4$）相，剩余的 Cu 则形成 $CuAl_2$；当 Cu 含量多，Mg/Si 比大于 1.73 时，可能形成 S（Al_2CuMg）和 $CuAl_2$ 相。W 相与 S 相、$CuAl_2$ 相和 Mg_2Si 相不同，固态下只部分溶解参与强化，其强化作用不如 Mg_2Si 相大。

合金中加入 Cu，不仅显著改善了合金在热加工时的塑性，而且增加热处理效果，还能抑制挤压效应，降低合金因加 Mn 后所出现的各向异性。

（3）微量元素与杂质元素的作用

6XXX 系 Al 合金中的微量添加元素有 Mn、Cr、Ti，而杂质元素主要有 Fe、Zn 等，其作用如下。

Mn：合金中加 Mn，可以提高强度，改善耐蚀性、冲击韧性和弯曲性能。在 AlMg0.7Si1.0 合金中添加 Cu、Mn 时，当 Mn 含量低于 0.2% 时，随着 Mn 含量的增加合金的强度提高。但 Mn 含量继续增加，Mn 与 Si 形成 AlMnSi 相，损失了一部分形成 Mg_2Si 相所必需的 Si，而 AlMnSi 相的强化作用比 Mg_2Si 相小。因而，合金强化效果下降。

Mn 和 Cu 同时加入时，其强化效果不如单独加 Mn 的好，但可使伸长率提高，并改善退火状态制品的晶粒度。

当合金中加入 Mn 后，由于 Mn 在 α 相中产生严重的晶内偏析，影响了合金的再结晶过程，造成退火制品的晶粒粗化。为获得细晶粒材料，铸锭必须进行高温均匀化（550℃），以消除 Mn 偏析。退火时以快速升温为好。

Cr：Cr 和 Mn 有相似的作用。Cr 抑制 Mg_2Si 相在晶界的析出，延缓自然时效过程，提高人工时效后的强度。Cr 可细化晶粒，使再结晶后的晶粒呈细长状，因而提高了合金的耐蚀性，Cr 含量一般以 0.15% ~ 0.3% 为宜。

Ti：6XXX 系铝合金中添加 0.02% ~ 0.1% Ti 和 0.01% ~ 0.2% Cr，可以减少铸锭的柱状晶组织，改善合金的锻造性能，并细化制品的晶粒。

Fe：含少量的 Fe（小于 0.4% 时）对力学性能没有坏影响，并可以细化晶粒。Fe 含量超过 0.7% 时，生成不溶的 AlMnFeSi 相，降低制品的强度、塑性和耐蚀性能。合金中含有 Fe 时，能使制品表面阳极氧化处理后的色泽变坏。

Zn：少量杂质 Zn 对合金的强度影响不大，其含量允许到 0.3%。

20　7XXX 系铝合金的特点、主要合金元素及所起的作用是什么？

1. 7XXX 系铝合金的特点

7XXX 系铝合金是以 Zn 为主要合金元素的铝合金，属于热处理可强化铝合金。合金中加 Mg，则为 Al – Zn – Mg 合金，该合金具有良好的热变形性能，淬火范围很宽，在适当的热处理条件下能够得到较高的强度、焊接性能良好、一般耐蚀性较好、有一定的应力腐蚀倾向，是高强可焊的铝合金。Al – Zn – Mg – Cu 合金是在 Al – Zn – Mg 合金基础上通过添加 Cu 发展起来的，其强度高于 2XXX 系铝合金，一般称为超高强铝合金，合金的屈服强度接近于抗拉强度，屈强比高，比强度也很高，但塑性和高温强度较低，宜做常温、120℃ 以下使用的承力结构件，合金易于加工，有较好的耐腐蚀性能和较高的韧性。该系合金广泛应用与航空和航天领域，并成为这个领域中最重要的结构材料之一。

2. 合金元素和杂质元素及作用

（1）Al – Zn – Mg 合金

Al – Zn – Mg 合金中的 Zn、Mg 是主要合金元素，其含量一般不大于 7.5%。

Zn 和 Mg：该合金随着 Zn、Mg 含量的增加，其抗拉强度和热处理效果一般是随之增加。合金的应力腐蚀倾向与 Zn、Mg 含量的总和有关，高 Mg 低 Zn 或高 Zn 低 Mg 的合金，只要 Zn、Mg 含量之和不大于 7%，合金具有较好的耐应力腐蚀性能。合金的焊接裂纹倾向随 Mg 含量的增加而降低。

Al – Zn – Mg 系合金中的微量添加元素有 Mn、Cr、Cu、Zr 和 Ti，杂质主要有 Fe 和 Si。

Mn 和 Cr：添加 Mn 和 Cr 能提高合金的耐应力腐蚀性能，含 Mn 量为 0.2% ~ 0.4% 时，效果显著。加 Cr 的效果比加 Mn 好，如果 Mn 和 Cr 同时加入时，对减少应力腐蚀倾向的效果就更好，Cr 的添加量以 0.1% ~ 0.2% 为宜。

Zr：Zr 能显著地提高 Al – Zn – Mg 系合金的可焊性。在 AlZn5Mg3Cu0.35Cr0.35 合金中加入 0.2% Zr 时，焊接裂纹显著降低。Zr 还能够提高合金的再结晶终了温度，在 AlZn4.5Mg1.8Mn0.6 合金中，Zr 含量高于 0.2% 时，合金的再结晶终了温度在 500℃ 以上，因此，材料在淬火以后仍保留着变形组织。含 Mn 的 Al – Zn – Mg 合金添加 0.1% ~ 0.2% Zr，还可提高合金的耐应力腐蚀性能，但 Zr 比 Cr 的作用低些。

Ti：合金中添加 Ti 能细化合金在铸态时的晶粒，并可改善合金的可焊性，但其效果比 Zr 低。若 Ti 和 Zr 同时加入效果更好。在含 Ti 量为 0.12% 的 AlZn5Mg3Cr0.3Cu0.3 合金中，Zr 含量超过 0.15% 时，合金具有较好的可焊性和伸长率，可获得与单独加入 0.2% 以上 Zr 时相同的效果。Ti 也能提高合金的再结晶温度。

Cu：Al – Zn – Mg 系合金中加少量的 Cu，能提高耐应力腐蚀性能和抗拉强度。但合金的可焊性有所降低。

Fe：Fe 能降低合金的耐蚀性和力学性能，尤其对 Mn 含量较高的合金更为明显。所以，Fe 含量应尽可能低，其含量应限制在 0.3% 以下。

Si：Si 能降低合金强度、使弯曲性能稍降、使焊接裂纹倾向增加，合金的 Si 含量应限制在 0.3% 以下。

（2）Al – Zn – Mg – Cu 合金

Al – Zn – Mg – Cu 合金为热处理可强化合金，其主要强化作用的元素为 Zn 和 Mg，Cu 也有一定的强化效果，但其主要作用是为了提高材料的抗腐蚀性能。

Zn 和 Mg：Zn、Mg 是主要强化元素，它们共同存在时会形成 $\eta(MgZn_2)$ 和 $T(Al_2Mg_2Zn_3)$ 相。η 相和 T 相在 Al 中溶解度很大，且随温度升降剧烈变化，$MgZn_2$ 在共晶温度下的溶解度达 28%，在室温下降低到 4%～5%，有很强的时效强化效果，Zn 和 Mg 含量的提高可使强度、硬度大大提高，但会使塑性、抗应力腐蚀性能和断裂韧性降低。

Cu：当 Zn/Mg 比大于 2.2，且 Cu 含量大于 Mg 时，Cu 与其他元素能产生强化相 $S(CuMgAl_2)$ 而提高合金的强度，但在与之相反的情况下，S 相存在的可能性很小。Cu 能降低晶界与晶内电位差，还可以改变沉淀相结构和细化晶界沉淀相，但对 PFZ 的宽度影响较小，它可抑制沿晶开裂的趋势，因而改善了合金的抗应力腐蚀性能，然后当 Cu 含量大于 3% 时，合金的抗蚀性反而变坏。Cu 能提高合金过饱和程度，加速合金在 100～200℃ 之间的人工时效过程，扩大 GP 区稳定温度范围，提高抗拉强度、塑性和疲劳强度。Cu 含量在不太高的范围内随着 Cu 含量的增加提高了周期应变疲劳抗力和断裂韧性，并在腐蚀介质中降低裂纹扩展速率，但 Cu 的加入由产生晶间腐蚀和点腐蚀的倾向。Cu 对断裂韧性的影响与 Zn/Mg 比值有关，当比值较小时，Cu 含量愈高韧性愈差；当比值大时，即使 Cu 含量较高，韧性仍然很好。

合金中还有少量的 Mn、Cr、Zr、V、Ti、B 等微量元素，Fe 和 Si 在合金中是有害杂质，其相互作用如下。

Mn、Cr：添加少量的过度族元素 Mn、Cr 等对合金的组织和性能有明显的影响。这些元素可在铸锭均匀化退火时产生弥散的质点，阻止位错及晶界的迁移，从而提高了再结晶温度，有效地阻止了晶粒的长大，可细化晶粒，并保证组织在热加工及热处理后保持未在结晶或部分再结晶状态，使强度提高的同时具有良好的抗应力腐蚀性能。在提高抗应力腐蚀性能方面，加 Cr 比加 Mn 效果好，加入 0.45% 的 Cr 比加同量的 Mn 的抗应力腐蚀开裂寿命长几十至上百倍。

Zr：最近出现了用 Zr 代替 Cr 和 Mn 的趋势，Zr 可大大提高合金的再结晶温度，无论是热变形还是冷变形，在热处理后均可得到未再结晶组织，Zr还可提高合金的淬透性、可焊性、断裂韧性、抗应力腐蚀性能等，是 Al – Zn – Mg – Cu 系合金中很有发展前途的微量添加元素。

Ti 和 B：Ti、B 能细化合金在铸态时的晶粒，并提高合金的再结晶温度。

Fe 和 Si：Fe 和 Si 在 7XXX 系铝合金中是不可避免存在的有害杂质，其主要来自原材料以及熔炼、铸造中使用的工具和设备。这些杂质主要以硬而脆的 $FeAl_3$ 和游离的 Si 形式存在，这些杂质还与 Mn、Cr 形成（FeMn）Al_6、（FeMn）Si_2Al_5、Al（FeMnCr）等粗大化合物，$FeAl_3$ 有细化晶粒的作用，但对抗蚀性影响较大，随着不溶相含量的增加，不溶相的体积分数也在增加，这些难溶的第二相在变形时会破碎并拉长，出现带状组织，粒子沿变形方向呈直线状排列，由短的互不相连的条状组成。由于杂质颗粒分布在晶粒内部或者晶界上，在塑性变形时，在部分颗粒 – 基体边界上发生空隙，产生微细裂纹，成为宏观裂纹的发源地，同时它也促使裂纹的过早发展。此外，它对疲劳裂纹的成长速度有较大的影响，在破坏时它具有一定的减少局部塑性的作用，这可能和由于杂质数量增加使颗粒之间距离缩短，从而减少裂纹尖端周围塑形变形流动性有关。因为含 Fe、Si 的相在室温下很难溶解，起到缺口作用，容易成为裂纹源而使材料发生断裂，对伸长率，特别对合金的断裂韧性有非常不利的影响。因此，7055 等新型合金在设计及生产时，对 Fe、Si 含量的控制较严，除采用高纯金属原料外，在熔铸过程中也采取一些措施，避免这两种元素混入合金。

21 铝材塑性成形的方法有哪些?

按工件在变形过程中的受力与变形方式（应力 – 应变状态），铝及铝合金加工可分为轧制、挤压、拉拔、锻造、旋压、成形加工（如冷冲压、冷变、深冲等）及深度加工等，如图 1 – 1 所示。

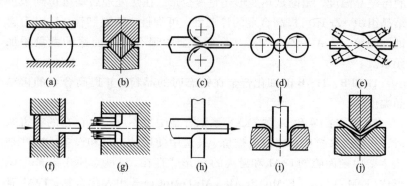

图 1-1　铝材塑性成形方法

（a）自由锻造；（b）模锻；（c）纵轧；（d）横轧；（e）斜轧；（f）正挤压；（g）反挤压；（h）拉拔；（i）冲压；（j）弯曲

1. 最常用的轧制方法

根据轧辊旋转方向不同，铝合金轧制可分为纵轧、横轧和斜轧。根据辊系不同，铝合金轧制可分为两辊（一对）系轧制，多辊系轧制和特殊辊系（如行星式轧制、V 形轧制等）轧制。根据轧辊形状不同，铝合金轧制可分为平辊轧制和孔形辊轧制等。根据产品品种不同，铝合金轧制又可分为板、带、箔材轧制，棒材、扁条和异形型材轧制，管材和空心型材轧制等。

2. 最常用的挤压方法

挤压成形是对盛在容器（挤压筒）内的金属锭坯施加外力，使之从特定的模孔中流出，从而获得所需断面形状和尺寸的一种塑性加工方法。铝工业上广泛应用的几种主要挤压方法有：正挤压法、反挤压法、管材挤压法、连续挤压法等。

3. 主要的锻造方法

铝合金锻造有自由锻和模锻两种基本方法。自由锻是将工件放在平砧（或型砧）间进行锻造；模锻是将工件放在给定尺寸和形状的模具内，然后对模具施加压力进行锻造变形而获所要求的模锻件。

22 热变形对铝材铸态组织的影响有哪些?

热变形能最有效地改变铝及铝合金的铸态组织,适当的变形量,可以使铸态组织发生下述有利的变化:

①一般热变形是通过多道次的反复变形来完成的。由于在每一道次中硬化和软化过程是同时发生的。变形破碎了粗大的柱状晶粒,通过反复的变形,使材料的组织成为较均匀细小的等轴晶粒。同时,还能使某些微小的裂纹得以愈合。

②由于应力状态中静水压力的作用,可促进铸态组织中存在的气泡焊合、缩孔压实、疏松压密,变为较致密的组织结构。

③由于高温原子热运动能力加强,在压应力作用下,借助原子的自由扩散和异扩散,有利于铸锭化学成分的不均匀性相对地减少。

23 冷变形对铝材内部组织和性能有怎样的影响?

1. 晶粒形状的变化

随着外形的改变,晶粒皆沿最大主变形发展方向被拉长、拉细或压扁,冷变形程度越大,晶粒形状变化也越大。

2. 亚结构

金属晶体经过充分冷塑性变形后,在晶粒内部出现了多取向,似乎是金属遭受变形后粉碎成了许多小块,只是这些小块(或小晶粒间)的取向差不大(小于10),所以它们仍然维持在同一个大晶粒范围内,将这些小晶块称为亚晶,这种组织称为亚结构(或嵌镶组织)。亚晶的大小、完整程度、取向差与材料的纯度、变形量和变形温度有关。当材料中含有杂质和第二相时,在变形量大和变形温度低的情况下,所形成的亚晶小、亚晶间的取向差大、亚晶的完整性差(即亚晶内晶格的畸变大)。冷变形过程中,亚晶结构对金属的加工硬化起重要作用,由于各晶块的方位不同,其边界又被大量位错缠结,对晶内的进一步滑移起阻碍作用。因此,亚结构可提高铝及铝合金材料的强度。

3. 变形织构

铝及铝合金在冷变形过程中,因受外力的作用,内部各晶粒间的相互作用及变形发展方向的影响,使晶粒要相对于外力轴产生转动,而使其运动的滑移系有朝着作用力轴的方向(或最大主变形方向)作定向旋转的趋势。在较大冷变形程度下,晶粒位向由无序状态变成有序状态的情况,称为择优取向。由此所形成的纤维状组织,因具有严格的位向关系,称为变形织构。变形织构可分为丝织构和板织构。具有冷变形织构的材料进行退火时,由于晶粒位向趋于一致,总有某些位向的晶块易于形核长大。往往形成具有织构的退火组织,这种组织称为再结晶织构。拉伸、拉丝和圆棒挤压时可得到丝织构,而宽板轧制、带材轧制和扁带拉伸时可得到板织构等。织构使材料具有明显的各向异性,在很多情况下会出现织构硬化。在实际生产中,要控制变形条件,充分利用其有利的方面,而避免其不利的方面。

4. 晶内及晶间的破坏

在冷变形时不发生软化过程的愈合作用,因滑移(位错的运动及其受阻、双滑移、交叉滑移等)、双晶等过程的复杂作用以及晶粒所产生的相对移动与转动,造成了在晶粒内部及晶粒间界处出现一些显微裂纹、空洞等缺陷使铝材密度减小,是造成显微裂纹和宏观破断的根源。

24　Al – Li 合金主要有哪几种、各元素的主要作用是什么?

1. Al – Li 合金的分类

现在处于成熟阶段的 Al – Li 合金,按其化学成分可以归纳为 Al – Li – Cu – Zr系、Al – Li – Cu – Mg – Zr 系、Al – Li – Cu – Mg – Ag – Zr系和 Al – Li – Mg – Zr 系。美国铝业公司、雷诺兹金属公司英国加拿大铝业公司、法国普基铝业公司、俄罗斯乌拉尔冶金厂和我国的西南铝加工厂等都在工业规模地批量生产 Al – Li 合金材料,用于航空航天工业。

2. Al – Li 合金中各元素的主要作用

Li:铝合金中每添加 1% 的 Li,可使密度约下降 3%,弹性模量约升高 5%。含少量 Li 的铝合金在时效过程中沉淀出均匀分布的球形

共格强化相 $\delta'(Al_3Li)$，提高合金的强度和弹性模量。

Cu：Cu 能有效地改善 Al－Li 合金的性能，提高强度而不降低塑性。

Mg：Mg 有固溶强化作用，能增加无析区的强度，减少它的危害性。Mg 能减少 Li 在铝中的固溶度，从而增加 δ' 相的体积分数，使合金进一步强化。在含 Cu、Mg 的 Al－Li 合金中，Mg 能与 Al、Cu 形成 S 相（Al_2CuMg），多相沉淀有助于抑制合金变形时的平面滑移，改善合金的韧性和塑性。

Zr：在 Al－Li 合金中添加锆的作用，一是细化铸态晶粒；二是在铸锭均匀化处理时形成均匀弥散的 Al_3Zr 相，抑制变形 Al－Li 合金的再结晶，控制晶粒大小和形状。Al_3Zr 弥散粒子有助于减弱 Al－Li 合金变形时的平面滑移所引起的局部应变集中。

Ag 或 Sc：向合金中添加少量银或钪，以取代 δ' 相中的一部分 Li 或 Al，能显著改变 δ' 相的晶格常数及 a(Al)－δ' 之间的界面能。促进位错交叉滑移或绕过沉淀相，而不是切割沉淀相，从而减少平面滑移。在 Al－Li－Cu 合金中添加少量 Ag 有助于 T_1 相沉淀析出，提高强度。Sc 能形成 Al_3S 化合物，它的晶格在尺寸和结构上与铝的很相似，能细化合金的晶粒。

25 什么是超轻铝合金？

密度比一般铝合金低 10% 以上的铝合金叫超轻铝合金（ultra-light aluminium alloy）。在铝中添加 2%～3% 的 Li，密度可降低 10%，弹性模量可提高 25%～30%，因此 Al－Li 合金是典型的超轻铝合金。目前各国研发的 Al－Li 合金主要有 Al－Mg－Li、Al－Cu－Mg－Li、Al－Mg－Li－Mn、Al－Li－Zn、Al－Li－Cu－Mg－Zr、Al－Li－Mg－Zr 等系合金。Al－Li 合金的特性是具有低密度、高弹性模量和高的强度，因此在很多场合下可替代 7XXX 系超高强铝合金用来制作飞机、航天器等重要结构零部件。

26　Al – Sc 合金有什么特点?

用微量 Sc(0.07% ~ 0.35%)合金化的铝合金称为 Al – Sc 合金。与不含 Sc 的同类合金相比,Al – Sc 合金强度高、塑韧性好、耐蚀性能和焊接性能优异,是继 Al – Li 合金之后新一代航天、航空、舰船用轻质结构材料。20 世纪 70 年代以后,俄罗斯科学院巴依科夫冶金研究院和全俄轻合金研究院相继对 Sc 在铝合金中的存在形式和作用机制进行了系统的研究,开发了 Al – Mg – Sc、Al – Zn – Mg – Sc、AI – Zn – Mg – Cu – Sc、Al – Mg – Li – Sc 和 Al – Cu – Li – Sc 五个系列 17 个牌号的铝抗合金,产品主要瞄准航天、航空、舰船的焊接荷重结构件以及碱性腐蚀介质环境用铝合金管材、铁路油罐、高速列车关键结构件等。国内已经工业化生产,并在飞机和航天器上应用。

27　什么是软铝合金?

抗拉强度 R_m <294 MPa 的铝合金称为软铝合金(soft aluminiumalloy)。工业纯铝、Al – Mn 合金(如 3003、3004 等)、Al – Mg 合金(如 5A01、5A02、5A04 等)、Al – Si 合金(如 4004、4043 等)等热处理后不强化合金都是软铝合金,其半成品在退火状态下和冷作硬化后使用。某些 Al – Mg – Si 系合金,如 6063、6063A、6005 等也属于软铝合金,但这些合金可热处理强化,其半成品一般在 T5 或 T6 状态下使用。软铝合金都具有良好的可焊性和高耐蚀性,塑性和可加工性能也十分好。

28　什么是新型高强耐热铝合金?

新型高强耐热铝合金(high-strength&heat-resisting aluminium alloy)与用传统的铸造法(I/M)制备的普通 Al – Cu – Mn 系耐热铝合金(如 2A16、2A17、2A70、2219、2021、2070、2618 等)不同,它是用粉末冶金法(P/M)生产的具有更高强度的合金(其常温下可达 700 MPa,高温下 R_m 可达 300 MPa)。新型高强耐热铝合金是目前使用温度高(最高可达300℃ ~500℃)的新一代铝合金。目前世界各国制造高强耐热铝合金的方法有 P/M 法、快速凝固制粉法(RS 法)和机械合

金化制粉法（MA 法）等。研制出的新型高强耐热铝合金主要有 Al –
Mg – Ni、Al – Ni、Al – Fe – Co、Al – Ti、Al – Fe – Cr、Al – Mn – Co 等
系合金。这些合金具有高的常温强度和高温强度、高的比强度和比
刚度、高的耐磨性能，可代替软合金制造喷气式发动机滑轮、燃气轮
机叶片、强力发动机活塞、活塞杆、小齿轮、铝探管，以及航空航天
器和汽车上的各种零件。

29　什么是中强可焊铝合金？

Zn 和 Mg 是在 Al 中具有最高溶解度的合金元素，Al – Zn – Mg 合
金有很强的时效硬化能力。热处理后的室温强度（R_m）可达 450 MPa
以上，属于中强铝合金，而且其具有优秀的可焊性，因此称为中强可
焊铝合金（median strength weldable aluminium alloy）。此类合金中的
Zn 和 Mg 总含量位于 4.5% ~ 7.6% 之间，属于 α + T 型合金。加入微
量的 Cu、Mn、Cr、Zr、Ti、Ag 及 Sc 等，可大大提高抗应力腐蚀性能。
此类合金具有中等强度，优秀的塑性、可焊性和抗腐蚀性能及低温性
能，在铁道车辆、海船、摩托和自行车配件生产等方面获得了广泛应
用，还可焊接大型火箭用燃料贮箱、超低温压力容器、装甲板和一般
结构。

30　什么是防爆铝合金？

在相互摩擦、碰撞中不产生火花，能在易燃易爆的环境中使用，不
会燃烧和爆炸的铝合金材料叫做防爆铝合金（anti-explosionaluminium
alloy）。防爆铝合金中的主要合金元素是 Cu、Zn、Fe 等高熔点元素，而
要严格控制 Mg、Li 等活性元素，如应控制 Mg 含量在 0.05% 以下。

31　什么是多孔铝合金？

多孔铝合金（porous aluminium alloy）又名泡沫铝合金，是一种多
空隙（孔）低密度的新型多功能材料。泡沫铝合金是由气泡和铝隔膜
组成的集合体，气泡的不规则性及立体性使得它具有许多优良的特
性，如密度小、孔隙率高、比表面积大、可以有选择地透过流体等结

构特征，因而具有高的阻尼性能、优异的热物理性能、优良的流通性能及优异的声学及电磁学性能。制备多孔铝合金的方法有粉末冶金法、铸造法、物理气相沉积法及化学沉积法、电化学沉积法、气态共晶转变法。多孔铝合金的孔隙大小主要由预制块的颗粒大小来控制，其孔隙率与制备预制块时颗粒的紧实程度和钻结剂的加入量有关。多孔材料用于过滤器、自润滑轴承、火箭和喷气发动机的支护材料等方面。目前正在开发的用途有：太阳能与核能发电用的电磁和中子吸收剂、核反应堆的内壁、舰船制造及航空航天所需层压面板的填充材料、涡轮喷气发动机的密封、氢能工艺的贮氢装置等。

32　什么是超塑性铝合金？

　　超塑性铝合金（superplastic aluminium alloy）是指在一定条件下，有极高的塑性、不断裂甚至不产生缩颈，并且具有承受特大范围应变速率敏感变形能力的铝合金。一定条件是指铝材的组织结构、晶粒大小与形态等内部条件和变形温度、变形速度等外部条件。目前，有超塑性的铝合金就有 100 多种。其中很重要的工业用铝合金就有 5 种，包括纯铝、铝铜系合金、铝镁系合金和铝锂系合金，但金属不会"自动"具有超塑性，必须在一定的温度条件下和对合金进行预处理才能具有。利用金属的超塑性可以制造高精度的形状极其复杂的零件，而这是一般锻造或铸造方法达不到的。超塑性金属的加工温度范围和变形速度虽有限制，但因为它的晶粒组织细致，又容易和其他合金压接在一起组成复合材料，所以有着广泛的应用。

　　超塑性铝合金主要有 Al - Ca - Zn 系、Al - Cu - Zr 系、Al - Cu - Mg 系、Al - Mg 系、Al - Zn - Mg - Zr 系、Al - Zn - Mg - Cu 系、Al - Mg - Si 系、Al - Li 系和 Al - Sc 系超塑合金。

33　铝合金板、带、箔材的生产工艺流程是怎样的？

　　铝合金板、带、箔材典型的工艺流程如图 1 - 2 所示。

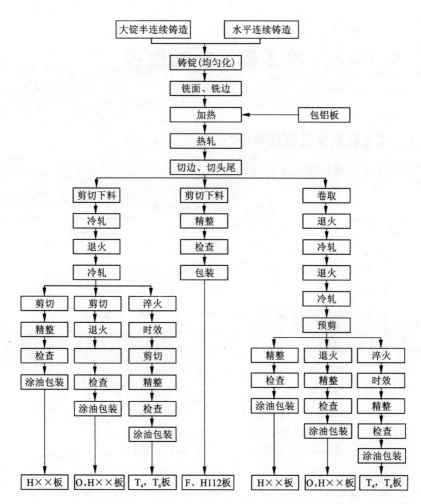

图 1-2　铝合金板、带、箔材典型生产工艺流程

第 2 章　轧制原理

1　常见轧制参数包括哪些?

常见轧制参数见表 2 – 1。

表 2 – 1　常见轧制参数简表

类别	符号	名称	单位	关系式
轧件尺寸及变形参数	H	开轧时坯料厚度	mm	
	h_0	轧前厚度	mm	
	h_1	轧后厚度	mm	
	$\bar{h}$	平均厚度	mm	$\bar{h}=\dfrac{1}{2}(h_0+h_1)$
	Δh	绝对压下量	mm	$\Delta h = h_0 - h_1$
	b	轧件宽度	mm	
	ΔB	宽展量	mm	$\Delta B = 0.45\dfrac{\Delta h}{h}\times l$
	l	接触弧水平投影长度	mm	$l=\sqrt{R\Delta h}$
	l'	弹性压扁后的 l 值	mm	
	F	变形区水平投影面积	mm²	$F = bl$
	ε	加工率	%	$\varepsilon=\dfrac{\Delta h}{h_0}$
轧辊参数	R	轧辊半径	mm	
	D	轧辊直径	mm	
	d	轧辊辊颈直径	mm	

续表 2 - 1

类别	符号	名称	单位	关系式
压力与应力	σ_1	单位前张力	MPa	$\sigma_1 = (5.67 - 0.6h_1) \times 9.8$
	σ_0	单位后张力	MPa	$\sigma_0 = (4.3 - 0.5h_0) \times 9.8$
	$\bar{\sigma}$	平均单位轧制力	MPa	$\bar{\sigma} = 1/2(\sigma_i + \sigma_0)$
	$R_{p0.2}$	屈服强度(均匀变形抗力)	MPa	
	K	强制流动应力	MPa	$K = 1.15R_{p0.2}$
	K_0	轧制前强制流动应力	MPa	$K = 1.15(R_{p0.2})$
	K_1	轧制后强制流动应力	MPa	$K = 1.15(R_{p0.2})$
	$\bar{K}$	道次平均流动应力	MPa	$\bar{K} = 1/2(K_0 + K_1)$
	P	轧制力	N	$P = \bar{P} \times F$
	$\bar{P}$	平均单位压力	MPa	
速度常用系数	S	前滑	%	$S = (v_1 - v)/v \times 100\%$
	v	轧制速度	m/s	
	v_1	轧件离开轧辊时的速度	m/s	
	$\bar{u}$	接触弧上的平均变形速度	m/s	
	μ	摩擦系数		
	PMF	压力倍增系数		
	ψ	力臂系数		
	δ	采里科夫压力公式计算系数		

2 轧制加工的主要特点有哪些?

生产铝和铝合金板、带、箔材的主要加工方法是轧制方法。轧制加工是被加工材料通过两个旋转的轧辊之间的辊缝而变形的加工过程,即轧制是借助旋转轧辊的摩擦力将轧件拖入轧辊间,同时依靠轧辊施加的压力使轧件在轧辊间发生压缩变形的一种材料的加工方法。轧件通过轧制后,不仅使轧件的形状、尺寸变化,而且轧件的组织与性能也得到了改善和提高。如热轧能使铸锭的粗晶破碎、组织致密化；冷轧能使金属的晶粒破碎，细化晶粒，使强度提高，塑性降低等。

3 轧制变形的基本参数有哪些?

描述轧制变形的基本参数有：接触角 α、变形区长度 l、变形区形状系数。定义 H、h 分别为轧制前、后的厚度，B 为轧件宽度，R 为轧辊半径。

1. 接触角

变形区内接触弧对应的中心角称为接触角 α，也称咬入角，以弧度表示。根据几何关系，得接触角的计算式为：

$$\cos\alpha = 1 - \Delta h/2R \qquad (2-1)$$

当接触角不大时(小于 $10° \sim 15°$)，式(2-1)可简化成：

$$\alpha = \sqrt{\Delta h/2R} \qquad (2-2)$$

2. 变形区长度

接触弧(AB)的水平投影称为变形区长度 l。由几何关系，可得变形区长度的计算公式

$$l = \sqrt{\frac{D\Delta h - \Delta h^2/4}{2R}} \qquad (2-3)$$

式中：$D = 2R$，为轧辊直径。实际中常广泛使用简化计算公式

$$l = \sqrt{D\Delta h}(当 \alpha \leqslant 20°时，其误差不大于 1\%) \qquad (2-4)$$

可见接触角 α 与变形区长度 l 的关系为

$$l = R\sin\alpha \qquad (2-5)$$

3. 几何形状系数(也称为几何因子)

变形区的长度与轧件的平均厚度之比(l/h_{cp})称为几何形状系数。变形区几何系数对轧制时轧件内的应力状态有明显影响，对于研究轧制时金属的流动、变形及应力分布等有重要意义。由式(2-3)可得其表达式为：

$$l/h_{cp} = 2\sqrt{D\Delta h/(H+h)} \qquad (2-6)$$

4 轧辊如何选择?

轧辊原始辊形的设计、硬度、粗糙度以及表面磨削质量的控制等

对板材表面质量的影响很大，因而必须对轧辊质量进行严格控制。

1. 轧辊的初始凸度

轧辊初始凸度的合理选择是控制板形和板材中凸度的重要手段之一，特别是在生产合金品种多、规格跨度大，仅有乳液分段冷却和液压弯辊等板形控制手段的情况下，轧辊初始凸度的确定显得非常重要。事实证明原始辊形的优化能明显改善板形，原始辊形的分组主要由轧件的宽度和变形抗力决定，但每组原始辊形应具有以下特征：①对规定宽度范围内的产品有良好的板形；②辊缝对轧制力的变化具有稳定性；③辊缝对弯辊力的变化具有高的灵敏度；④轧辊具有均匀的磨损性。

因为支撑辊的辊凸度的变化对辊缝变化的灵敏度小于工作辊辊凸度变化的影响，同时考虑到产品规格的多样性，所以，一般情况下，热轧机支承辊均选用平辊，而工作辊设计为凹度辊，热轧机的工作辊凹度一般为 $-0.20 \sim 0$ mm。

2. 轧辊的粗糙度

轧辊辊面粗糙度值的选择和均匀性的控制直接影响到产品的表面质量。对于热轧而言，辊面粗糙度的选择既要有利于咬入，防止轧制过程中打滑，也要防止因辊面粗糙而影响产品表面质量。一般情况下，热轧机工作辊粗糙度 Ra 为 $1.25 \sim 1.75$ μm，支撑辊粗糙度 Ra 为 $1.5 \sim 2.0$ μm。为了避免因辊面粗糙度不均匀造成带材表面色差，工作辊辊面粗糙度分布的均匀性应控制在 ± 0.2 μm 内。

3. 轧辊的硬度

热轧辊多数采用锻钢轧辊。轧辊硬度直接影响到产品的表面质量和轧辊的使用寿命。辊面硬度低，轧制时易产生压坑，导致带材表面出现轧辊印痕，而且降低轧辊的耐磨性与使用寿命；辊面硬度过高，轧辊韧性下降而变脆，热轧过程易龟裂或剥落。因此，选择适宜的轧辊硬度是有益的。对于四辊轧机为保护和提高工作辊的使用寿命，支撑辊的硬度比工作辊的低。一般情况下，热轧机轧辊辊面硬度（HS）：支撑辊为 50 ± 5，工作辊为 70 ± 5。

4. 轧辊的保护

热轧过程中轧辊承受高温、高压、急冷急热，辊内出现交变的拉压内应力,致使辊面产生裂纹,随着裂纹的进一步扩展致使辊面龟裂甚至剥落;热轧过程中还易出现辊面损伤、黏铝缺陷,致使换辊频次增加,研磨量增大,轧辊使用寿命缩短。实际生产中如何保护轧辊,延长轧辊使用寿命,主要采取下列措施:

①新换轧辊在开始轧制前须进行预热,防止因轧辊内外温差过大产生热裂纹。预热的方式有两种:蒸汽预热,即换辊前向轧辊中孔通入蒸汽预热 8 h 以上,辊面温度达 60 ~ 80℃,此方式预热效果最佳;乳液预热,特殊情况下的换辊,未进行蒸汽预热,换辊后低速旋转轧辊,喷射乳液预热 20 ~ 30 min。

②定期更换轧辊。建立合理的轧辊周期更换制度,防止轧辊的过度疲劳和热裂纹的进一步扩展。热轧轧辊的周期更换制度如下:热轧机:支撑辊 2 次/年,工作辊 1 次/周。

③轧辊定期热处理,消除或减少内应力。

④合理选择和使用冷却润滑剂,减少轧辊磨损,调整冷却润滑剂喷射角度,避免因辊温过高引起黏辊或缠辊事故。

⑤合理安排轧制顺序,新换的轧辊应先生产软合金,再生产硬合金,防止对轧辊的剧烈冲击。

⑥更换下的轧辊研磨时,一定要磨掉辊面缺陷和疲劳层,防止缺陷的进一步扩大。

5 基本轧制过程是怎样的?

轧制过程的每一个道次里,轧制过程可分为开始咬入、曳入、稳定轧制和轧件抛出(轧制终了)四个阶段,见图 2 - 1。开始咬入阶段虽在瞬间完成,但它是关系到整个轧制过程能否建立的先决条件。稳定轧制是轧制过程的主要阶段,稳定轧制阶段是研究轧件在变形区内流动、变形与应力状态,以及进行工艺控制、产品质量控制、轧制设备设计等的基本对象。曳入和抛出对轧制过程与轧件质量的影响不大。

为了研究方便,常常把复杂的轧制过程简化成理想的简单轧制过程。简单轧制过程应具备下列条件:

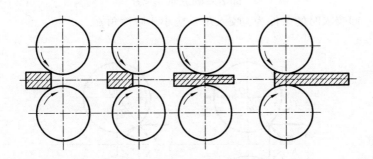

图 2 - 1　轧制过程的四个阶段

①两个轧辊均为主传动辊，辊径相同，转速相等，且轧辊为刚性。

②轧件除受轧辊作用外，不受其他任何外力(张力或推力)作用。

③轧件的性能均匀。

④轧件的变形与金属质点的流动速度沿断面高度和宽度是均匀的。

总之，简单轧制过程两个轧辊是完全对称的，在实际生产中理想的简单轧制过程是不存在的。

6　轧件的咬入条件及改善咬入的措施是怎样的?

1. 轧件与轧辊接触瞬间的咬入条件

轧制时，当轧件前端与旋转轧辊接触时，参见图 2 - 2，接触点 A 和 A' 处，轧件受到辊面正压力 N 和切向摩擦力 T 的作用，如不考虑轧件咬入时的惯性力，要实现咬着轧件，就必须满足以下力学条件:

$$2T\cos\alpha > 2N\sin\alpha \qquad (2-7)$$

由几何关系可知，α 可由式(2 - 1)确定

按库仑摩擦定律，$T = \mu N$(μ 为咬入时的接触摩擦系数)。代入式(2 - 7)，经整理后得

$$\tan\alpha < \mu \qquad (2-8)$$

如令 $\mu = \tan\beta$(β 为摩擦角)，则上式可写成:

$$\tan\alpha < \tan\beta \text{ 或 } \alpha < \beta \tag{2-9}$$

即咬入时的条件为：咬入角 α 应小于摩擦角 β。

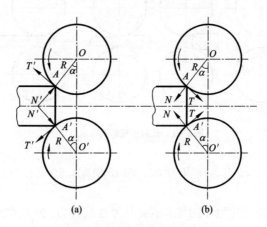

图 2-2　轧件与轧辊接触时的受力图

(a)轧辊受力图；(b)轧件受力图

铝材轧制时，不同轧制情况下的咬入角见表 2-2。

表 2-2　铝材不同轧制条件下的最大咬入角

轧制条件	咬入角 α	$\Delta h/D$
热轧	$18° \sim 20°$	$1/30 \sim 1/15$
冷轧（粗糙辊面）	$5° \sim 8°$	$1/250 \sim 1/100$
冷轧（高度光洁辊面，并有良好润滑）	$3° \sim 4°$	$1/700 \sim 1/400$

注：表中 D 为轧辊直径。

2. 稳定轧制的咬入条件

当轧件被咬入并逐渐填充辊间以后，由于合力的作用点内移，其最大咬入角与摩擦角之间的关系也随之发生变化。如以 δ 表示尚未咬入弧长部分的角度，如图 2-3 所示，并假设轧件与轧辊相接触弧长所受的力是均匀分布的，则合力作用点即可假定位于接触弧长的中点。因此，随着轧件逐渐充满辊缝间，δ 角将逐渐减小，最终降到零。由几何关系有

$$\varphi = (\alpha_m + \delta)/2 \qquad\qquad (2-10)$$

式中：φ 为合力作用点的径向线与轧辊中心线的夹角；α_m 为开始咬入时的最大咬入角。

当轧件完全充满辊间后，δ 角降为零，即有 $\varphi = \alpha_m/2$。于是

$$\alpha_m < 2\beta \qquad\qquad (2-11)$$

为稳定轧制的充分条件。

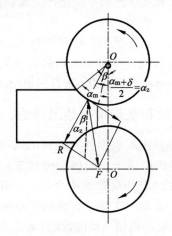

图 2 - 3　轧件填充辊缝时的接触角

实际上，咬入弧长轧制压力的分布一般是不均匀的，稳定轧制时的摩擦系数总是小于咬入初始瞬间的摩擦系数。可见，稳定轧制时的最大可能咬入角一般小于两倍摩擦角。试验研究表明：冷轧铝板时，基本还是接近两倍摩擦角的值。

3. 改善轧制咬入困难的主要措施

①当 Δh 一定时，轧辊直径 D 愈大，咬入角愈小，即愈易咬入。

②当轧辊直径 D 一定时，压下量 Δh 愈大，愈难咬入。因此，生产上为改善大压下量时的咬入困难情况，常将轧件前端作成楔形或圆弧形，减小咬入角。

③辊面接触摩擦愈大，愈有利于咬入。因此，轧辊表面愈粗糙，或辊面不润滑，或喷洒煤油等涩性油剂等增大辊面摩擦的措施，均有利于咬入。

④低速咬入，也可增大咬入时的摩擦，改善咬入条件。一旦咬入后便采用高速轧制以提高生产效率。生产上常使用的"低速咬入，高速轧制"的操作方法。

⑤轧制方向上增加水平推力，有利于咬入。因此，当咬入困难，出现打滑现象时，常常使用推锭机、辊道运送轧件的惯性力、夹持器、推力辊等对轧件施加水平推力，进行强迫咬入。

7 轧制时金属流动和变形规律是怎样的？

平辊轧制与斜锤间压缩楔形件时金属的流动和变形的基本规律相似，基本变形力学图都属于三向压应力状态，属于一向（高向）压缩、两向（轧向和宽向）延伸变形的应变状态，但也有许多自身的特点。其中最重要的一点是，轧制时金属的流动除金属质点的塑性流动外，还存在旋转轧辊的机械运动的影响，即轧制时金属质点的运动是以上两种运动速度的合成。

8 什么是轧制过程的前滑与后滑？

当轧件由轧前的原始厚度 H 经过轧制压缩至轧后厚度 h 时，进入变形区的轧件厚度逐渐减薄，根据塑性变形的体积不变条件，则金属通过变形区内任意横断面的流量必相等，即

$$F_H v_H = F_x v_x = F_h v_h = 常数 \qquad (2-12)$$

式中：F_H、F_h、F_x 为分别为入口、出口及变形区内任意横断面的面积；v_H、v_x、v_h 为分别为入口、出口及变形区内任意横断面的轧件的水平运

动速度。

　　平辊轧制时金属质点相对辊面的流动与平锤压缩时金属的流动十分相似(见图 2 - 4)。金属塑性流动相对辊面的滑动或滑动趋势是：金属向入口侧(厚侧 *AB* 边)方向流动容易，而向出口侧(薄侧 *CD* 边)流动较困难。金属质点向入口侧流动形成后滑区，而向出口侧流动形成前滑区。因而，轧制时的流动分界面(中性面或中性线)偏向出口侧。于是，按金属塑性流动相对辊面的运动情况，接触面弧面上有后滑区、中性面和前滑区。而将前滑区所对应的接触角定义为中性角，通常用 γ 表示。

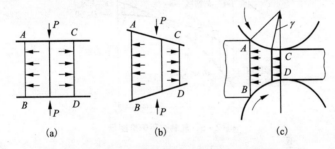

图 2 - 4　轧制与压缩金属流动示意图
(a)平锤压缩矩形件；(b)斜锤间压缩楔形件；(c)平辊轧制

　　前滑区(轧制出口端)轧件产生相对辊面的向前滑动，即轧件的前进速度高于辊面线速度；反之，后滑区轧件的速度低于辊面线速度；只有在中性面上二者的速度才相等，见图 2 - 5。因此，前滑值 (S_h) 定义为：

$$S_h = (v_h - v_0)/v_0 \qquad\qquad (2 - 13)$$

式中：v_h 为轧件流动速度；v_0 为轧件流动速度。

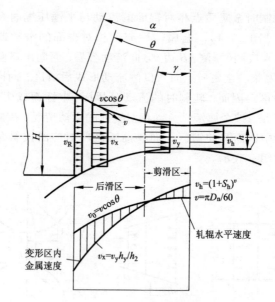

图 2-5 轧制过程速度图示

根据理论分析可导出，简单轧制过程的前滑值的计算式为：

$$S_h = [h + D(1 - \cos\gamma)]\cos\gamma/h - 1$$

或

$$S_h = 2\sin^2\gamma[(D/h)\cos\gamma - 1] \qquad (2-14)$$

当 γ 角很小时，可简化成

$$S_h = (R/h - 1/2)\gamma^2 \qquad (2-15)$$

式中：γ 为中性角，由下式表示。

$$\gamma \approx (\alpha/2)[1 - (1/\mu)(\alpha/2)] \qquad (2-16)$$

实际上，轧制时的前滑值一般为 2% ~ 10%。前滑对于带材、箔材轧制张力的调整、连轧时各机架之间速度的匹配和协调均有重要实际意义。

前滑值可以用打有两个小坑点的轧辊轧制后，通过测量轧件上压痕点的距离进行计算，且测量精度较高。其计算式为：

$$S_h = (v_{ht} - v_{0t})/v_{0t} = (l_h - l_0)/l_0 \qquad (2-17)$$

式中：l_h 为时间 t 内轧件上压痕点间的长度；L_0 为时间 t 内轧辊上小坑点间的弧线长。

9　影响轧制宽展的因素有哪些？

轧制时金属沿横向流动引起的横向变形，通常称之为宽展。轧制时的宽展通常用 $\Delta B = b - B$ 表示（B、b 分别表示轧制前、后轧件宽度）。

实验和理论分析表明，影响轧件宽展的主要因素有：随着接触摩擦的增加宽展增加，宽展随压下量增加而增加；轧辊直径愈大，宽展愈大，因为大直径轧辊的接触弧长，使纵向阻力增大；宽展也与轧件宽度与接触弧长的比值（B/l）有关。当比值（B/l）小于一定范围时，随着轧件宽度增加，宽展也增加；但当比值（B/l）超过某定值时，摩擦的横向阻力加大，宽展不再增加，宽展将维持一较小值。各因素对宽展的影响是比较复杂的，宽展的计算还停留在经验水平。通常，铝及铝合金的轧制宽展计算公式有：

$$\Delta B = C(\Delta h/H) \sqrt{R\Delta h} \qquad (2-18)$$

式中：C 为常数，对于是铝及铝合金（当温度为 400℃时），C 可取 0.45。

这一公式考虑了变形区长度和加工率等主要因素对宽展的影响。试验结果表明，对于铝材热轧（400℃），可得到满意的结果。但它未考虑轧件宽度的影响，故不适于轧件宽度等于或小于轧件厚度的轧制条件下的宽展计算。通常，当轧件宽度等于或小于轧件厚度时，有可能在轧件两侧出现双鼓形。

10　如何确定轧制压力？

1. 轧制压力

所谓轧制压力是指轧件对轧辊合力的垂直分量，即轧机压螺丝下所承受的总压力。通常，轧辊对轧件的作用力有两个：一是与接触表面相切的单位摩擦力 T；另一个与接触表面垂直的单位压力的合力 N；轧

制压力就是这两个力在垂直轧制方向
上的投影之和 P_H（见图 2 - 6）。

2. 轧制压力确定的两种方法

（1）实测法

总压力是通过放置在压下螺丝下
的测压头（压力传感器）将轧制过程的
压力信号转换成电信号，再通过放大
和记录装置显示压力实测数据的方
法。轧制压力测试，常用的压力传感
器有电阻应变式测压头和压磁式测压
头。沿接触弧上的单位压力测定，则
需将针式压力传感器埋设在辊面内进
行测定。

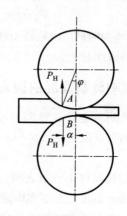

图 2 - 6 简单轧制条件下合力方向

（2）理论计算法

它是根据轧制条件和塑性理论分析，推导出轧制压力计算公式。
通常，轧制压力的计算式为：

$$P = pF \qquad (2 - 19)$$

而单位轧制压力：

$$p = Kn_\delta \qquad (2 - 20)$$

式中：n_δ 为相对应力系数；K 为材料的变形抗力；$F = b_{cp}l'$ 为接触面
积；b_{cp} 为轧件的平均宽度；l' 为考虑轧辊压扁的接触长度。

不考虑宽展与轧辊压扁时的轧制力计算公式可表达为：

$$P = pF = Kn_\delta B \sqrt{R\Delta h} \qquad (2 - 21)$$

3. 常用轧制压力计算公式中的 n_δ 计算

（1）采里科夫公式

$$n_\delta = [2(1 - \varepsilon)/\varepsilon(\delta - 1)](h_r/h)[(h_r/h)^\delta - 1] \qquad (2 - 22)$$

（2）斯通公式

$$n^\delta - (e^m - 1)/m \qquad (2 - 23)$$

（3）西姆斯简化公式

$$n_\delta = 0.785 + 0.25l/h \qquad (2 - 24)$$

（4）滑移线法公式

$$n_\delta = 1.25h/l + 0.785 + 0.25l/h \qquad (2-25)$$

常用轧制压力计算公式的应用条件及特点见表 2 - 2。

表 2 - 2　轧制压力计算公式的类型及应用条件

公式	基本假设要点	接触条件	适用情况
采里科夫公式	楔形件均匀压缩；不计宽展	一般不考虑轧辊压扁；全滑动（库仑摩擦定律；未考虑刚端影响	热轧、冷轧
斯通公式	楔形件均匀压缩；不计宽展	考虑轧辊压扁；全滑动（库仑率擦定律）；未考虑刚端影响	冷轧薄板
西姆斯公式	楔形不均匀压缩；不计宽展	未考虑轧辊压扁；全枯着（按常摩擦力定律）；未考虑刚端影响	热轧
滑移线法公式	当 $l/h < 1.0$，用滑移线法解，平面应变压缩问题	考虑了外端的影响；摩擦系数较大	热轧开坯

4. 金属的变形抗力（K）

变形抗力是计算轧制压力的重要材料参数。轧制变形条件下，金属抵抗塑性变形发生的力称为变形抗力，对于平面应变条件下的变形抗力常用 K 表示，而且

$$K = 1.115\,\delta_s = 1.115\,R_{p0.2} \qquad (2-26)$$

对于大多数铝合金，由弹性变形进入塑性变形的过程是平滑，屈服点现象很不明显，常用 $R_{p0.2}$ 代替 δ_s。变形条件（温度、变形程度和变形速度等）对纯铝及几种常用铝合金的变形抗力的影响曲线图见图 2 - 7。

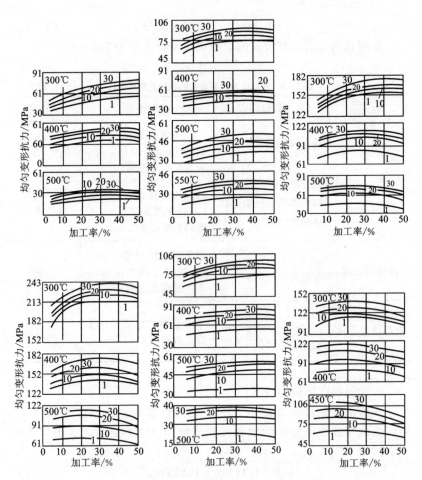

图 2-7 变形条件对常用铝合金变形抗力的影响

11 轧制过程的温度变化规律是怎样的?

轧制温度包括有开轧温度、终轧温度以及卷取温度。这些温度对于铝材轧制时的变形抗力、轧制力、成品的组织、晶粒度、力学性能以及板、带材的表面状态等都有着直接影响。特别对于铝材热轧,它是一个极为重要的参数，例如 1% 的温度预测差异，可能导致 2% ~ 5% 的轧制力预报差异。

轧制过程中轧件的热量损失情况以及温度变化规律，主要有以下几方面。

1. 辐射散热损失引起的温降

加热的板坯，因辐射散热损失引起的温降公式为：

$$dt_1 = -2\varepsilon\sigma\left[(t+273)/100\right]^4 d\tau/(C_p\gamma h) \tag{2-27}$$

式中：ε 为轧件的热辐射系数（或称为黑度），对于铝的热轧坯，一般可取 0.55 左右；σ 为玻耳兹曼常数；t 为轧件表面的温度；C_p 为比热容；Y 为密度；h 为轧件高度；τ 为时间。

2. 对流传热的散热损失引起的温降

轧件对流温降公式为：

$$dt_2 = -2\alpha(t-t_0)d\tau/(C_p\gamma h) \tag{2-28}$$

式中：α 为对流的散热系数；t_0 为冷却介质的温度（如冷却水或润滑液）；τ 为热交换时间；其余同式（2-27）。

3. 轧制过程中轧件与轧辊接触时的热传导损失引起的温降

$$\Delta t_3 = -2\lambda l(t-t_0)/(C_p\gamma h_{cp}v) \tag{2-29}$$

式中：t 为轧件温度；t_0 为轧辊温度；h_{cp} 为轧件平均厚度；v 为轧制速度；其余同式（2-27）。

4. 塑性变形引起的温升

金属塑性变形热的温升计算公式为：

$$\Delta t_4 = A\eta\sigma_{cp}ln(H/h)\times 10^4/(C_p\gamma h_{cp}) \tag{2-30}$$

式中：η 为转换效率，一般取 0.90 ~ 0.95；σ_{cp} 为轧件的平均变形力；其余同式（2-27）。

12　何为是轧机的弹性变形?

轧制时轧辊承受的轧制压力，通过轧辊轴承、压下螺丝等零部件，最后由机架承受。所以在轧制过程中，所有上述受力件都会发生弹性变形，严重时可达数毫米。据测试表明：首先弹性变形最大的是轧辊系（弹性压扁与弯曲），占弹性变形总量的 40% ~ 50%；其次是机架（立柱受拉，上下横梁受弯），占 12% ~ 16%；轧辊轴承占 10% ~ 15%；压下系统占 6% ~ 8%。

随着轧制压力的变化，轧辊的弹性变形量也随着而变，辊缝大小和形状也发生变化。辊缝大小的变化将导致板材纵向厚度波动，辊缝形状影响到轧制板形变化。它们对轧制板、带材板形质量、尺寸精度控制的影响已成为现代轧制理论关注和研究的重点。

13 何为是轧机的弹跳方程与弹性特性曲线？

轧机弹性变形总量与轧制压力之间的关系曲线称为轧机的弹性特性曲线，描述这一对参数关系的数学表达式，即称为轧机的弹跳方程。

图 2 - 8 所示为当两轧辊的原始辊缝（空载辊缝值）为 s_0 时，轧制时由于轧制压力的作用，使机架发生了变形 Δs。因此实际辊缝将增大到 s，辊缝增大的现象称为轧机弹跳或辊跳。于是所轧制出的板厚为：

$$h = s = s_0 + s_0' + \Delta s = s_0 + s_0' + P/k \qquad (2-31)$$

式中：s_0' 为初始载荷下各部件间的间隙值；P 为轧制压力；k 为轧机的刚度系数，表示轧机弹性变形 1 mm 所需的力，N/mm。

如忽略初始载荷下各部件间的间隙值，即 $s_0' = 0$，则式（2 - 31）变为：

$$h = s = s_0 + P/k \qquad (2-32)$$

式（2 - 32）称为轧机的弹跳方程，它忽略了轧件的弹性恢复量，说明轧出的轧件厚度为原始辊缝与轧机弹跳量之和（见图 2 - 9）。

影响原始辊缝 s_0 变化（即影响轧机弹性特性曲线位置）的因素有：轧辊偏心、轧辊热膨胀、轧辊磨损和轧辊轴承油膜的变化等。

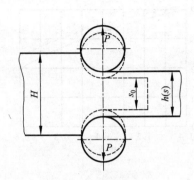

图 2 - 8　轧机弹跳现象

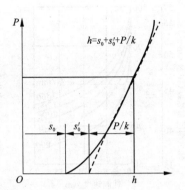

图 2 - 9　轧件尺寸在弹跳曲线上的表示

14　何为轧机的刚度及影响因素?

轧机的刚度为轧机抵抗轧制压力引起弹性变形的能力，又称轧机模量。它包括纵向刚度和横向刚度。轧机的纵向刚度是指轧机抵抗轧制压力引起辊跳的能力。轧机的纵向刚度可用下式表示。

$$K = P / (h - s_0) \qquad (2-33)$$

式中：P 为轧制压力；h 为轧件的轧后厚度；s_0 为两轧辊的原始辊缝。

轧机刚度可用轧制法和压靠法等方法实际测定。影响轧机刚度的因素主要有轧件宽度(见图 2 - 10)、轧制速度(影响到轴承油膜厚度)等。由图 2 - 10 可知，轧制速度的影响是：低速时对轧机刚度的影响大，而高速时影响较小。当轧制宽度与辊身长度二者差异较大时，则相互之间的相差较为明显；如果二者尺寸相近，相互之间的差异就小。对于不同轧制宽度，参见图 2 - 11，其修正公式为：

$$k_L = k_\beta - \beta(L - B) \qquad (2-34)$$

式中：L 为辊身长度；B 为轧件宽度；β 为刚度修正系数；k_β 为压靠法测得的刚度；k_L 为轧件宽度为 B 时的刚度。

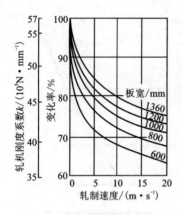

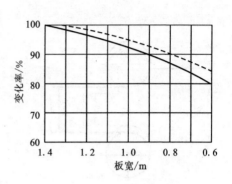

图2-10 板宽与轧制速度   图2-11 板宽与k值的变化曲线
对轧机刚度系数的影响

15 轧件塑性特性曲线及影响因素是什么?

轧件的塑性特性曲线是指某一预调辊缝 s_0 时,轧制压力与轧出板材厚度之间的关系曲线,如图2-12所示。它表示在同一轧制厚度的条件下,某一工艺参数的变化对轧制压力的影响;或同一轧制压力情况下,某一工艺因素变化轧出厚度的影响情形。变形抗力大的塑性曲线较陡,而变形抗力小的塑性曲线较平坦。若轧制压力保持不变,则前者轧出的板材较厚。若需保持轧出同一厚度的板材,那么对于变形抗力高的轧件就应加大轧制压力。

影响轧件塑性特性曲线变化的因素主要有:沿轧件长度方向原始厚度不均、温度分布不均、组织性能不均、轧制速度与张力的变化等。这些因素影响到轧制压力的变化,也改变了 $H-P$ 图上轧件的塑性特性曲线的形状和位置,因而导致轧件的板厚随之发生变化。

16 何为冷轧过程的弹塑曲线?

轧制过程的轧件塑性曲线与轧机弹性曲线集成于同一坐标图上的曲线,称为轧制过程的弹塑曲线,也称轧制的 $P-H$ 图(见

图 2 – 13）。图中两曲线交点的横坐标为轧件厚度，纵坐标为对应的轧制压力。

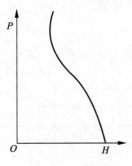
图 2 – 12 轧件塑性特性曲线

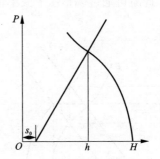
图 2 – 13 轧制弹塑曲线

17 何为冷轧厚度控制原理？

轧制过程中凡引起轧制压力波动的因素都将导致板厚纵向厚度尺寸的变化，一是对轧件塑性变形特性曲线形状与位置的影响；二是对轧机弹性特性曲线的影响。结果使两条曲线的交点发生变化，产生了纵向厚度偏差。

板厚控制原理：根据 P – H 图，轧制厚度控制就是要求使所轧板材的厚度，始终保持在轧机的弹性特性曲线和轧件塑性特性曲线交点 h 的垂直线上。但是由于轧制时各种因素是经常变化波动的，两特性曲线不可能总是相交在等厚轧制线上，因而使板厚出现偏差。若要消除这一厚度偏差，就必须使两特性曲线发生相应的变动，重新回到等厚轧制线上，基于这一思路，板厚控制方法有：调整辊缝、张力和轧制速度等三种方法。

1. 调整压下改变辊缝

调整压下是板、带材厚度控制的最主要的方法，这种板厚控制的原理，是在不改变弹塑曲线斜率的情况下，通过调整压下来达到消除轧件或工艺因素影响轧制压力而造成的板厚偏差（见图 2 – 14）。

当遇到来料退火不均，造成轧件性能不均（变硬），或润滑不良使摩擦系数增大，或张力变小、轧制速度减小等，都会使塑性曲线斜率变大，塑性曲线由 B 变到 B'，在其他条件不变时，轧出厚度产生偏差 δ_h，此时可通过调整压下减小辊缝来消除（见图 2-15）。

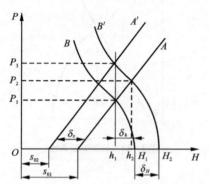

图 2-14 塑性曲线变陡时调整压下原理图   图 2-15 δ_H 变化时的调整压下原理图

2. 调整张力

调整压下的方法由于需调整压下螺丝，如塑性模量 M 很大，或轧机刚度系数 k 过小，则调整量过大，调整速度慢，效率低。因此对于冷精轧薄板、带，调整张力比调整压下的速度更快、效果更明显。特别是对于箔材轧制更是如此，因为这时轧辊实际已经压靠，板厚控制只得依靠调整张力、润滑与轧制速度来实现。

调整张力是通过调整前、后张力改变轧件塑性曲线的斜率，达到消除各种因素对轧出厚度影响来实现板厚控制的（图 2-16）。当来料出现厚度偏差 δ_H

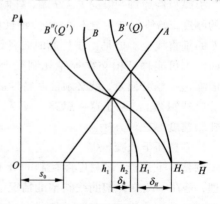

图 2-16 调整张力原理图

时，在原始辊缝和其他条件不变时，轧出板厚产生偏差 δ_h，为使轧出板厚不变，可通过加大张力，使塑性曲线 B' 变到 B''（改变斜率），而与弹性曲线 A 相交在等厚度轧制线上，实现无需改变辊缝大小而达到板厚不变的目的。张力调整方法的特点是反应快、精确、效果好，在冷轧薄板、带生产中用得十分广泛。

（3）调整轧制速度

轧制速度的变化将引起张力、摩擦系数、轧制温度及轴承油膜厚度等发生变化，因而也可改变轧制压力，达到使轧件塑性曲线斜率发生改变的目的，其基本原理与调整张力相似。

第 3 章　热轧设备及工艺

1　热轧及其特点是什么?

　　热轧一般指在金属再结晶温度以上进行的轧制。在热轧时,变形金属同时存在硬化和软化过程,因受变形速度的影响,只要回复和再结晶过程来不及进行,金属随变形程度的增加会产生一定的加工硬化。在热轧温度范围内,硬化过程起主导作用。因而,在热轧终了时,金属的再结晶常常是不完全的,即热轧后的铝合金板、带材呈现为再结晶组织与变形组织共存的组织状态。热轧主要特点包括如下几个方面:

　　①热轧能显著降低能耗、降低成本。热轧时金属塑性高,变形抗力低,大大减少了金属变形的能量消耗。

　　②热轧能改善金属及合金的加工工艺性能,即将铸造状态的粗大晶粒破碎、显微裂纹愈合,减少或消除铸造缺陷,将铸态组织转变为变形组织,提高金属的加工性能。

　　③热轧通常采用大铸锭、大压下量轧制,不仅提高了生产效率,而且为提高轧制速度、为实现轧制过程的连续化和自动化创造了条件。

　　④热轧不能非常精确地控制产品的力学性能,热轧制品的组织和性能不够均匀。其强度指标低于冷作硬化制品,而高于完全退火制品;塑性指标高于冷作硬化制品,而低于完全退火制品。

　　⑤热轧产品厚度尺寸较难控制,控制精度相对较差;热轧制品的表面较冷轧制品粗糙,Ra 值一般在 $0.5 \sim 1.5\ \mu m$。因此,热轧产品一般多作为供给冷轧加工的坯料。

2　现代热轧机采用的新技术及新装置有哪些?

一套现代化的测量系统要使用多个高精度、连续检测、高速和低噪声的 X 射线源,对沿整个带材宽度上的每一个测量点都要用两对相互独立的射线源检测器来进行检测。而射线源的入射角互不相同。从而可以同时测量中央厚度、横向厚度分布、显性板形和轧件宽度。这种测量系统参与闭环控制系统,完成厚度自动控制、横向厚度分布自动控制和板形自动控制。

1. 板形测量系统

隐性板形测量和显性板形测量同时存在形成更完善的板形测量系统。显性板形测量是指扫描式的测厚装置,如光学型的"显性板形仪",这种板型仪可以同时对板形、带边位置和带材宽度进行非接触式测量。其测量精度为:高度方向 ±0.2 mm、带边位置 ±0.5 mm、带材宽度 ±1 mm。

隐性板形测量是指安装在热精轧或热连轧机上的板形辊。板形辊安装在出口侧原偏导辊的位置上,其直径约 500 mm,带有驱动装置和冷却装置,允许的带材温度 400℃。在有些铝热连轧机上也已经安装使用了这种隐性板形测量装置,并取得了令人满意的效果。

2. 温度自动控制系统

温度自动控制系统不但在铝热连轧机上,而且在单机架双卷取热轧机上都得到了应用。温度自动控制系统可以将最终出口温度控制在 ±8℃以内,在中间有些道次轧件的温度可控制在 1~3℃。

由于铝及铝合金的热辐射低,因而给非接触式温度测量带来了很大困难。近年来,在采用 2 台或 2 台以上色差高温计的测量技术方面取得了进展,从而使其测量性能指标方面达到了可以接受的水平。

3. 表面质量检查

表面质量非常重要,但表面质量的检查研究工作基本上还处于初期阶段,目前带有缺陷分析软件的高性能"视觉"检查系统已经取得了成果,进入了实用阶段。

4. 液压轧边机

液压轧边机不同于立辊轧机，是一种全液压重型轧边机，或称为"液压自动宽度控制系统"。它的主要优点在于：可利用单一铸造宽度的坯料生产出各种不同宽度的产品；精确控制宽度；消除头尾的鱼尾状缺陷；减少边部裂纹；降低切边量，提高成品率。

5. 可调式带材冷却系统

目前的带材冷却有层流喷嘴、水帘和 U 形管等，而 Bertin 公司的 ADCO（可调式带材冷却系统）使用空气和水组成的一种混合式冷却介质，可以在很大程度上改变冷却速率。目前这种冷却系统仅用于钢铁行业，但其在铝轧制加工中的应用潜力很大。

6. 集成控制系统

利用现代化的手段将各种子系统相互连接起来，将热轧生产线的整个工艺过程综合性地加以考虑，对工艺参数之间复杂的交互作用、中间目标值、最终热轧成品的目标值作出统筹安排。

7. 在线控制模型的综合应用

已有的各种物理模型和数学模型可以对负载、功率、温度、横向厚度分布和板形作出计算和预测，提供轧机参数的设定和控制环的增益。采用自适应、专家系统和更先进的解决方案可以做到在线控制模型的综合应用。

8. 冶金模型的应用

随着显微组织模型化技术的不断发展以及运算功能更强大的系统的出现，有可能对显微组织演化过程进行直接控制。实际上在钢铁行业已经有了简单的显微组织模型，并且得到了成功的运用，并在铝合金的加工中开始进行应用，但有待进一步研究、开发和应用。

9. 集成化的横向厚度分布和板形控制系统

为了能在热轧生产线上有效地控制带材横向厚度分布和板形，需要一个集成化的解决方案通盘考虑板形和横向厚度分布的演变。将各种模型包容在一个动态模拟离线系统中可以开发出一系列的轧制程序表。在线系统的自适应设定功能可提供良好的带材头尾性能和闭环控制效果。离线和在线系统相配合将会使系统达到一个更高的水平。

3 热粗轧机、热精轧机的主要系统组成是怎样的?

铝合金热轧机的主要机型有:四辊单机架单卷取热轧机,四辊单机架双卷取热轧机,四辊热粗轧 + 热精轧(即 1 + 1),热粗轧 + 多机架热精轧。此外,还有二辊、六辊和八辊轧机机型。

1. 单机架单卷取热轧机

在一台可逆热轧机上,铸锭经过往复轧制,最后一道次实现卷取,最小厚度 6 mm,产能可达 150 kt/a。其特点是热粗轧、热精轧共用一台设备。由于带材卷取轧制前坯料厚度较薄(10 mm 左右),轧制温度较低,带材的板形难以控制;同时,轧制带材的长度受辊道长度限制。因而,其铸锭重量不能过大,一般在 1 ~ 3 t。此类热轧机有两种型式:一种是二辊可逆热轧机;一种是四辊可逆式热轧机。二辊可逆式热轧机一般都用于生产民用 1XXX、3XXX、8XXX 及个别 5XXX 系软合金板、带材。四辊可逆式单机架热轧机的产品有两种:一种专业化程度较高,产品专一,用于几种软合金产品的轧制;另一种是万能式的,用于轧制所有变形铝合金板、带材产品。

2. 单机架双卷取热轧机

单机架双卷取热轧,即在轧机入口和出口各带一台卷取机的可逆式热轧机,既做热粗轧机,又做热精轧使用。经加热的铸锭在辊道上通过多道次可逆轧制,轧至 18 ~ 25 mm 厚度,然后进行双卷取可逆式精轧,经过 3 ~ 5 道次轧制,最小厚度可达到 2.5 mm。生产能力可达 150 kt/a。这种配置的热轧机除生产罐料技术尚不成熟外,能生产各种合金板、带材。

3. 多机架热连轧机

由 1 ~ 2 台可逆式热粗轧机和 3 ~ 6 台不可逆热精轧机串联起来构成多机架热连轧生产线。具有生产工艺稳定、工序少、产量大、生产效率高、生产成本低等特点;同时,所生产的热轧带材具有厚度小、厚度精度高、凸度精度控制好,板形优良等优点。特别适用于大规模生产市场需求量很大的制罐料、PS 版基材、铝箔毛料等高精尖产品。能生产从 1XXX 系至 8XXX 系的所有铝及铝合金板、带材。

多机架热连轧机一般都配有清刷辊，以改善带材表面质量；配有液压弯辊和液压 AGC，以改善板形和提高带材厚度控制精度；在轧机前后和连轧机之间配有乳化液冷却喷淋装置，控制带材温度；在精轧机上还配有 CVC、DSR、TP 等辊形控制方式，单点或多点扫描板凸度仪以及非接触式温度检测仪，同时还配有收集、监测、显示各种参数的自动管理系统。热粗轧机开口度 ≥600 mm，供热精轧板坯厚度为 30～50 mm；热精轧可轧最小厚度 2.0 mm，厚度公差 ±1%；板凸度 0.2%～0.8%；终轧温度 250～360℃，温差 ±10℃。

4　如何设计热轧制度？

热轧的工艺制度主要包括热轧温度、热轧速度、热轧压下制度等，根据设备能力和控制水平合理制定热轧轧制制度有利于提高产品质量、生产效率和设备利用率，保证设备安全运行。

1. 热轧温度

热轧温度包括开轧温度和终轧温度。

（1）开轧温度

合金的平衡相图、塑性图、变形抗力图，第二类再结晶图是确定热轧开轧温度范围的依据。合金的塑性图在一定程度上反映了金属的高温塑性情况，它是确定热轧温度范围的主要依据。根据塑性图可选择塑性最高、强度最小的热轧温度范围。理论上热轧开轧温度取合金熔点温度的 0.85～0.90，但应考虑低熔点相的影响。热轧温度过高，容易出现晶粒粗大，或晶间低熔点相的熔化，导致加热时铸锭过热或过烧，热轧时开裂。

（2）终轧温度

热轧的终轧温度是根据合金的第二类再结晶图确定的，塑性图不能反映热轧终了金属的组织与性能。铝及铝合金在热轧开坯轧制时的终轧温度一般都控制在再结晶温度以上。当热轧产品组织性能有一定要求时，必须根据第二类再结晶图确定终轧温度。终轧温度要保证产品所要求的性能和晶粒度。温度过高晶粒粗大，不能满足性能要求，而且继续冷轧会产生轧件表面橘皮和麻点等缺陷，当冷轧加工率较小时，还难以消除。终轧温度过低引起金属加工硬化，能耗增加，再结晶不完全导致晶粒大小不均及性能差。终轧温度还取决于相变温度，在相变温度以下，将有第二相析出，其影响由第二相的性质决定。一般会造成组织不均，降低合金塑性，造成裂纹以致开裂。终轧温度一般取相变温度以上 20～30℃。无相变的合金，终轧温度可取合金的熔点温度的 0.65～0.70。为保证终轧温度，采用多机架连轧是有效的工艺手段。

2. 热轧速度

为提高生产效率，保证合理的终轧温度，在设备允许范围内尽量采用高速轧制。在实际生产过程中，应根据不同的轧制阶段，确定不同的轧制速度：

开始轧制阶段，由于温度较高如采用高速轧制，其热效应显著会使铸块温度达到高温热脆区，加之铸造组织缺陷，会导致轧裂，同时铸锭厚而短，绝对压下量较大，咬入困难，为了便于咬入，一般采用较低的轧制速度。

中间轧制阶段，坯料过渡到变形组织后，由于加工性能的改善和温度的降低，为了控制终轧温度和提高生产效率，只要条件允许，便采用高速轧制。

最后轧制阶段，因带材变得薄而长，轧制过程温降损失大，带材与轧辊接触时间较长，为获得均匀的组织及性能、优良的表面质量和良好的板形，应根据实际情况，选用合适的轧制速度。

在变速可逆式轧机轧制过程中，一个道次轧制速度分三个阶段合理控制：

①开始轧制时为有利于咬入，轧制速度控制较低；

②咬入后升速至稳定轧制，轧制速度较高；

③抛出时降低轧制速度，实现低速抛出。这样，有利于减少对轧机的冲击，保护设备安全，减少带材的温降损失，提高生产效率。

3. 热轧压下制度

热轧压下制度主要是热轧的总加工率和道次加工率的确定。合理的压下制度，应该满足优质、高产、低消耗的要求，充分发挥热轧的特点，获得最佳的技术经济效果。通常是在保证质量的前提下，当金属塑性及设备能力允许时，尽量采用大的加工率和减少道次轧制。

（1）总加工率的确定原则

铝及铝合金板材的热轧总加工率可达到90%以上。总加工率愈大，材料的组织愈均匀，性能愈好。当铸锭厚度和设备条件已确定时，热轧总加工率的确定原则是：①合金材料的性质。纯铝及软铝合金，其高温塑性范围较宽，热脆性小、变形抗力低，因而其总加工率大；硬铝合金，热轧温度范围窄，热脆性倾向大，其总加工率通常比软铝合金小。②满足最终产品表面质量和性能的要求。供给冷轧的坯料，热轧总加工率应留足冷变形量，以利于控制产品性能和获得良好的冷轧表面质量；对热轧制品，热轧总加工率的下限应使铸造组织变为加工组织，以便控制产品性能，铝及铝合金热轧制品的总加工率应 >80%。③轧机能力及设备条件。轧机最大工作开口度和最小轧制厚度差越大，铸锭越厚，热轧总加工率越大，但铸锭厚度受轧机开口度和辊道长度的限制。④铸锭尺寸及质量，铸锭厚且质量好，加热均匀，热轧总加工率相应增加。

（2）道次加工率的确定原则

确定道次加工率要保证轧制过程顺利进行；减少轧件的不均匀变形，保证产品尺寸精度与板形的要求；实现安全生产，充分发挥设备能力。制订道次加工率应考虑咬入条件，合金的高温性能，产品质量要求及设备能力。分配道次加工率受以下条件限制：

A. 咬入条件

轧件能否顺利被轧辊咬入，是实现轧制过程的先决条件。由咬入条件分析，当 $\alpha < \beta$（α 咬入角，β 摩擦角）时能实现顺利的咬入，$\alpha > \beta$ 是要实行强迫咬入。分配道次压下量时，应根据设备、润滑条件等来确定最大道次压下量（Δh_{max}）即：

$$h_{max} < D(1 - \cos\beta) \qquad (3-1)$$

式中：Δh_{max} 为最大道次压下量；D 为轧辊直径；β 为摩擦角。

B. 金属的塑性

金属的塑性是限制道次压下量的一个因素，如果道次压下量超过金属所承受的最大变形程度，则轧件就会产生裂纹或裂边。通常在开始轧制的头几道次，加工率不宜过大，保证铸态组织转变为加工组织，避免轧碎、轧裂。但是，在铸锭较厚、开轧温度较高的情况下，加工率很小会引起表面变形，中心层不变形或变形很小，产生表面裂纹、张嘴等缺陷。此时应加强润滑或适当增加压下量，采用立辊轧边，减少不均匀变形程度，防止裂纹、裂边。中间轧制道次，金属铸造组织已逐步转变为加工组织，塑性好变形抗力不高，易采用大压下量轧制。热轧后几道次，轧件薄而长，温度较低，变形抗力较大，此时为了获得平直与尺寸精确的轧件，应适当减少压下量，提高轧制速度。

　　C. 轧机强度和电机能力

　　热轧中间各道次采用提高轧制速度与进行大压下量轧制，但必须保证设备安全运转，轧制压力不超过轧机部件（主要是轧辊）的允许使用压力，传动负荷不应超过电机本身的允许电流及转矩。同时，各道次电机负荷应尽可能均匀，以便充分利用电机能力。

　　D. 不同轧制阶段道次加工率确定原则

　　①开始轧制阶段，道次加工率比较小，一般为 2% ~ 10%，因为前几道次主要是变铸造组织为加工组织，满足咬入条件。对包铝铸锭，为了使包铝板与其基体金属之间牢固焊合，头一道次的加工率应小于 5%，采用较低的道次加工率干压 3 ~ 5 道次。②中间轧制阶段，随金属加工性能的改善，如果设备条件允许，应尽量加大道次变形量，对硬铝合金道次加工率可达 45% 以上，软铝合金可达 50%，大压下量的轧制将产生大的变形热补充带材在轧制过程中的热损失，有利于维持正常轧制。③最后轧制阶段，一般道次加工率减小。为防止热轧制品产生粗大晶粒，热轧最后道次的加工率应大于临界变形量（15% ~ 20%）；热轧最后两道次温度较低，变形抗力较大，其压下量分配应保持带材良好的板形，厚度偏差及表面质量。

　　（3）热轧压下制度制定步骤

　　根据上述原则，制定热轧压下制度通常按以下步骤进行：

　　①确定金属塑性所允许的最大加工率。一方面可参阅现有资料确定，另一方面可根据现场同类条件下的实际工艺或经验公式计算

确定。道次加工率应不超过金属塑性所允许的最大加工率。

②按咬入条件进行压下量的试分配。先查出最大允许咬入角或摩擦系数；根据最大允许咬入角或摩擦系算出最大压下量；由最大允许压下量并参阅有关资料试分配压下量和轧制道次。

③确定热轧速度制度。按金属允许的变形速度算出稳定轧制速度，并计算轧至时间和间歇时间。

④计算或查阅有关手册的图表确定各道次温降，计算轧前轧后的温度。

⑤计算平均单位压力和总轧制压力，计算轧制力矩和总传动力矩，并绘出轧制负荷图。

⑥校核轧辊强度和主电机的发热与过载能力。

⑦根据校核结果与产品质量要求，修正压下量分配数值，并定出合理的轧制道次。

5　轧制产品厚度控制原理及方法是怎样的？

轧制过程中凡引起轧制压力波动的因素都将导致板厚纵向厚度尺寸的变化，一是对轧件塑性变形特性曲线形状与位置的影响；二是对轧机弹性特性曲线的影响。结果使两条曲线之交点发生变化，产生了纵向厚度偏差。

板厚控制原理：根据 $H-P$ 图，轧制厚度控制就是要求使所轧板材的厚度，始终保持在轧机的弹性特性曲线和轧件塑性特性曲线交点 h 的垂直线上。但是由于轧制时各种因素是经常变化波动的，两特性曲线不可能总是交在等厚轧制线上，因而使板厚出现偏差。若要消除这一厚度偏差，就必须使两特性曲线发生相应的变动，重新回到等厚轧制线上，基于这一思路，板厚控制的方法调整辊缝、张力和轧制速度等三种。

1. 调压下改变辊缝

调压下是板、带材厚度控制的最主要的方法。这种板厚控制的原理，是在不改变弹塑曲线斜率的情况下，通过调整调压下来达到消除轧件或工艺因素影响轧制压力而造成的板厚偏差。如遇到来料退火不均，造成轧件性能不均（变硬）时、或润滑不良使摩擦系数增大、或张力变小、轧制速度减小等。

2. 调整张力

调整压下的方法由于需调整压下螺丝，如塑性模量 M 很大，或轧机刚度 k 过低，则调整量过大，调整速度慢，效率低。因此对于冷精轧薄板、带的调节不如调整张力来得快和好。特别是对于箔材轧制更是如此，因为这时轧辊实际已经压靠，所以板厚控制只得依靠调整张力、润滑与轧速来实现。

调整张力是通过调整前、后张力改变轧件塑性曲线的斜率，达到消除各种因素对轧出厚度影响来实现板厚控制的。当来料出现厚度偏差 $+\delta H$ 时，原始辊缝和其他条件不变时，轧出板厚产生偏差 δ_h，为使轧出板厚 h_1 不变，可通过加大张力，使塑性曲线 B' 变到 B''（改变斜率），而与弹性曲线 A 交在等厚度轧制线上。实现无需改变辊缝大小而达到板厚不变的目的。张力调整方法的特点是反应快、精确效果好，在冷轧薄板、带生产用得十分广泛。但它不适用于厚板轧制，特别是热轧板、带材。因为热轧时，张力稍大易出现拉窄（出现负宽展）或拉薄，使控制受到限制。

3. 调整轧速

轧制速度的变化将引起张力、摩擦系数、轧制温度及轴承油膜厚度等发生变化，因而也可改变轧制压力，达到使轧件塑性曲线斜率发生改变，其基本原理与调整张力相似。

6 板材轧制过程中如何控制温度？

轧制温度是铝带热轧过程中的重要参数，它不仅影响金属的变形抗力、塑性和变形性能参数的大小，而且它还通过金属的组织结构影响轧后产品的组织性能。热轧温度控制主要控制开轧温度、过程温度和终轧温度，而终轧温度是热轧温度控制的重点。

传统热轧采用手持式热电偶对铸锭、中间板坯和热轧卷进行温度测量，对卷材温度的测量方式采取事后测量（用作温度检查），对控制不起作用。随着非接触式高温计的发展，在线高精度温度实时检测系统的应用，由以前的事后检查变为温度反馈控制，使得在整个热轧卷长度方向上的温度都处于受控状态，实现了热轧卷温度在线控制，其控制精度小于 8%，为获得稳定的带材性能提供了保证。

以某现代化热连轧机为例，介绍生产线上各测温点的布置和功能。5 处测温点分别为：炉前测温、厚剪前测温、薄剪前测温、连轧机出口测温和卷材测温，如图 3 - 1 所示。

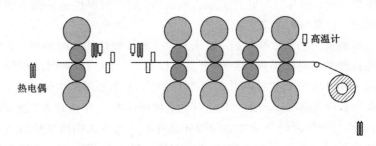

图 3 - 1 某现代化热连轧机热电偶配置示意图

1. 炉前测温与控制

炉前测温采用两组接触式热电偶，自动液压控制模式，测温数据直接传至二级计算机。炉前测温测量铸锭出炉后粗轧开轧前的温度，温度用作粗轧轧制表设定和连轧轧制表预设定，它是各道次压下量、轧制力以及电机扭矩等的计算参数之一，温度的变化直接导致轧制时实际参数的变化。

2. 厚剪前测温与控制

厚剪前测温采用两组接触式热电偶和在线高温计两种测温方式，生产时用高温计进行温度测量以节省生产辅助时间，定期采用接触式热电偶对高温计测得的数据进行校正。厚剪测温主要用于粗轧切头尾后温度检测，测得的温度用于控制切头尾的轧制道次，以保证粗轧目标终轧温度，并对连轧轧制表进行第二次预设定。

3. 薄剪前测温与控制

薄剪前测温采用两组接触式热电偶和在线高温计两种测温方式，生产时用高温计进行温度测量以节省生产辅助时间，定期采用接触式热电偶对高温计测得的数据进行校正。薄剪前测温主要用于连轧轧制表计算和设定，是控制轧制速度、乳液喷射和轧制力等的重要参数。

4.连轧机出口测温与控制

连轧机出口测温高温计用于带材终轧温度在线测量。对于铝热连轧生产线而言，其主要目的和用途就是生产出优质、高效、低耗的铝及铝合金热轧带卷，而实施热轧温度闭环控制正是实现这一目的的具体表现。

根据所轧带卷的品种和用途制定与之相适应的目标终轧温度，并实现整个带卷的终轧温度与目标温度偏离最小，既是实施热轧温度闭环控制的两个重要环节，又是稳定产品组织结构和确保产品性能稳定的前提。如果目标温度设定不合理或者带卷实际温度与目标温度的偏差太大都可能对最终产品的质量造成不良影响。例如，制罐用 3104 热轧大卷坯料，当终轧温度分别是 330℃和 280℃时其组织结构就大不一样，前者可不经中间退火而直接冷轧，而后者冷轧前需经中间退火，否则其最终产品性能就会大相径庭，并难以满足冲罐要求。

位于热精轧机第一机架前的预冷却系统和位于机架间的带材预冷却系统既是调控终轧温度的重要手段，也是提高轧制速度、加快生产节奏、保障轧机高效率的重要手段。利用热轧带卷温度控制模型可以实现轧制工艺与带材冷却模式的最优化配置，避免终轧温度过高或者轧制速度过低，并在优质与高效中找到平衡。

实施热连轧温度闭环控制还能减少不合格的头尾带材长度，提高成材率。因为其前馈和反馈控制系统能够根据精轧入口带材温度和出口目标温度优选穿带速度、加速度、轧制速度、带材冷却模式等，并及时进行动态补偿，最大限度减少头尾带材温差和超差部分长度，从而提高热轧带卷的成材率。

对于某一具体的合金品种而言，虽然热精轧出口带卷温度与粗轧来料温度及精轧轧制工艺和带材的冷却模式等关系密切，但在正常自动化轧制条件下还可进行调控，调控带卷温度主要有两种方式：一是合理选用带材预冷却方式；二是重新分配精轧各机架的轧制速度。但在人工干预情况下，还可以对整个粗、精轧的轧制工艺进行重新调整，如调整粗轧来料厚度和重新分配精轧的道次压下量等。

掌握轧制过程中板坯或带坯的温度变化随合金品种、变形量、轧制温度、轧制速度、冷却模式、冷却时间等的变化规律，并建立相应的工艺模型是建立热轧温度模型和实施热精轧温度前馈和反馈控制的前提，如：空气冷却模型、机前预冷却模型、机架间预冷却模型和轧制变形温度模型等，它们都是进行轧机设定计算不可缺少的依据来源。

（1）带材入口温度及出口温度

由于热连轧采用多机架连续轧制生产方式，精轧机入口（F_1 前）带材的速度往往较低，特别是四连轧以上（含四连轧）的精轧机，其 Fl 机架的轧制速度通常不到 60 m/min。但连轧一卷料的轧制时间通常为 3～4 min，这就是说：热粗轧坯料的料头和料尾分别进入 F_1 机架的时差约 3 min，而在自然冷却状态下，它可能造成料头和料尾在 Fl 入口处的温降达 15～25℃。如果关闭出口温度控制系统，即保持各机架的轧制速度和带材冷却模式不变，则势必造成带卷纵向温度越来越低，甚至可能出现带卷终轧温度在很大部分带材长度上低于允许目标温度。

（2）轧制速度与带卷终轧温度

连轧机轧制速度是动态调控带卷终轧温度的最主要方式。如果采用恒速轧制，即使在稳定轧制条件下，带卷纵向温差也高达15℃左右，且相当部分带长出口温度严重偏离目标温度允许范围。按照生产工艺要求，除少量带头带尾外，要求整个带身长度的带材温度尽可能恒定，显然，恒速轧制工艺不太适合终轧温度范围要求非常严格的大扁锭薄卷生产。通常连轧机的轧制速度是指最后一个机架的轧制速度，各机架的轧制速度由速度分配器自动调节。

（3）机前和机架间带材预冷却

带材预冷却分精轧机机前预冷却和机架间预冷却，其冷却总量通常在 6000～8000 L/min。不同的厂情有不同的配置，有的只有机前预冷却而没有机架间预冷却；有的不仅有机前预冷却还有机架间预冷却。机架间预冷却有的设置在前两机架间或者前三机架间，有的则在四个机架间。不同的配置方式可以形成不同的组合模式，因此会产生不同的冷却效果。但轧制过程中究竟选用何种冷却模式，则需根据来料温度、目标温度、轧制工艺等由温控模型进行模拟计算后设定，并由专门的程序控制机来完成。

　　5. 卷材测温与控制

　　卷材测温是采用两组接触式热电偶，测温数据直接传至二级计算机，用于校正连轧机出口测温高温计。根据校正结果修正热轧工艺。

7　如何选择热轧辊形及如何控制?

　　辊形控制实质上就是控制板形，其方法有调温控制与变弯矩控制。轧制时只有随时调整和正确控制辊形，才能有效地补偿辊形变化，获得高精度产品。

　　1. 调温控制法

　　合理控制辊温的辊形调整方法称为调温控制法，又称热凸度控制法。这种方法通常沿辊身设有分段的调温装置，给轧辊冷却或加热，改变并控制辊身的温度分布，以达到控制辊形的目的。

　　调温控制辊形的方法有：冷却液分段控制、辊内通水冷却、分段加热或预热轧辊、轧辊感应加热等。

　　冷却液分段控制：其方法常用乳液、水或油作冷却润滑剂，冷却液的作用是带走轧辊的热量，防止辊身过热，同时也起润滑作用。只要改变沿辊身长度方向冷却液的流量与压力分布，就可以改变各部分的冷却条件，从而控制轧辊的热凸度。这种控制装置分手动和自动两种方式。

　　手动的方式是将冷却液喷嘴分成 3 个或 5 个区段，甚至更多个区段，各段的流量、压力通过专门的阀门用手动调整实现控制。例如某1700 冷连轧机，第 1 至第 4 机架分成 3 段，中间段 7 个喷嘴，两侧各5 个；第 5 机架 19 个喷嘴分 5 段，中间段 7 个喷嘴，两侧各段为 3 个。每段有一个旋钮由操作工控制，冷却液的流量可在最大流量和最大流量一半之间调节。

冷却液分段自动控制系统见图 3 - 2，该系统中逻辑运算部分，依据板形检测信号来控制各阀门流量，以改变冷却液喷射模型，达到控制辊形的目的。各阀门还有手动调节装置进行辅助控制。目前已达到了每个喷嘴的流量可调，其喷嘴间距为 50 mm 以内的水平。

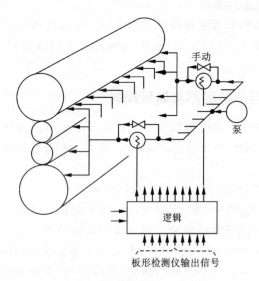

图 3 - 2　冷却液分段自动控制系统

此外，还采用辊内通水冷却的方法，如铝箔低速轧机，在辊中心孔内插入一根四周带孔的铁管，向管内通水冷却轧辊。因冷却强度低，不适用高速轧机。

2. 变弯矩控制法

控制轧辊弹性变形为手段的辊形调整方法称为变弯矩控制法。这种方法反应比较迅速，通常是通过改变道次压下量、轧制速度与张力，从而改变轧制压力，以此改变轧辊弯曲挠度，及时补偿辊形的变化。变弯矩控制中的液压弯辊，是目前现代化轧机上应用最广泛的辊形调整方法。

如果辊形凸度较小以致出现边部波浪时，则适当减小压下量，或增大张力，特别是后张力。这样轧制压力降低，使轧辊挠度减小，以补偿辊形凸度的不足。此外，提高轧制速度、增加变形热、升高辊温来增大辊形凸度，低速下影响较明显。改变速度控制辊形，只有变速轧机才能采用。如果出现中间波浪，与上述调整方法相反。

3. 液压弯辊

液压弯辊是利用安装在轧辊轴承座内或其他处液压缸的压力，使工作辊或支承辊产生附加弯曲，实现辊形调整的方法。液压弯辊的原理是通过液压缸给轧辊施加液压弯辊力（附加弯曲力），使轧辊产生附加挠度，以便快速地改变轧辊的工作凸度，而补偿轧制时的辊形变化。液压弯辊，根据弯曲的对象和施加弯辊力的部位不同，通常可分为弯曲工作辊和弯曲支承辊，每种弯曲又分正弯和负弯。

（1）弯曲工作辊

采用弯曲工作辊时，液压弯辊力通过工作辊轴承座传递到工作辊辊颈上，使工作辊发生附加弯曲。弯辊力 F_1 与轧制压力 P 的方向相同，称为正弯工作辊［图 3-3（a）］。在弯辊力的作用下，使工作辊挠度减小，即增大了轧辊的工作凸度，防止双边波浪。但这种结构只能向一个方向弯曲工作辊，在某些情况下，单纯用正弯显得调整能力不足。另外，液压缸装在工作辊轴承座内，或利用平衡上工作辊的液压缸，在更换工作辊时拆开高压管路接头很不方便。因此，采用负弯工作辊装置。

在工作辊轴承座与支承辊承座之间安装液压缸，对工作辊轴承座施加一个与轧制压力方向相反的弯辊力 F_1，称为负弯工作辊见图 3-3（b）。在弯辊力的作用下，使工作辊挠度增大，即减小了轧辊的工作凸度，防止中间波浪。将液压缸安装在支承辊轴承座内，无需拆装高压管接头，换辊方便，并改善了液压缸的工作环境。

应指出，采用负弯工作辊的方法，当轧件咬人、抛出及断带时，液压系统需要切换，以便保持上上辊平衡，防止轧辊发生冲突。实践证明，实现正、负弯曲工作辊，既有利于操作，又扩大辊形调整范围。

（2）弯曲支承辊

弯曲支承辊的弯辊力不是施加在轧辊轴承座上，而是施加在支承辊轴承座之外的轧辊延长部分见图 3-4。这种结构最重要的优点是可以同

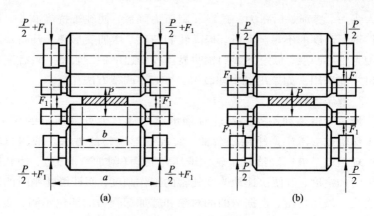

图 3 - 3   弯曲工作辊的方法

(a)减小工作辊的挠度；(b)增加工作辊的挠度

时调整纵向和横向的厚度差。弯辊力 F_2 与轧制压力的方向相同，以减小支承辊的挠度，称正弯支承辊，反之称负弯支承辊。

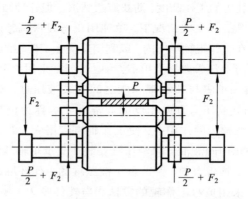

图 3 - 4   弯曲支承辊

　　弯曲支承辊方法，轧机结构复杂而庞大。因为支承辊比工作辊的刚度大得多，前者弯辊力较大，大的正弯辊力会增加压下装置和机架的负荷与变形，引起纵向厚度变化。但是，支承辊的弯曲能得到较好吻合轧辊挠度(抛物线形)的辊形。

　　由于支承辊的弯曲刚度大,所以弯曲支承辊主要适用于辊身长度 L 和支承辊直径 D。比值较大的轧机。当 $L/D_0 > 2$ 时,最好用弯曲支承辊,当 $L/D_0 < 2$ 时,一般用弯曲工作辊。弯辊力可用计算方法或参考经验数据选取,一般弯曲工作辊的最大弯辊力(两端之和)为最大轧制压力的 15% ~ 20%,支承辊的最大弯辊力为最大轧制压力的 20% ~ 30%。

　　(3)液压弯辊的优缺点

　　液压弯辊的优点:它不仅能快速、准确地调整辊形,而且调整的范围较大;能满足高速度、高精度轧制要求,实现板形自动控制;减少换辊次数,降低辊耗;提高生产率和成品率;液压弯辊与液压压下相配合,可实现板、带纵、横向厚差及板形在线联合自动控制。

　　液压弯辊控制辊形缺点:液压弯辊控制对称波浪有效,但不能解决较复杂的板形缺陷(双侧波、局部波等);在板宽之外,四辊轧机的工作辊和支承辊之间的接触应力限制了弯辊效果的发挥;弯辊力不仅使轧机有关部件负荷增加,降低其使用寿命,有时还影响轧出板厚,所以液压弯辊调整范围的进一步扩大也受到限制;对宽轧件液压弯辊难以影响到板材中部,其板形控制效果不大;目前液压弯辊只有与合理的原始辊形,以及调温控制等相配合,或是改进弯辊结构,才能发挥最大的功效。

3.8　铝及铝合金热轧坯料的准备与质量要求是什么?

　　热轧所用铸锭是采用连续、半连续、铁模等铸造方法生产的扁锭。现代化的大生产多采用半连续铸造方法生产扁锭,铸锭的质量可从几吨到几十吨。为了保证产品质量和满足加工工艺性能要求,对铸锭规格尺寸和形状的选择、表面及内部质量的控制均有严格的要求,在热轧前必须根据合金的工艺特性和最终产品的用途对铸锭进行表面处理和热处理。

　　1. 铸锭形状和规格

　　铸锭的选择应充分考虑工厂固有的设备能力和工艺条件、生产的合金品种和质量要求、生产组织要求等因素,遵循高质量、高效率、低成本的原则。一般而言，铸锭越厚总变形量越大，有利于提高最终产品的性能；厚度较大的产品，宜选择厚度较大的铸锭，否则变形量不足，将影响产品组织与性能。铸锭的宽度主要由成品宽度确定，考虑不同的合金品种及加工特性，应留足切边量。铸锭长度主要取决于轧制速度、辊道长度及铸造设备等。

（1）铸锭断面形状

生产板、带材的铸锭为长方形扁锭，断面呈圆弧形或梯形，如图3－5所示。

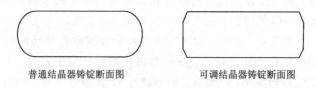

普通结晶器铸锭断面图   可调结晶器铸锭断面图

图3－5　铸锭的基本形状

（2）铸锭头尾形状及处理

铸锭的头尾形状如图3－6所示，由于铸锭头尾组织存在很多硬质点和铸造缺陷，对产品质量和轧制安全有一定影响。因此，根据产品质量要求和合金特性，热轧前对铸锭头尾有以下三种处理方法：

图3－6　铸锭头尾处理方式

1—底部；2—浇注口铸锭头尾形状图

①对表面质量要求不高的产品，保留铸锭头尾原始形状，即热轧前不对铸锭头尾作任何处理，以最大限度地提高成材率，降低成本。

②对表面质量要求较高的产品如3004（3104）制罐材料等应将铸

锭底部圆头部分切掉，切头长度根据合金特性和产品质量要求而异，但至少要切掉非平行直线部分（即整个圆弧部分）一般切去量为 200～250 mm。

③下列五种情况须将铸锭底部圆头和浇口部收缩部分都切掉：表面要求极高的产品如 PS 板基料、铝箔毛料等；热轧时易张嘴分层的合金如 5000 系合金；需包铝轧制的合金；为保证宽度尺寸而横向轧制的板材；根据工艺条件为保证成品卷材重量而调整铸锭长度。

切去部分的长度根据产品要求和合金特性而异，但至少应保证：①铸锭底部应切去非平行直线部分，一般为 200～250 mm；②铸锭浇注口应切去从收缩口的最底部算起距铸锭心部不能少于 100 mm，一般浇注口整体切去量为 200 mm。

（3）铸锭规格

铸锭规格应根据产品的合金、品种、规格和技术要求，以及工厂的设备能力和生产批量来确定。

2．热轧前铸锭的表面处理

（1）铣面

铸锭的铣面是在专用的机床上进行的，有单面铣、双面铣、双面铣带侧面铣等。国内目前许多中小型企业采用的设备是单面铣，铣削过程需进行一次翻面，生产效率低，铣削面易机械损伤；新兴的大型铝加工厂大多采用双面铣或双面铣带侧面铣，生产效率高，表面质量好。根据铣面时采用的润滑冷却方式不同，可分为湿铣和干铣，湿铣采用乳液进行冷却和润滑，乳液浓度一般为 2%～20%，铣削完毕需用航空洗油清擦或用蚀洗的方法除掉表面残留的污物；干铣即铣面时不加冷却润滑剂，采用油雾润滑，其优点是表面清洁无污物，铣削完毕即可装炉加热。

一般而言，除表面质量要求不高的普通用途的纯铝板材，其铸锭可用蚀洗代替铣面外，其他所有的铝及铝合金铸锭均需铣面。铸锭表面铣削量应根据合金特性、熔铸技术水平、产品用途等原则来确定。其中，所采用的铸造技术是决定铣面量最主要的因素，例如目前先进的电磁铸造技术、LHC（low head carbon）铸造技术等，其铸锭表

面急冷区 <1 mm，显然，其铸锭铣面量大大减少。铸锭表面铣削量的确定要同时兼顾生产效率和经济效益。一般情况，铸锭铣面量为 5~30 mm，最大铣面量不超过 40 mm，根据合金成分的不同，铸锭的最小铣面深度也不一样，表 5-2 列出了各种合金的单面最小铣削深度。

表 3-2　铝及铝合金铸锭的单面最小铣削量

合金牌号	每面铣削的最小量/mm
纯铝、6A02、3003、5052 等	不小于 3.0
2A11、2024、2524、2A16、5083、5A06 等	不小于 6.0
7A09、7A01、7075、7050	不小于 7.0

铣面后的理想状态是大面平直，铸锭表面铣削均匀。大面弯曲度的控制指标：每米弯曲度≤3 mm，全长弯曲度≤5 mm；铸锭横断面厚差≤5 mm。铣面从铸锭厚端进刀，根据合金特性、铣削量要求、设备能力等设定进刀量，单面铣削量应从铸锭最薄处计算。

铣削后铸锭表面质量要求：

①铣刀痕控制，通过合理调整铣刀角度，使铣削后铸锭表面的刀痕形状呈平滑过渡的波浪形，刀痕深度≤0.15 mm，避免出现锯齿形。

②表面无因刀钝或黏刀所造成的黏铝或痕迹，目测检查光洁度良好，无裂纹、夹渣、疏松等铸造缺陷。

铣削后铸锭在搬运存放过程中避免磕碰伤，保持存放环境的清洁，避免灰尘、油污的污染，存放时间一般不要超过 24 h。

（2）铸锭及包铝板的蚀洗

铸锭及包铝板蚀铣的目的是采用化学腐蚀的方法清除其表面的油污及脏物，使之清洁。未经铣面的纯铝铸锭、经蚀洗后的合金铸锭以及所有的包铝板都需蚀洗。经干铣后的所有合金铸锭不需要进行蚀洗，但在装炉或包铝作业时应用航空洗油擦净表面灰尘。

蚀洗的工艺流程是：碱洗（NaOH 浓度 10%~20%，温度 60~80℃，浸泡时间 6~12 min）—冷水洗—酸洗（HNO_3 浓度 20%~30%，

室温，浸泡时间 2～4 min）—冷水洗—热水洗（温度≥70℃）。

蚀洗的质量要求：经蚀洗后的铸锭应及时吊离蚀洗工作间，铸锭表面无残留的水痕、酸碱液痕迹。

（3）刨边

镁含量大于 3% 的铝镁合金铸锭、高锌合金铸锭、以及经顺压的 2xxx 系合金铸锭小面表层在铸造冷却时，富集了 Fe、Mg、Si 等合金元素，形成非常坚硬的质点，热轧时极易破碎开裂，影响正常轧制，因此，该类铸锭热轧前均需刨边（侧面铣效果最佳）。一般表层急冷区厚度约 5 mm，所以刨边深度一般控制在 5～10 mm 范围即可，刨边后应无明显毛刺，刀痕均匀，刀痕深度≤3.0 mm。

铸锭小面弯曲度过大，不利于热轧辊边轧制，严重时易造成轧制带材产生镰刀弯而无法纠正，因此，当铸锭小面弯曲度超过控制范围（3 mm/m）时，也可采用刨边的方法进行纠正。

3. 铸锭的包铝

铸锭的包铝分为两大类，一类是硬铝合金的包铝，一类是复合型热传输材料的包铝。

硬铝合金的包铝分为防腐蚀包铝和工艺包铝；防腐蚀包铝又分为正常包铝和加厚包铝。为提高材料抗蚀性能而进行的包铝称为防腐蚀包铝；为改善材料的加工工艺性能而进行的包铝称为工艺包铝。硬铝合金板材包铝层厚度如表 5-3 所示。

表 3-3　硬铝合金板材包铝层厚度

板材厚度/mm	每面包铝层厚度占板材厚度的百分比/%		
	正常包铝	加厚包铝	工艺包铝
2.5 以下	≥2	≥8	1.0～1.5
≥2.5	≥4		

硬质铝合金主要指 2xxx 系、6xxx 系、7xxx 系以及镁含量较高的合金（如 5A06）等。7xxx 系合金采用含 Zn 的 7A01 包铝板，其他合金采用 1A50 包铝板。

复合型热传输材料主要用于制作空调设备和汽车热交换器等，主要由基体材料、钎焊料、水侧保护材料三部分组成。基体金属所采用的合金有 3003（3A21）、6063、7825 等，钎焊包覆层合金有 4004、4104、4045、4343、4747 等高 Si 合金，水侧保护层所采用的合金有 3005、5005、7072 等。根据材料不同用途分单面包覆和双面包覆，双面包覆又分为相同合金包覆和不同合金包覆，每面包铝层厚度一般占板材总厚度的 10% 左右。

包铝板的制备规格：长度是铸锭长度的 75%，宽度等于或略大于铸锭宽度，厚度按下式计算：

$$a = H_0\delta / (100K - 20K\delta) \tag{3-2}$$

式中：a 为包铝板厚度，mm；H_0 为铸锭厚度，mm；δ 为所要求的单面包铝层厚度占板片总厚度的百分比，%；K 为选用的包铝板长度与铸锭长度比，$K = 0.75 \sim 0.90$。

4. 铸锭的加热

铝及铝合金铸锭加热，通常是在辐射式电阻加热炉、带有强制空气循环的电阻加热炉或天然气加热炉内进行。天然气加热炉加热速度快，温度均匀，有利于现代化连续性的大生产。

铸锭加热制度包括加热温度，加热及保温时间，炉内气氛。

加热温度必须满足热轧温度的要求，保证合金的塑性高，变形抗力低。热轧温度的选择是根据合金的平衡相图、塑性图，变形抗力图，第二类再结晶图确定的，其计算方法按下式计算：

$$T = 0.65 \sim 0.95 T_\text{固} \tag{3-3}$$

式中：T 为热轧温度，℃；$T_\text{固}$ 为合金的固相线温度，℃。

实际生产过程中，为补偿出炉到热轧开坯前的温降损失，保证热轧温度，金属在炉内温度应适当高于热轧温度。

加热及保温时间的确定应充分考虑合金的导热特性、铸锭规格、加热设备的传热方式以及装料方式等因素，在确保铸锭达到加热温度且温度均匀的前提下，应尽量缩短加热时间，以利于减少铸锭表面氧化，降低能耗，防止铸锭过热、过烧，提高生产效率。铸锭厚度越大所需的加热时间越长，铸锭的加热时间可按下式计算。

$$t = 20\sqrt{H} \qquad (3-4)$$

式中：t 为铸锭加热时间，min；H 为铸锭厚度，mm。

表3-4、表3-5列出了不同规格的铝及铝合金铸锭在推进式加热炉和辐射式双膛链式加热炉的加热制度。

表3-4　铝及铝合金铸锭在推进式加热炉内的加热制度

合金状态		铸锭厚度/mm	铸锭加热温度/℃		加热时间/h	最大停留时间/h
			温度范围	最佳温度		
纯铝	毛料、瓶盖料、M、F、H112、O 状态	480	470~520	500	7~15	48
	其他	480	420~480	450	7~15	48
3003、3A21		480	480~520	500	7~15	48
5052、H112、F		480	450~480	460	7~15	48
5052 其他、5A66		480	480~520	500	7~15	48
5182、5082		480	480~520	500	7~15	48
3004、3104		480	490~530	510	7~15	48

表3-5　铝及铝合金铸锭在辐射式双膛链式加热炉内的加热制度

合金状态		铸锭厚度/mm	加热制度			铸锭出炉温度	
			定温/℃	加热时间/h	最大停留时间/h	温度范围/℃	最佳温度/℃
纯铝	出口铝、H18、H×4F、H112 >8.0 mm	1060 340×1260 1540	600~620	4.0~8.0	48	420~480	450
	深冲铝、F、O、F、H112 ≤8.0 mm			4.0~8.0		480~520	500
	出口铝、H18、H×4F、H112 >8.0 mm	400	600~620	6.0~10.0	48	420~480	450
	深冲铝、O、F、H112 ≤8.0 mm			6.0~10.0		480~520	500

续表 3 - 5

合金状态		铸锭厚度/mm	加热制度			铸锭出炉温度	
			定温/℃	加热时间/h	最大停留时间/h	温度范围/℃	最佳温度/℃
7A01、1A50 1035		340×1260	600~620	4.0~8.0	48	420~480	450
		400		6.0~10.0			
2A06、2A11、2A12、2A16、2A19、2A14 2024、2017		340×1540	600~620	4.0~8.0	12	420~400	430
		400		5.0~9.0	15	420~440	
5052、5A02O、H18、H×4 及 5A66、5A43 全部		1060 340×1260 1540	600~620	4.0~8.0	24	480~500	490
		400		6.0~10.0			
5A02F、 5A02H112 及 5A03 全部		340×1540	600~620	4.0~8.0	24	450~470	460
		400		5.0~9.0			
5A04、5A05、5A11、5083		340×1540	600~620	4.0~8.0	24	450~470	460
		400		5.0~9.0			
5A06、5A01		340×1540	600~620	4.0~8.0	15	450~460	460
		400		5.0~9.0			
5A12		340×1540	600~620	4.0~8.0	15	430~450	450
		400		5.0~9.0			
3A21 3003	3A21H×4	1060 340×1260 1540	600~620	5.0~8.0	24	450~500	480
	3A21 其他及 3003			5.0~10.0		480~520	500
	3A21H×4	400	600~620	8.0~10.0	24	440~500	480
	3A21 其他及 3003			8.0~10.0		480~520	500

续表3-5

合金状态		铸锭厚度/mm	加热制度			铸锭出炉温度	
			定温/℃	加热时间/h	最大停留时间/h	温度范围/℃	最佳温度/℃
4A17、4A13、LQ2、LQ1		1060 340×1260 1540	540	5.0~10.0	24	400~450	440
5182、5082		400	600~620	8.0~10.0	24	480~500	490
3004						490~510	500
7A04、7A09、7A10、7A19、LC52 7075		300×1200	600	4.0~7.0	10	380~410	390
		400		6.0~9.0	15		
6A02 6061	T3、T4、T6、F、H112	1060 340×1260 1540	600~620	4.0~8.0	24	410~500	450
	O		585 520 400	7 6 3			
	T3、T4、T6、F、H112	400	600~620	8.0~10.0	24	410~500	450
	O		585 520 400	8 7 4			

9　热轧生产工艺控制要点有哪些?

热轧生产工艺控制要点有以下几点:

①工作前要认真检查设备运转情况,检查辊面(包括工作辊、支承辊、立辊)、导尺、辊道、剪刀等是否正常,轧辊和辊道上如有黏铝等脏物要清除。

②校正压下、导尺、立辊的指示盘指示数与实际之差;检查操纵台上手把和仪表指示是否灵敏,检查乳液喷嘴是否齐全、堵塞、松动,角度是否合适。

③当工作辊、支承辊符合轧辊验收规程的要求时,方可投入生产。

④不经预热的工作辊,禁止进行热轧作业。

⑤上、下工作辊辊线应有良好的水平度,在辊身中央距离内的辊

间隙差不超过 0.03 mm。

⑥卫板间隙为 1~3 mm；但轧制花纹板时应不超过 1.5 mm。

⑦检查乳液的浓度和温度以及外观质量，有无异味和变质现象，出现问题要及时处理。

⑧包履合金的初轧道次要保证包履板与基体合金铸块全面焊合，防止基体裸尽。第一道次包覆板焊合压下量应根据铸块温度、辊形等因素来确定。压下量不能过大，防止包履层过薄和产生压折。

⑨轧制高镁合金铸块前，应详细检查乳液管路，调整辊形，铸块咬入要慢，严防碰坏卫板。

⑩轧制带有包覆板铸块时，前四道次要紧闭乳液，严防乳液落在包覆板上面，之后要正常给乳液。

⑪各种宽度铸块在热轧过程中，均需在不超过立辊能力的前提下，加强滚边控制宽度，防止裂边，对包铝合金，特别是淬火板材，滚边量不宜过大，以不裂边为准，防止出现黄边废品。

⑫滚边时铸块应平稳，对中后送向立辊。第一道次滚边量应以铸块宽度并参照导尺夹紧后指示开度来选择，不应过大，但往返滚边时应夹紧焊牢，以后滚边量依次减小。

⑬滚边后，压 2~4 道次再进行下次滚边时，由于宽展，立辊开度应比前一次滚边开度扩大 10 mm 左右。

⑭夹边焊合时要放正，位置适当，要焊好、焊牢。

⑮辊道运送铸块要及时、平稳；咬入时无冲击；送料要正，横展料头不出辊。要注意观察咬入后张嘴，防止撞坏卫板和进入支承辊之间。

⑯清辊时，操纵手不准离开操纵台，使工作辊反转，辊道停止转动。清理后要用乳液冲洗 2 min~5 min。

⑰黏铝或啃辊严重影响厚板或带板质量时，应立即换辊。

⑱用乳液准确地控制辊形，根据轧制带板的平直度，分段控制乳液量，乳液的温度应为 55℃~65℃。

10　热轧常见缺陷与预防措施有哪些?

热轧生产中，往往出现非正常生产状态或异常情况，下面就经常出现的各种异常情况产生的原因，消除方法介绍如下。

1. 软合金开裂和裂边原因与消除措施

（1）软合金铸块开裂多出现在铸块的缩颈处，这种开裂多数是由于铸造质量不好，铸造时发生断流、冷隔，从外表看一般无明显标志，但经轧制时在断流、冷隔处即行断开。

（2）某些高纯铝也常出现铸锭的纵向开裂，并且裂纹较深，其原因主要由于是合金纯度较高，铸造困难而易出现的结晶裂纹。

（3）软合金在轧制时，还可产生前后张嘴，张嘴也是开裂的一种，这类合金主要有 5A66、5052 等；张嘴对设备危害极大，张嘴分层的带板一般温度较低，在轧辊转动力的作用下，常可以撞坏轧机的导卫装置，严重的张嘴分层还可以进入工作辊与支撑辊之间，扭断轧辊。它是由于铸造质量不好和热轧工艺及实际操作配合不当造成的。

（4）软合金的列边也较为常见，其产生原因铸锭加热温度较低，塑性较差。产生这种裂边，超过板、带名义宽度为废品，不超过名义宽度也给继续加工带来困难。

（5）软合金铸块开裂的早期特征

由于冷隔、断流等开裂通常可在铸锭轧到 200 mm 以上时发现，这时在开裂处的空气受到压缩而产生一种强大的气流，有时将乳液吹的很高，同时发出"吃、吃"的声音。

高纯铝合金的纵向结晶裂纹一般在 200 mm 以下的板材发现，从轧制力、电流上均无明显变化，但可以用肉眼看到板、带上的前后两端或纵向通常出现白色的条痕。因为断裂的金属经轧制出现变形不均，使条痕处黏铝印在轧辊上，轧辊又将印痕返印在带板上。

软合金不仅有 5A66、5052 等合金张嘴，纯铝合金偶尔也出现张嘴。带板轧到厚度 10 mm 左右时，较大的张嘴有时可达到 2 ~ 3 m 长，这类张嘴预先发现的途径：①铸锭加热温度较低，可能性较大；②在加工过程中，压入困难，可能性较大；③加工率过小，可能性较大；④冷却量过大，也有可能。

（6）裂边的产生往往和张嘴同时存在，一般在 50 mm 以上时很难发现，但仔细观察却可发现。此时边部出现断续铝刺、边部不光滑，当轧制到 20 mm 左右时，开始发现边部有被拉裂的痕迹，这就是早期的发现。

（7）软合金铸块开裂、张嘴防治措施及预防处理方法

凡是因冷隔、断流，在热轧时开裂者无法防止，但在热轧时应早期发现，并且应采取适当的措施。如：只在单方向轧制或轧其一部分。

纵向裂纹，如轧锭轧制厚度 200 mm 料时，发现开裂深度只有 100 mm 以下时，即裂纹深度小于铸锭尺寸厚度一半者，继续轧制厚度 8.0 ~ 10.0 mm 时，一般可以重新压合，此时板、带外表只能看到一条较细的白色印痕，这样的产品根据用户使用情况可作为条件品处理。

张嘴的防治措施：一是减少带板头尾冷却；二是提高头尾的温度、加大压下量，减少不均匀变形和带板两端的燕尾。如带板在 60 mm 左右出现较大张嘴，继续轧制困难时，可用剪刀切掉张嘴部分以后继续轧制。在操作时应慢速咬入并细心观察确无张嘴的可能倾向，方可升速轧制。

裂边产生原因和张嘴几乎同时存在，所以在发现张嘴时，就应对列边采取措施，增加带板滚边量和滚边次数，以便减少裂边部程度。

2. 硬合金铸块的开裂原因与消除措施

（1）高锌、高镁合金开裂的主要原因

①7075、7A09、7A04、5A12、5A06 等合金热轧时塑性低，轧制时易产生铸块开裂。

②具有较好塑性的加热温度范围窄，控制不当易超出范围，使塑性急剧下降。

③轧制时带板弯曲趋势很大，发生翘曲时，延长轧制时间易出现裂边和张嘴。

④道次压下量过大和轧制速度过快易造成铸块开裂。

⑤高镁合金的钠含量大于 16PPM，使带板产生如锯齿状的严重裂纹。

（2）2017、2024、2A14、2A06、2A16 等合金开裂和裂边的主要

原因

①由于这类合金塑性较好，开裂较少。但超出规定的温度范围，也有开裂的趋势。

②氧化较严重时，易使边部包铝与基体脱离形成小裂边（暗裂）。

③铸锭浇注口未切掉时，会使带板靠近浇注口一侧出现裂边。裂边形状呈圆弧形，小如指甲，大的如手掌形状。

④道次压下量过大和轧制速度过快都可以使铸块开裂。

（3）开裂的早期特征

5083、5A05 等合金，在铸块处炉，发现表面呈红或暗红时，应认真检查仪表及炉温曲线，经证实确实铸锭温度过高，即使经冷却降温，如果继续轧制，铸块开裂、轧碎可能性也很大。

高锌合金，铸块出炉时，表面呈红色或黑色，通常是温度过高的一种标志，温度超过较少，可采取措施继续轧制，如超过较多，则不能轧制，严重时甚至铸块在辊道上移动也会开裂。

7A04、7A09、7075、5A06 等硬合金带板的早期开裂一般在 200 mm 左右，这类裂纹在带板的侧面，呈弧形，其中上部和下部有时还有未裂的金属连接，这时带板的中部已形成通长横向裂纹。

在开裂较大时，可以从操纵台的负荷表上看到轧制力的突然有较大波动。

裂纹初期，用肉眼可见带板改变均匀运动为断续运动状态。

当带板厚度轧到 150 mm 以下时，不会在出现横向通常断裂，板轧制厚度在 75 mm 左右时，则达到易张嘴区域，有时张嘴还伴有"嘎巴"的一声响音。

铸锭温度过低，当带板轧到 30~70 mm，有时在铸锭两端有一定距离的上、下表面，出现类似"起皮"、像刀削一样的裂纹。起皮后呈楔形向带板的中部深入。出现这种情况应停上轧制，将带板吊离辊道。

（4）开裂的消除与处理

控制好铸锭的加热温度，否则将会使金属塑性降低，但由于受各种条件影响和限制热轧前的加热温度仍有超过标准规定范围。按生产经验，有些合金品种，虽然超出规定温度范围±20℃，采取相应的措施细心轧制，多数尚可轧为合格带板。

除带包铝板的合金外，超过规定温度20℃以内，应在出炉后放在辊道上反复移动10～20 min降温，待温度降到规定温度时，方可进行轧制。

带板厚度在200 mm以上，道次压下量不应超过3～5 mm，轧到200 mm厚度以下可逐渐加大压下量。

控制轧制速度。轧制温度过高的铸锭时，应严格控制轧制速度：①降低咬入速度，由于咬入速度过快，把铸锭圆弧咬掉，使张嘴趋势加大；②改变前几道次轧辊一转一停的操作方法，否则易使铸锭开裂。应采用较慢匀速爬行，待轧到150 mm后可采用正常轧制速度。

乳液的供给。轧制超出规定温度范围的铸锭，在带板厚度150～200 mm以上时，一般不喷乳液。

避免冲击负荷。轧制超出规定温度范围铸锭，用辊道向轧辊送料时应采用较低速度，避免冲击负荷。

（5）张嘴的消除与处理

带板轧到40 mm以上出现一端张嘴时，可在张嘴相反方句进行单方向轧制，待轧到40 mm。后用剪刀切掉张嘴部分再继续双向轧制。

如两端张且仍需轧制时，在轧制咬入时，应提前关闭乳液，并用慢速转动轧辊以便提高张嘴处的温度，使张嘴不再健续扩大，同时还可以使肉眼看得清楚，便于防止张嘴部分损坏设备。

（6）裂边的消除与处理

在板、带厚度轧到60～80 mm，发现浇铸口未切净而裂边时，应吊下料把裂边锯切掉。改变生产规格，再重新加热投产。

带板轧到20 mm以上发现裂边时，暂停止轧制，待查到最相近的规格合同后，再按新规格轧制。

如在带板中间出现开裂或孔洞时，尽早发现作为废料处理。

2024等合金，加热温度过高时易出现裂边，轧制时应特别注意包铝板与侧边包铝的焊合轧制，并在不影响质量的前提下，增加滚边道次及滚边量。

高镁合金的钠含量高，可以使带板裂边，在轧制同一熔次的铸锭时发现裂边，则应改变轧制厚度或出炉，同时查验钠的含量。

3. 高塑性软合金热轧时轧辊黏铝和缠辊

高塑性铝合金因其塑性比其他合金塑性好，在轧制时金属的加工率较大，轧制道次少，可以提高生产效率，但也带来一定的问题，如热轧时会产生缠辊。

（1）缠辊的危害

缠辊是指带板在轧制时，局部和轧辊黏结在一起，使轧轧制被迫停止，如继续强行驱动轧辊，则危害更大。轧辊每旋转一圈，黏铝面积就会更大，黏铝同时被轧进工作辊、支持辊，轧制力则成倍增加。

由于轧制力突然增大，使轧机扭转力矩增大，可以把轧辊扭断，也可以把万向接轴、连接轴以致轧辊平衡装置等造成不同程度的损坏。

（2）缠辊的形态与特点

①缠辊。多发生在轧制热上卷带板。

②出现缠辊的前几道次，带板表面不光亮，多呈白色。

③缠辊道次的压下量一般在 10 mm 左右。

④缠辊的趋势随着带板宽度的减少而增加，较窄的带板最易缠辊。

⑤缠棍开始时并不是整个带板宽度而是在缠辊的部位前 10 m 有条状黏铝由小到大，由薄到厚，逐渐形成有一定宽度和厚度的缠辊。

⑥轧辊上缠的铝和轧辊黏着牢固，一般不容易清除。清除缠棍的铝板后，在该处轧棍圆周上常可看到断续纵向深度 2～5 mm 的裂纹，严重时呈橘皮状。

⑦缠棍多发生在下辊，并与乳液质量有一定关系。

⑧缠辊黏铝过多时，住往会使礼辊卫板变弯。

（3）产生原因分析

①根据缠辊后轧辊的表面裂纹分析，轧棍产生表面裂纹，并在轧制过程中裂纹不断扩大，轧制时铝不断的填充裂坟，裂纹愈大黏铝愈

多，当达到一定极限后，就会撕裂带板，形成缠辊。

②乳液的润滑性能不能完全适应热上卷工艺。润滑性不够，正常情况乳液浓度不应超过2%，实际上有时乳液浓度达10%左右也未发生"打滑"现象。轧制长铸定时，轧辊温度更高，在高温条件乳液润滑性较差，这是形成黏铝和发生缠辊的原因之一。

③最后一道加工率过大。由于工艺或设备条件限制要求，最后一道加工率达55%左右。据资料介绍加工率60%以上时，铝的黏着可能性最大。这时由于氧化物相对基体金属越硬脆，塑性变形过程越易使之破碎，新生金属表面祖露的可能性加大，越有利于金属间的黏着。

（4）预防措施

①不使用有裂纹的轧辊，轧辊表面裂纹较小时，磨辊时往往不易发现，但在使用中热膨胀后，裂纹处黏铝在带板上便可发现，当热上卷轧制时，发现轧辊裂纹就应立即换辊并应定期对轧辊进行探伤。

②提高乳液的润滑性。在生产中使用一段时间的乳液可能混入一些机械油及其他杂质，以及在高温下长时间工作都可造成乳液的老化，使乳液润滑性能降低，尤其是高温下的润滑性更差，即防黏降摩能力降低。为此应进一步提高乳液润滑性，同时要加强乳液过滤和避免混入机械油等。

③大量喷射乳液。它不仅可以润滑、冷却、洗涤，还可能使新生的带板表面迅速形成较厚的氧化膜，使黏铝缠辊的可能性减少。为此应经常检查乳液阀、乳液管路、乳液喷嘴等乳液循环系统是否畅通及良好。

④连续轧制高塑性热上卷时，应注意带板表面发白或条状发白时，应适当加入乳剂，提高乳液浓度，同时使用下轧辊卫板的乳液喷嘴向带板下面及轧辊喷射乳液，这样可使乳液量和润滑性增加，减少缠辊的可能性。

⑤经常检查调整卫板间隙，避免轧制过程中个别道次压下量过大，造成卫板变形，勒伤轧辊，并使轧辊和轧件的乳液供给量减少。

⑥控制好道次加工率使最后道次的轧制率适当减少。

⑦为了避免由于无乳液轧制热上卷取时造成缠辊，采用卷取道次轧制的乳液自动控制，即卷轴与主机接通后自动喷射乳液。

4.高锌铝合金厚板轧制时的翘曲

（1）现象

7075、7A04、7A09合金铸块，在轧制到板材厚度180 mm左右时，板材的端头部位易产生向上方向的翘曲。

（2）翘曲产生主要原因

①轧制时上、下工作辊直径差过大或温度差过大。

②轧辊轴承箱与工作辊上、下移动滑道间隙过大。

③联轴节脖叉与万向接手联结处滑道间隙过大。

④加热和热轧时操作不当。

（3）采取的措施

①要保证铸块的足够加热时间和温度，在铸锭达到最佳塑性温度后，需保温1~2 h，使铸锭上、上表面和内部温度均匀。

②铸锭轧制厚度在180~210 mm时，为易翘曲厚度，当翘曲高度超过300 mm以上时，应用升降台横转轧件，用轧辊轧平后再掉转回到原来方向继续轧制。

③当厚度在150~180 mm时，翘曲仍然继续扩大，轧制时应使轧辊慢速转动，并使带板尾端不离开轧辊，以便继续轧制时的咬入。

④一般情况下，100 mm以下翘曲较少，应大量供给乳液，使轧辊充分冷却，避免继续轧制再产生翘曲。

5.热轧时铸块啃辊

热轧生产中的啃辊，使带板失去了光滑的表面。啃辊较重时，需要换新工作辊。

啃辊是热轧机换辊的主要原因之一，占用工时和磨削轧辊都使经济效益损失很大，所以应对热札出现的啃辊进行分析和研究。

（1）啃辊的形状

啃辊的大小，一般在指甲大范围以内，有时一点，有时则并排几点整齐的排列。

从远处看，类似带板横的白色黏铝条，从远处看指甲状啃辊每一点均呈蝌蚪状，即头大、圆、重，尾部则尖、小、轻。

从深度看，轻者在工作辊表面上有轻微黏铝，重者则使工作辊表面有一定的深度，一般在 0.01 ~ 0.20 mm。

（2）产生的原因分析

轧机传转动是工作辊为主动辊，支持辊为被动辊。靠平衡油缸顶起的工作辊，应紧紧的在支持辊的表面上。在正常轧制时，通过工作辊的旋转来带动支持辊的同步转动。但在实际生产中，有时工作辊带动支持辊转动时，出现了瞬间不同步动作，即"轧辊打滑"，造成了轧辊表面的损伤。

铸锭不能顺利地被轧辊咬入辊缝，在铸锭与轧辊表面接触线上，造成滑动，产生点状啃辊。不能正常咬入的原因：①在焊合轧制时，包铝板没有将铸锭表面全部包履；②某些刨边铸块，因刨边改变了铸块的铸造圆弧，降低了铸锭被轧辊咬入时的接触面积；③轧制压下量过大；④轧辊速度由快减慢时，咬入铸锭或带板也易造成啃棍；⑤乳液浓度过高，咬入时摩擦力不够，也是啃辊的原因之一。

（3）应采取的措施

①确保支持棍具有与工作辊相适当的弧度、粗糙度。

②尽量减少支持棍的油缸漏油。

③轧制时使用的乳液应保持一定温度和较好的洗涤能力，使支持辊与互作辊之间的油层不能过厚。

④主操纵工在抬压下，上升轧辊时，应停止轧辊转动，待抬起 2 min 后再转动轧辊。

⑤合理安排道次加工率，使摩擦角大于咬入角，提高咬入的成功率。

⑥必要时，每一道次咬入前，轧辊应停止转动，当轧件接触轧辊的瞬间，施加压下量，在压下量停止的同时时转动轧辊进行咬入。

⑦应使轧辊等与带板接触的设备部件保持一定温度。

第4章　热连轧设备及工艺

1　热连轧主机设备的组成是怎样的?

在铝热连轧生产线中,通常把1台粗轧机后面跟3台或4台热连轧机的配置方式简称为"1+3"或"1+4"。铝热连轧的主体设备通常包括辊道运输系统、立辊轧机、热粗轧机、厚板剪切机、薄板剪切机、热连轧机、切边碎边机和卷取机,其平面配置如图4-1所示。

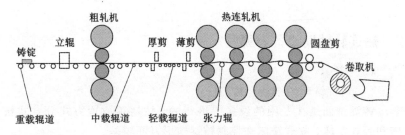

图4-1　1+4热连轧生产线平面配置

热轧主机是热轧的核心设备,热轧机种类较多(见图4-2),按轧辊数量分为两辊轧机和四辊轧机;按卷取方式又可以分为:"二人转"轧机、二辊轧机、单卷取轧机和双卷取轧机;按机架数量又可以分为单机架轧机、热粗轧+热精轧机(即:1+1)和热粗轧+热连轧机(即:1+3、1+4、1+5等)。现代化高精尖铝热轧卷产品生产主要是依靠热粗轧+热连轧方式生产,目前在热轧卷生产方面正逐渐取代老式热轧机,但是现代化的厚板生产依然多采用单机架四辊可逆轧机,随着设备及控制技术的发展,四辊可逆式轧机的控制精度也得到大幅提升。

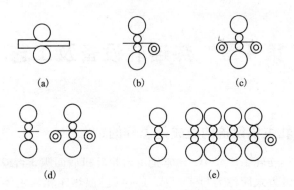

图 4 - 2　热轧机机型配置

(a)—二辊可逆式热轧机；(b)—单机架单卷取热轧机；(c)—单机架双卷取热轧机；
(d)—热粗轧 + 热精轧机(1 + 1)；(e)—(1～2)台热粗轧 + (3～5)台多机架热精轧机

2　热连轧辅助设备有哪些?

1. 铣床

(1)铸锭铣床的结构和特点

铸锭铣面是在专用的设备上进行的，按铸锭放置方式分立式铣床和卧式铣床，立式铣床在控制铸锭楔形方面较差。

按铣面数量又分为单面铣、双面铣、单面带侧铣和双面带侧铣。

单面铣在铣削过程中要翻一次面，生产效率较低；双面铣生产节奏快，但设备投入大，维护困难。

按有无润滑分为湿铣和干铣，湿铣是采用按配比为 2% ～20% 的乳液进行润滑，铣削完要对铸锭表面除乳液处理，此种方式生产效率较低，表面易残留乳液；干铣是采用油雾润滑，其优点是表面清洁无油污，铣削完毕即可装炉加热。

现代铸锭铣床主要有立式单面铣、卧式单面铣和卧式双面铣三种结构形式，但无论是立式还是卧式，其结构基本相同，主要包括：主机(铣削装置、工作台等)、辅机(上料辊道、卸料辊道、翻锭机等)及配套设备(风机、吸排屑管道、破碎机、除尘装置、碎屑收集装置等）。图4－3和图4－4分别是典型的立式单面铣床和卧式双面铣床（不带侧面铣）主体结构图。

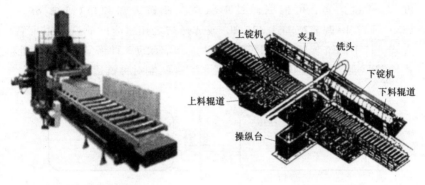

图4－3　立式单面铣床　　　　　图4－4　卧式双面铣床

（2）单面卧式带侧铣铣床

单面卧式带侧铣铣床是一种性价比较高的铣床，其特点是投入少、维护简单、效率高。单面卧式带侧铣铣床主要分为上料辊道、翻锭机、底座及拖板、测量装置、侧铣装置、主铣装置、吸屑破碎装置和下料辊道。

①上料辊道，由一排辊道组成，电机驱动，用于铸锭铣削前备料。

②翻锭机，由一个带夹紧装置的翻转机构构成。备料进入铣削时作为运输部分使用，当铸锭铣完一面后倒回到翻锭机，将铸锭翻转180°（即铸锭下表面变为上表面），然后再对另外一面进行铣削。

③底座及拖板，底座用于支撑铸锭在铣削时稳定在同一水平面运行，拖板用于防止碎削等异物进入底座影响底座位置精度。

④测量装置，多是由液压式高精度位置传感器构成，用于铸锭厚度和宽度测量，数据用于主刀和侧铣刀进刀量。

⑤侧铣装置，在操作侧和传动侧各配备一台小型铣削装置，用于铣削铸锭侧面。侧铣刀盘可以在垂直方向上作一定的角度调整（0°～20°），以适应不同断面铸锭的侧面铣削要求。

　　侧铣装置配置方式：图 4 - 5 是 480 mm 厚普通结晶器和可调结晶器铸锭断面图。为了适应不同铸锭的侧面形状和控制侧面铣削厚度，减少铣边量，可根据铸锭形状调整侧铣刀盘倾角（通常 8°~12°），而实际调节范围达 0°~20°或选择与之相适应的侧铣装置配置方式，其中侧铣装置方式主要有图 4 - 6 所示的 3 种形式，这 3 种形式均需要通过铸锭翻转或旋转装置来实现两侧对称铣边。

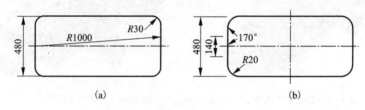

(a)　　　　　　　　　　　　　　　　(b)

图 4 - 5　铸锭断面

(a)普通结晶器；(b)可调结晶器

　　⑥主铣装置，用于铸锭大面的铣削，由一个位于底座和拖板上方的铣刀盘等相关设备构成，是铣床的核心部分。

　　⑦吸屑破碎装置，用于铸锭铣面后的碎屑统一收集和破碎，便于收集运输。

　　⑧下料辊道，由一排辊道组成，电机驱动，用于铸锭铣削后临时放置。

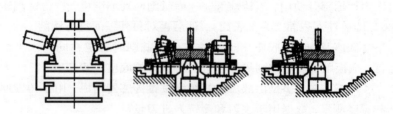

图 4 - 6　侧铣装置配置方式

2. 加热(均热)炉

一般的铸锭加热炉有地坑式铸锭加热炉、链式双膛炉铸锭加热炉和推进式加热炉。传统的地坑式铸锭加热炉和链式双膛炉铸锭加热炉在加热时间和热效率以及装炉量等方面已经不能适应现代化热轧规模化生产,目前,推进式加热炉应用比较广泛。

地坑式铸锭加热炉具有很好的均热功能;链式双膛炉铸锭加热炉主要是对铸锭进行加热;现代化的推进式加热炉具有均热和加热的双重功能(均热加热一体化),把铝锭的加热和均热过程合在一起进行,是现代铝锭推进式加热炉最显著的功能特点。

(1)推进式加热炉的结构及功能

现代铝锭推进式加热炉基本上都采用价格低廉、资源丰富的天然气作为加热介质,热风强制循环对铝锭进行加热,比老式炉子的电加热方式热效率更高、且更节约能源。

对热轧前的铝锭,热轧前先进行均热,均热过程完成后,启动冷却装置,随炉冷却到热轧所需的温度后进行保温,保温过程结束后,出炉热轧。

铝锭推进式加热炉由炉体入口侧上锭及翻锭装置、推锭装置、炉体出口侧取锭及翻锭装置、炉体、风机循环系统、燃烧系统、温控系统、液压系统、电控系统及相关辅助系统组成。加热炉一般分为 5~7 个区,每区可放 5~6 块铝锭。其炉内结构如图 4-7 所示。

(2)推进式加热炉几个主要系统的技术特点

现代化的推进式加热炉在风机循环系统、燃烧系统和温控系统三大主要技术上有了长足的进步。对铸锭的加热整体均匀性、天然气燃烧效率以及铸锭温度控制精度等方面有显著提高。

A. 风机循环系统

循环风机型式:多采用轴流式风机。

风机数量:每区一台或者两台。

风机布置位置:一种是把风机布置在炉体顶部;另一种是把风机布置在炉体的侧墙上。一般说来,风机布置在炉体顶部,加热速度稍快一些。

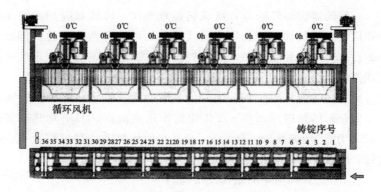

图 4 - 7   铝锭推进式加热炉剖面图

风机传动方式：一种是电机直接传动风机；另一种是电机通过皮带传动风机。风机可以正反转。

风机转速控制：一种是把风机转速分为两极控制，称之为双速电机；另一种是采用变频调速控制。

风机的风量：70 ~ 80 m^3/s。

风机的风压：1500 ~ 1800 Pa。

炉内空气循环速度：35 ~ 45 m/s。

风机最高使用温度：680℃。

通过应用风机均匀送风的原则，改变平导流板、垂直导流板、喷流系统及加热区隔板等的形状，并对喷流系统的合理设计和布置，可调节和改善气流分布情况，提高炉膛内的温度均匀性，从而提高铸锭温度的均匀性。

B. 燃烧系统

烧嘴的布置位置：一种是把烧嘴布置在炉体顶部；另一种是把烧嘴布置在炉体的两个侧墙上。

烧嘴的数量分布：一种是炉子各区烧嘴数量均等；另一种是炉子各区烧嘴数量不均等，炉子入口区的烧嘴数量多于其他各区烧嘴的数量。

各区烧嘴数量：一般为 2~8 个。

烧嘴火焰大小的控制：火焰的大小通过专用调节阀调节烧嘴中天然气和空气的比例来控制。一种是把烧嘴火焰大小分为两级来控制，当天然气的流量为 800 m^3/h、空气的流量为 75 m^3/h 时，烧嘴火焰达 100%；当天然气的流量为 250 m^3/h、空气的流量为 22 m^3/h 时，烧嘴火焰达 30%。另一种控制方式是把烧嘴火焰大小分为 4 级来控制，分为大火、中火、小火（长明火）、熄火。大火对应的火焰为 100%，中火对应的火焰为 30%~60%，小火（长明火）对应的火焰为 5%，熄火时的火焰为零。

助燃风机：主要用于给炉内提供助燃空气。一般为每个加热区一台，也有整台炉只用两台助燃风机的。

冷却风机：一种是随炉冷却时，助燃风机将向炉内提供冷却空气，此时助燃风机相当于冷却风机；另一种是给整台炉子专门配置两台冷却风机。

吹扫装置：当烧嘴点火失败或烧嘴全部停止后，由吹扫装置将残留在炉内的天然气吹扫干净，以确保加热炉安全运行。

通过应用迎风燃烧混合技术的开发，使喷流加热既缩短了加热时间又避免了铸锭在加热过程中边部过烧，而且特定的燃烧角度使得天然气燃烧效率最大化，燃烧效率得到提高。

C. 温控系统

测温热电偶的配置：测温热电偶分区配置，一般每区配置 4 支热电偶，其配置方式有两种。第一种是两支用于测量炉气温度的热电偶配置在炉体的两个侧墙上，一支用于测量铝锭温度的热电偶配置在炉体的底部，还有一支用于超温报警的热电偶配置在炉体的顶部。第二种是两支用于测量炉气温度的热电偶和一支用于测量铝锭温度的热电偶都配置在炉体的底部，一支用于高温报警的热电偶配置在炉体的顶部。通常在炉子的出口区多增加一支测量铝锭温度的热电偶。

测量铝锭温度的热电偶：采用气动伸缩式热电偶测温时，热电偶的探头自动伸出与铝锭表面接触，测温完毕后，热电偶的探头自动缩回离开铝锭表面。测温间隔时间一般设定为 3～6 min。热电偶的测量精度 ±1℃。

炉内温控方式：采用温差比例控制。

均热后的降温过程：采用转定温控制。

3. 轧辊磨床

轧辊磨床结构大多比较类似，根据磨床生产厂家的不同，形式上有一定差异，主要在控制精度和部分功能上不同。

（1）轧辊磨床的结构及特点

轧辊磨床一般由床头、床身、层座、砂轮头及控制系统、液压系统、冷却系统组成。

现代全自动数控轧辊磨床的主要技术特点：

①能够磨削各种曲线的辊形。包括抛物线、正弦曲线、CVC 曲线辊形以及单锥辊、双锥辊、辊身端部的倒角等。

②具有在线自动检测的功能。检测的内容包括辊径、辊形曲线、圆度、圆柱度、同轴度、辊身表面裂纹等。

③可以实现带箱磨削。轧辊可以带轴承箱上床进行磨削，对于铝加工使用的轧辊，一般都采用不带箱磨削。

④轧辊上床之后具有自动"找正"的功能。

⑤床头面板（拨盘）具有"自位"功能。在磨削过程中，通过床头面板的微小摆动来自动校正轧辊的位置。

⑥磨床具有软支撑装置。为了防止轧辊上床时的磕碰现象，现代轧辊磨床都设计了可升降的软支撑装置，升降高度 50～80 mm。也有人称之为"软着陆"装置。

⑦砂轮在磨削过程中具有随磨削曲线自动摆动的功能。摆动的角度为 1°，主要是为了在磨削过程中使砂轮与辊面保持垂直接触，以提高磨削效率。具有这种功能的磨床，在磨削带弧度的轧辊时，可使磨削效率提高 30% 以上。

⑧砂轮具有自动平衡的功能。

⑨磨削凸凹度范围大。凸凹度的范围在直径方向可达 ±3 mm。

⑩现代轧辊磨床精度高。X 轴和 Z 轴的分辨率可达 0.1 μm，自

动测量装置的检测精度可达 ± 1 μm，可以磨削出高次函数的高精度的 CVC 曲线。

（2）札辊磨床的磨削质量水平及检测仪器精度

A. 磨削后的辊身尺寸精度

圆柱度：不超过 0.002 mm/m；

同轴度：不超过 0.002 mm/m；

圆度：不超过 0.002 mm；

凸凹度曲线精度：±0.002 mm/m；

辊身凸凹度曲线中心点相对于轧辊中心点的偏差：不超过 0.02 mm。

B. 磨削后的辊身表面质量

辊身表面任意点的粗糙度相对于目标值的偏差 ± 10%；辊身表面不允许有振纹、横波、辊花、螺旋痕以及其他可视的表面缺陷。

C. 检测仪器精度

现代轧辊磨床除本身测量装置之外，通常还配有涡流探伤仪、硬度计、粗糙度仪等检测仪器，其检测精度如下：

磨床本身测量装置的检测精度 ± 1 μm；

肖氏硬度计的检测精度 ± 2%；

粗糙度仪的检测精度 ± 5%；

涡流探伤仪能探测到的裂纹深度超过 0.05 mm；能探测到辊面任意方向长度不大于 3 mm 的裂纹。

3　热连轧机架间秒流量控制的表示方法是什么?

连轧时，保持正常的轧制条件是轧件在轧制线上每一机架的秒流量维持不变，即有下面几种表达式。

（1）用轧件宽度、厚度和水平速度表示：

$$B_1 h_1 v_1 = B_2 h_2 v_2 = \cdots B_n h_n v_n \text{ 或者 } Bhv = C = \text{常数} \qquad (4-1)$$

式中：B、h、V 分别为轧件宽度、厚度和水平速度。

（2）用轧件的断面积 F 和轧制速度 v 来表示（不考虑前滑）：

$$F_1 v_1 = F_2 v_2 = \cdots = F_n v_n \qquad (4-2)$$

（3）用轧辊的线速度和轧辊转速之间的关系，可以得到：

$$F_1 D_1 n_1 = F_2 D_2 n_2 = \cdots = F_n D_n n_n \qquad (4-3)$$

式中：D、n 分别为轧辊的工作直径和转速。

（4）用 C_n 代表各机架轧件的秒流量，则

$$C_1 = C_2 = \cdots = C_n = C = 常数 \qquad (4-4)$$

4 如何控制热连轧轧件速度？

从轧制运动学角度来看，前一机架的轧件出辊速度应等于后一机架的轧件入辊速度，即：

$$v_{hi} = v_{hi+1} = v = 常数 \qquad (4-5)$$

式中：v_{hi} 为第 i 机架轧件的出辊速度；v_{hi+1} 为第 $i+1$ 机架轧件的入辊速度。

5 何为热连轧中的前滑和后滑？

1. 前滑

轧制过程中，轧件的出辊速度大于轧辊线速度的现象称为前滑。前滑通常用前滑系数和前滑值来描述。

（1）前滑系数

轧件出辊速度与轧辊线速度的比值称为前滑系数。前滑系数是一个大于 1 的数，即：

$$S_1 = v_{h1}/v_1, \ S_2 = v_{h2}/v_2, \ \cdots, \ S_n = v_{hn}/v_n \qquad (4-6)$$

式中：S 为前滑系数；v_h 为轧件出辊速度；v 为轧辊线速度。

（2）前滑值

前滑值是轧件出辊速度和轧辊线速度差值与线速度的比值，它小于 1（可用百分数表示）。人们通常所说的前滑系数指前滑值，即：

$$S_1 = \frac{v_{h1} - v_1}{v_1} = \frac{v_{h1}}{v_1} - 1 = S_1 - 1, \ S_{h2} = S_2 - 1, \ \cdots, \ S_{hn} = S_n - 1$$

$$(4-7)$$

式中：S_n 为前滑值。

（3）考虑前滑后的连轧常数

当前滑存在时，根据式（4-6）、式（4-7），各机架间秒流量为：

$$F_1 v_{h2} = F_2 v_{h2} = \cdots = F_n v_{hn}$$

$$F_1 v_1 S_1 = F_2 v_2 S_2 = \cdots = F_n v_n S_n$$

$$F_1 D_1 n_1 S_1 = F_2 D_2 n_2 S_2 = \cdots = F_n D_n n_n S_n$$

则得： $$C_1 S_1 = C_2 S_2 = \cdots = C_n S_n = C' \qquad (4-8)$$

式中： C' 为考虑前滑后的连轧常数。

2. 后滑

轧件进入轧辊的速度小于轧辊在该点线速度的水平分量的现象称后滑。

后滑值是用轧辊入口断面轧件的速度与轧辊该点水平分速度之差的相对值表示的，即

$$S_H = \frac{v\cos\alpha - v_H}{v\cos\alpha} \qquad (4-9)$$

式中： S_H 为后滑值； v 为轧辊线速度； v_H 为轧件入辊速度； α 为咬入角。

6 何为热连轧中的推拉现象?

1. 推拉现象的产生

在铝热连轧过程中，当轧件在前一机架的出辊速度大于轧件在后一机架的入辊速度时，将会在机架间产生一个推力，形成所谓推力轧制；当轧件在前一机架的出辊速度小于轧件在后一机架的入辊速度时，将会在机架间产生一个拉力（张力），形成张力轧制。

2. 推拉系数

$$\frac{C_2 S_2}{C_1 S_1} = K_1, \ \frac{C_3 S_3}{C_2 S_2} = K_2, \ \cdots, \ \frac{C_n S_n}{C_{n-1} S_{n-1}} = K_n \qquad (4-10)$$

当 $K > 1$ 时为张力轧制；当 $K < 1$ 时为推力轧制；当 $K = 1$ 时为无张力或无推力轧制。

3. 推拉率

推拉率是用各机架间秒流量差和秒流量的比值表示：

$$\frac{C_2 S_2 - C_1 S_1}{C_1 S_1} = N_1, \ \frac{C_3 S_3 - C_2 S_2}{C_2 S_2} = N_2, \ \cdots, \ \frac{C_n S_n - C_{n-1} S_{n-1}}{C_{n-1} S_{n-1}} = N_n$$

$$(4-11)$$

式中：N 为推拉率，常用百分数表示。当 $N > 0$ 时为张力轧制；当 $N < 0$ 时为推力轧制；当 $N = 0$ 时为无张力或无推力轧制。

4. 推拉系数与推拉率之间的关系

由式(4-10)和式(4-11)可以得到推拉系数和推拉率之间的关系式为：$(K_n - 1) \times 100 = N$(百分数表示)。

7 铝热连轧中张力的产生原因是什么？

张力产生的原因有两种观点。一种观点认为：张力的产生是连轧时存在的流量差所致；另一种观点认为，张力的产生是由于机架间存在速度差所致。实际上秒流量差是由速度差引起的。所以，张力是由速度差引起的。当机架间存在速度差，且后机架的轧件入辊速度大于前机架的轧件出辊速度时，机架间便产生张力。

8 热连轧中张力有哪些作用？

在连轧生产中，各机架同时通过一个轧件而相互联系成为一个整体，张力在机架间起着传递能量的作用。

当轧制参数发生变化引起速度差导致张力增加，而张力增加又使前滑发生变化，使张力增加变缓，一定时间后，轧制过程又在一定张力条件下达到新的平衡，这就是张力的"自动调节"作用。但张力的"调节"范围是有限的。

9 热连轧中卷取张力如何确定？

1. 确定卷取张力的方法

确定卷取张力的基本原则是卷取张应力应小于卷取带材的屈服强度。这个基本原则对热连轧、板、带箔材的冷轧过程均适用。由于卷取张力难以精确地计算，一般都采用经验方法来确定。对于铝及铝合金的轧制来说，卷取张应力在屈服强度 0.3 ~ 0.7 的范围内选取比较恰当。

2. 卷取张力的确定

热连轧中，带材的卷取温度一般都在金属的再结晶温度以上，大部分属于热加工的范畴。不太合适用板、带材冷轧时确定卷取张力的方法来确定热连轧中的卷取张力。到目前为止，铝热连轧中的卷取张力仍采取经验方法来确定。表4-1是日本4条"1+3"，"1+4"铝热连轧生产线中卷取张力的数据。

由表4-1可见，铝热连轧中的卷取张应力在5～10 MPa的范围。很显然，当带材的最大终轧厚度减小一半时，即为2～6 mm时，卷取张应力在10～20 MPa的范围内。

表4-1 日本4条铝热连轧生产线中的卷材参数、卷取张力等数据

名称	最大规格（厚度×宽度）/mm×mm	最大卷径/mm	最大卷重/t	最大卷取张力/t	最大卷取张应力/Mpa
神户制钢	(2.0～12.5)×(750～2600)	1900	16.0	26.5	8.1
住友轻金属	(2.0～12.5)×(750～2100)	1950	17.0	23	8.8
古河铝（日光）	(2.5～12.0)×1750	1800	8.0	12.0	5.7
古河铝（福井）	(2.5～12.0)×(750～2650)	2540	22.0	22.0	6.9

3. 连轧张力的确定

连轧张力就是机架间的张力，机架间张力的确定比较困难。根据铝热连轧的基本规律可知，机架间应保持小张力轧制。通常机架间的张应力范围为5～15 MPa。

10 如何表达热连轧过程的张力？

设机架间距为 L；机架间存在速度差且后机架的轧件入辊速度 V_{hi+1}，大于前机架的轧件出辊速度 V_{hi}，根据虎克定律，可得张力的微分式为：

$$\frac{\mathrm{d}q}{\mathrm{d}t} = \frac{E(V_{hi+1} - V_{hi})}{L} \tag{4-12}$$

故张力的表达式为：

$$q = \int \frac{E(V_{hi+1} - V_{hi})}{L} dt \qquad (4-13)$$

式中：q 为张力；E 为轧件弹性模量；L 为机架间距；t 为时间。

11　如何控制热连轧中的张力？

机架间张力的控制过程如图 4 - 8 所示。图中 h_1 和 h_2 为厚度设定值，V_1 和 V_2 为速度设定值，t_1 为机架间张力设定值，H_1、H_2 和 h_1、h_2 棍分别为带材轧前及轧后厚度，M 为主电机，TM 为张力检测辊，AGC 为厚度自动控制系统，ASR 为速度自动调节系统，ATC 为张力偏差补偿系统，MFC 为带材厚度偏差补偿系统。

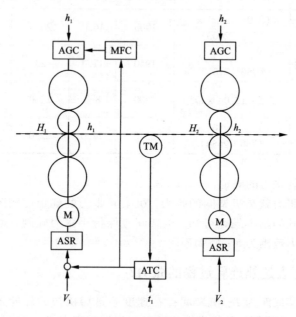

图 4 - 8　机架间张力控制过程

在连轧过程中，由于某种原因导致机架间的张力产生波动时，张力检测辊 TM 将检测到的张力输入到 ATC 系统, 与设定的张力 t_1 进行比较, 比较后的张力偏差信号由 ATC 系统输入到速度自动调节 ASR 系统, 速度自动调节系统将根据张力偏差信号调节轧机的速度, 改变机架间的速度差, 从而使机架间的张力保持稳定。另外, 由于机架间张力的波动会导致机架间带材厚度的波动, 所以 ATC 系统还要将张力偏差信号送往厚度偏差补偿 MFC 系统, MFC 系统将张力偏差信号转变为厚度偏差信号后, 输入到 AGC 厚度自动控制系统, 厚度自动控制系统将根据厚度偏差信号调整压下, 使机架间带材厚度保持不变。由上述分析可知, 在连轧张力控制过程中, 既要保持机架间张力稳定, 又要保持机架间带材厚度不变。

第 5 章　冷轧设备及工艺

1　冷轧及其特点是什么?

1. 冷轧

冷轧是指在再结晶温度以下的轧制生产方式。由于轧制温度低,在轧制过程中不会出现动态再结晶,在冷轧过程中产品温度只有可能上升到回复温度,因此加工硬化率大。

2. 冷轧的特点

① 板、带材尺寸精度高,而且表面质量好。

② 板、带材的组织与性能比热轧更均匀。

③ 配合热处理可获得不同状态和力学性能的产品。

④ 能轧制热轧不可能轧出的薄板、带。

⑤ 冷轧的缺点是变形能耗大,而道次加工率小。

2　现代化冷轧机列的组成是怎样的?

现代化冷轧机的主要设备组成有:上卷小车,开卷机,开卷直头装置,轧机入口侧装置,轧机主机座,轧机出口侧装置,板厚检测装置,板形检测装置,液压剪,卷取机,卸卷小车,上、卸套筒装置及套筒返回装置,轧辊润滑、冷却系统,轧制油过滤系统,快速换辊系统,轧机排烟系统,油雾过滤净化系统,CO_2 自动灭火系统,卷材储运系统,稀油润滑系统,高压液压系统,中压液压系统,低压(辅助)液压系统,直流或交流变频传动及其控制系统,板厚自动控制系统(AGC),板形自动控制系统(AFC),生产管理系统,以及卷材预处理站。有些现代化冷轧机旁还建有高架仓库,从而形成一个完善的生产体系。

3　冷轧机的主要类型有哪些?

冷轧机分为块片轧机和卷材轧机,卷材轧机根据机架数分为单机架冷轧机、双机架或多机架冷连轧机。卷材轧机根据轧辊数分为二辊、三辊、四辊、六辊及多辊冷轧机。采用的冷轧机如下所述。

1. 二辊轧机

主要用于轧制窄规格的板、带材。该轧机在一些小型铝加工企业和实验室使用。设备结构简单,没有自动控制系统。

2. 四辊轧机

四辊轧机轧制时,轧制压力通过工作辊的辊身传递给支撑辊,再由支撑辊的辊颈将压力传递给压下螺丝。主要是支撑辊承担载荷,产生挠度。一般支撑辊直径比工作辊大 2 ~ 4 倍,因此支撑辊的挠度大为减少,同时也保证了工作辊的挠度大为减少。为了进一步减少轧制工作辊的挠曲变形,在四辊轧机上安装了弯辊控制系统。四辊轧机是冷轧加工中应用最广泛的轧机,在国内外都有大量应用。普通四辊轧机的设备组成如图 5 - 1 所示。它包括开卷机、入口偏导辊、五辊张紧辊、工作辊、支撑辊、出口导向辊或板形辊、卷取机及其相关配套设备。

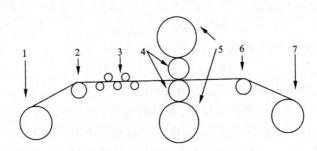

图 5 - 1　普通四辊轧机的设备组成简图

1—开卷机;2—入口偏导辊;3—五辊张紧辊;4—工作辊;5—支撑辊;6—出口导向辊或板形辊;7—卷取机

3. 六辊轧机

为了在四辊轧机的基础上轧出更薄、精度更高的产品，有必要进一步增加轧机的刚度，并使工作辊更细，因而开发了六辊冷轧机。六辊轧机是当今的发展趋势。福州瑞闽铝板、带有限公司 1996 年投产了六辊 CVC1850 mm 冷轧机。德国 VAW 公司的 Gre-renhroich 工厂安装了一条六辊冷轧机；东北轻合金有限责任公司有一台 2100 mm 六辊 CVC 已投入使用。

4. 冷连轧机

连轧时，轧件同时在几个机架中产生塑性变形，各个机架的工艺参数同时通过轧件相互联系又相互影响。因此一个机架的平衡状态遭到破坏，必然影响和波及到前后机架。在达到新的平衡之前，整个机组都会产生波动，因此保证连轧过程处于平衡状态应具备以下特点。

连轧时，保证正常的轧制条件是轧件在轧制线上通过每一机架的金属秒体积不变，如公式(5 - 1)所示。

$$B_1 h_1 v_1 = B_2 h_2 v_2 = \cdots = B_n h_n v_n = 常数 \qquad (5-1)$$

式中：B 为轧件宽度；h 为轧件厚度；v 为轧件水平速度。

考虑轧制时的前滑，轧辊的线速度为 v_{on}，则轧件的出口水平速度可按式(5 - 2)计算：

$$vh_n = v_{on}(1 + S_{h_n}) \qquad (5-2)$$

于是，式(5 - 2)可写成：

$$B_n h_n v_{b_n}(1 + S_{h_n}) = 常数 \qquad (5-3)$$

式中：v_{on} 为轧辊的线速度；S_{h_n} 为前滑值。

如果某工艺因素产生变化，如坯料厚度、轧件变形抗力、轧辊转速、轧制温度、摩擦系数等，而使轧制过程不协调，即破坏了体积恒定的条件，这将导致轧制过程不稳定，机架间产生活套堆积或出现过拉，甚至断带，从而破坏了变形的平衡状态，引起质量或设备事故。

从轧制运动学来看，前一机架的轧件出辊速度必须等于后一机架的入辊速度。即

$$v_{hi} = v_{Hi} + 1 \qquad (5-4)$$

式中：v_{hi} 为前一机架的轧件出辊速度；$v_{Hi}+1$ 为后一机架的轧件入辊速度。

由于前机架的前张力等于后机架的后张力，张力应等于常数，即

$$q = 常数 \qquad (5-5)$$

式中：q 为机架间张力。

式（5-3）、式（5-4）及式（5-5）是连轧过程处于平衡状态下的基本方程式。

俄罗斯萨马拉冶金厂建有五机架冷连轧生产线；美国铝业公司田纳西轧制厂建有全连续三机架冷轧生产线；加拿大铝业公司肯塔基州洛根卢塞尔维尔轧制厂建有三机架 CVC 冷连轧机；阿尔诺夫铝加工厂建有双机架四辊 CVC 冷连轧机生产线；西南铝 2005 年建成四机架热连轧生产线。

4 冷轧辊形及其控制方法有哪些？

1. 轧辊表面状态

要求工作轧辊的表面应无缺陷，要光亮。表面要坚硬，中心要韧软，同时使用寿命长久。工作辊一般选用合金锻钢制成，辊身硬度要求在肖氏 95°～100°以上，辊径硬度较低，为肖氏 45～50 以上。支持辊不应损伤工作辊的表面，因此它的硬度较工作辊低，一般为肖氏 60°～65°，其辊颈硬度为肖氏 42°。支持辊重磨的工作时间一般为半年一次，使用寿命一般为 2～3 年。由于轧制时产生很大的接触应力，引起支持辊的表面硬化。由于轧辊疲劳，支持辊的表面会出现剥落，剥落很小时，清理一下，还可继续使用。为防止此类现象，支持辊使用一定时间后，可进行恢复处理。

2. 辊形的选择和磨辊

轧制时，轧辊因受力而弯曲，为得到平直的板材，轧辊需要磨成一定的弧度，弧度的大小与轧制压下量、被轧制板材的强度和宽度、轧辊受热条件和程度、轧辊本身材料的力学性能、轧制时的张力和润滑剂性能等因素有关，一般所使用轧辊凸度的经验数据见表 5-1。

表 5 - 1　冷轧机轧辊凸度

顺序	轧机类型	机架号	轧辊凸度/mm
1	ϕ650 × 1500 二重冷轧机	1	0.12 ~ 0.16
2	ϕ750 × 1700 二重可逆式冷轧机	1	0.10 ~ 0.12(压块片,变断面板) 0.10 ~ 0.35(压冷作硬化板)
3	ϕ500/1250 × 1700 四重可逆式冷轧机	1	上工作辊　0.025 ~ 0.055 下工作辊　圆柱形 支撑辊　　圆柱形
4	ϕ500/1250 × 1680 串列式三机架连轧机	1 2 3	工作辊　0.35 ~ 0.5 工作辊　0.3 ~ 0.4 工作辊　0.2 ~ 0.3

　　工作辊受到损伤,必须重磨消除,否则轧制的板材表面会留有印痕。一般每次磨削量为 0.06 ~ 0.07 mm;当碰伤很大时,有时磨去 0.18 ~ 0.25 mm。

　　轧辊在专用轧辊磨床上进行磨削,研磨轧辊的目的是清除轧辊表面污物和缺陷,获得必要的辊形。磨出轧辊的辊形弧线可达 0.0025 mm,同时还可以对轧辊进行磨削抛光,轧辊磨床的技术性能见表 5 - 2。

表 5 - 2　　轧辊磨床的技术性能

主要技术性能参数	磨床型号		
	341713	3415E	Ⅷ145
中心高度/mm	800	600	300
最大中心距/mm	6000	4500	2200
研磨最大长度/mm	6000	4500	900
研磨直径/mm	—	—	—
最大	1500	800	500
最小	200	200	100

续表 5-2

主要技术性能参数	磨床型号		
	341713	3415E	Ⅷ145
工作物最大重量/kg	40000	20000	3000
磨床重量/t	90	60	28.5
磨床外形尺寸(长×宽×高)/m×m	13.6×5×2.5	9.7×4.3×2.5	8.9×3.8×2.5
磨床电机总功率/kW	125	72	37.1
轧辊研磨最大凹凸度/mm	1	1	1
砂轮直径/mm	450~900	450~900	600~900
砂轮转数/(r·min⁻¹)	500~1000	500~1000	980
砂轮电机功率/kW	29	29	20
轧辊转数/(r·min⁻¹)	6~60	5~50	—
轧辊传动功率/kW	64	34	10
砂轮纵向进给速度/(m·min⁻¹)	0.05~2.5	0.05~2.5	—
磨轮台架的传动功率/kW	5.6	5.6	2.8
砂轮横向进给速度/(m·min⁻¹)	0.4	0.4	—
床尾的传动功率/kW	1.7	1.7	—

3. 辊形的配置方法

辊形的配置方法是上辊或下辊磨成凸形,或两辊均磨成凸形。生产实践中,在保证产品质量的前提下,结合轧辊的研磨、辊形调整是否简易等条件,来确定辊形的配置方法。冷轧机的辊形配置方法见表 5-3。

表5－3　冷轧机辊形配置方法的简要比较

特点	辊形的配置方法		
	上、下辊均为圆柱形	上、下辊均有凸度	上辊有凸度，下辊为圆柱形
产品质量方面	厚度不均匀，平直度不好，波浪度大	板形平整	板形较好，辊缝稍呈凹形，便于带材卷筒卷紧和卷齐
磨辊方面	容易，方便	磨辊较麻烦	较方便
使用范围	一般旧式或慢速轧制宽度较小的冷轧机	当需要的辊形凸度较大时采用	广泛使用于板、带材卷卷轧机

二重冷轧机，一般采用上、下辊均带凸度或仅上辊有凸度，下辊为圆柱形的配置方法。

四重冷轧机，大多数为工作辊有凸度，支持辊为圆柱形，因为支持辊辊面硬度较工作辊低，易于磨损，且一般不经常更换。如总凸度不大，则仅上工作辊有凸度，下工作辊为圆柱形。如凸度较大，则上、下工作辊均有凸度。当上、下辊均有凸度时，上、下辊的直径公差，必须恰当配合，以保证顺利的轧制条件。如在设备结构设计上支持辊的更换比较简易时，也可将支持辊磨成凸形。

在多辊轧机上，依靠支持辊的偏心套，或上、下工作辊带凸形的。一般下工作辊为圆柱形，上工作辊为凸形，也有采用上、下传动辊带有锥度来调整工作辊的压扁，以保证带材轧制厚度均一。

4. 辊形的控制

带卷卷轧机的轧辊，磨成一定的凸度后，在轧制过程中，由于金属对轧辊的反作用力，使轧辊弯曲，加上金属的变形热，使轧辊膨胀。在轧制中由于某些轧制因素的波动，引起辊形发生较大变化，致使板、带材变形不均，产生厚度上的差异，板、带材出现波浪，此波浪有时出现在板、带的边部，有时出现在中部。波浪的出现，是由于辊形发生了变化，引起板、带材在宽度上的压力分布不均的结果。波浪的出现，对轧制不利，波浪过大时，将出现断片轧废造成板、带材横断面不均的结果。为消除波浪，获得平整的板、带材和有利于继续进行轧制，需要根据当时轧制条件，对辊形给予适当控制。

（1）辊形控制的一般方法

在轧制速度不太高的条件下（3~6 m/s），当板、带材出现波浪时，应根据当时的轧制条件，可采用调节乳液、张力、压下量和轧制速度等方法，进行适当的调整，以消除波浪，其主要措施见表5-4。

表5-4　消除波浪的主要措施

调整因素	波浪出现的部位	
	边部	中部
乳液	加大边部或减少中部的乳液供给量	减少边部或加大中部的乳液供给量
张力	适当增加张力，特别是增加后张力，效果更加显著	适当减小张力
压下量	适当减小压下量	适当增加压下量
轧制速度	适当提高轧制速度	适当减小轧制速度

（2）利用弯曲支持辊和工作辊的方法控制辊形

轧制时板、带出现波浪，无论是在板、带边部或中部，都不利于板、带材的继续轧制，虽然轧机带有张力，但张力纠偏板、带、材厚度变化的能力范围较小，当波浪较严重、边部有裂边时，张力反而易使板、带材撕裂断片，润滑冷却乳液和调整压下量对调整辊形的速度也较慢。有种方法是在支持辊和工作辊的轴承上，增加液压装置，迫使支持辊颈和工作辊颈发生弯曲的办法来调节控制辊形。此法又称为液压弯辊方法。轧制时，当波浪一出现，就能迅速地给予消除，大大改善了板材产品的横向不平度。板、带边部出现波浪时，增大 p 力或减小 q 力，板、带边部出现波浪时，增大 q 力或减小 p 力，以调整轧辊的挠度，迅速矫正辊形，以消除轧制时出现的波浪。辊形调节作用原理如图5-2所示。

在轧机上采用液压弯辊的方法有三种类型，其方案如图5-3所示。

三种结构方案的调节范围比较见表5-5。

支持辊和工作辊弯曲(反弯曲)装置的优点:

①轧制过程中,可以迅速变化辊形,调整板材的不平整度(波浪)。

②当轧制合金的品种、板材的宽度和压下量等条件发生变化时,可以迅速调整辊形,减少调整辊形时间或重新换辊。

③长时间的轧制后,由于辊温及磨损等因素影响,辊形发生变化,可利用弯辊装置来保持原有辊形形状,继续轧制,从而延长轧辊使用工作时间,减少轧辊重磨和换辊时间。

④降低了支持辊辊颈和辊身的弯曲应力,也可减小支持辊的辊颈。

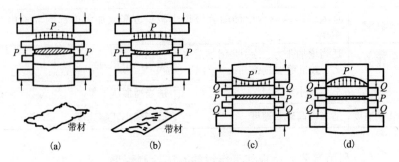

图 5-2   辊形调节作用原理

(a)凸度过小,边部波浪;(b)凸度过大,中部波浪;(c)调整:增加 p 或减小 q;(d)调整:减小 p 或增加 q

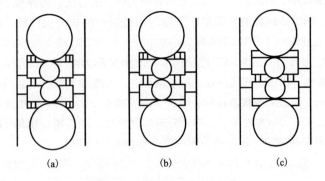

图 5-3   三种辊形调节结构方案

表5-5 三种结构方案的调节范围比较

方案	结构特点	最大调节范围	
a	工作辊及支承辊都装有液压缸	$\delta_A = 2\delta_0 \pm 2\delta_0$	最大为$4\delta_0$
b	工作辊及一个支承辊都装有液压缸	$\delta_B = 2\delta_0 \pm \delta_0$	最大为$3\delta_0$
c	工作辊装有液压缸	$\delta_C = 2\delta_0$	最大为$2\delta_0$

（3）辊形的自动控制

现代化的轧机对辊形的控制，采用了液压装置和电气等方面的成果，实现了辊形的自动控制。辊形自动控制包括轧辊弯曲机构和乳液自动控制系统，依靠带材波浪度测定仪或张力测定仪等发出信号，通过电子计算机进行调节。此外还有采用轧辊间隙测定仪与液压装置、连锁及张力和厚度测量与乳液冷却系统连锁等方法来自动控制辊形。

5. 四重轧机辊形变化对板材与轧辊接触部分应力分布的影响

利用平面光弹性实验法，在四重轧机上经实验得出轧辊凸度的变化，对板材与轧辊接触部分应力分布的影响（见图5-4）。

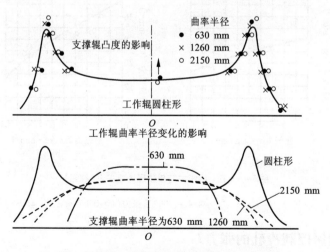

图5-4 采用光弹性实验方法分析轧辊凸度的变化
对板材与轧辊接触部分应力分布的影响图

此实验所采用的轧辊用环氧树酯制成,板材用聚氯乙稀制成,轧辊与实物的比例为 1/16;从图 5 - 4 可看出,当工作辊为圆柱形,而支持辊的凸度变化时,对板材接触部分的应力分布无影响,靠近板材边部有尖峰存在。当支持辊凸度一定而工作辊的凸度变化时,随着工作辊凸度的减小,压力分布接近平坦,板材边部的尖峰再现。

由此可看出,在具有支持辊的四重轧机上,工作辊凸度的变化,对板材与轧辊接触部分应力分布的影响是重要的。

5　冷轧张力的作用是什么?

在带卷轧制中,采用张力使延伸较小部分金属的局部应力超过屈服点,避免带材部分金属延伸不均而造成波浪,保证轧出的板、带平直。

增加张力,减少了单位轧制应力。从图 5 - 5 可知,后张力的增加对单位压力的影响较前张力的影响要大。但过大的后张力,将造成过大的后滑,轧制时带材发生滑动,因此应适当限制。

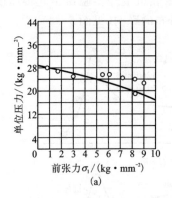 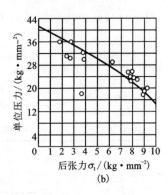

图 5 - 5　前、后张力与单位压力之关系(纯铝)

(a)前张力($H = 1$ mm, $\dfrac{\Delta h}{h} = 40\%$);(b)后张力($H \approx 0.65$ mm, $\dfrac{\Delta h}{h} = 50\%$)

6　如何控制冷轧的张力?

冷轧时采用的最大张力,理论上应不超过 $R_{p0.2}$,轧制铝合金板、带材,一般前张力为该轧制道次时金属屈服强度的 5% ~ 40%。后张力小于前张力，在 2800 mm 和 1700 mm 四辊冷轧机上，随着轧件厚度的不同，冷轧铝合金带材时的前、后张力可采用下列经验公式计算。

$$前张力：\sigma_1 = 5.67 - 0.6h_1$$
$$后张力：\sigma_2 = 4.3 - 0.5h_0$$

轧制时，带材所受张力应保持稳定，张力的波动，会使带材卷层之间相互错动，引起板、带表面擦伤，严重时拉断板、带材，张力的波动范围一般为 ±1% ~ 3%。

在可逆式轧机上，往复多道次轧制时，随着板材冷作变形的增加，金属屈服强度相应增加，各道次所选定的单位面积上的张力值，也相应增加。在开卷机上采用的张力应小于前一道次卷取时的张力，以避免板、带在开卷轧制时带层之间发生错动而擦伤带材表面。

7　冷轧压下制度的确定原则是什么？

冷轧压下制度主要包括总加工率的确定和道次加工率的分配。一般把两次退火之间的总加工率称为中间冷轧总加工率，而为控制产品的最终组织与性能所选取的总加工率称为成品冷轧总加工率。中间冷轧总加工率在合金塑性和设备能力允许的条件下尽可能取大一些。成品冷轧总加工率主要由产品的组织性能和表面质量要求所决定。

冷轧的道次分配方法是先按等压下率分配，按公式(5 - 6)计算压下率。

$$\varepsilon = \left[1 - (h/H)^{1/n}\right] \times 100\% \qquad (5 - 6)$$

式中：ε 为压下率，%；H 为坯料厚度，mm；h 为成品厚度(不仅只是最终成品厚度)，mm；n 为所需要轧制的道次。

轧制道次数的多少要结合材料塑性、设备条件、润滑条件、厚差控制、板形控制、表面控制的要求和平时工作经验进行安排。

8　冷轧过程的前滑值如何确定？

在轧制时，金属从轧辊抛出的速度比轧辊圆周的线速度大，这种现象称为前滑，可用式(5 - 7)表示：

$$S = \frac{v_2 - v}{v} \times 100\% \qquad (5-7)$$

式中：S 为前滑值；v_2 为轧件离开轧辊时的速度；v 为轧辊的圆周线速度。

　　在热轧铝及铝合金时，前滑值达 20%，冷压时根据加工率、张力、摩擦系数等条件不同，前滑值在 0% ~6% 范围之内。

9　冷轧张力大小如何确定？

　　张力大小的确定要视不同的金属和轧制条件而定，但最大张力值不能大于或等于金属的屈服强度。否则会造成带材在变形区外产生塑性变形，甚至断带，破坏轧制过程或使产品质量变坏。最小张力值必须保证带材卷紧卷齐。实际生产中张应力的选定范围按公式(5-8)选择。

$$q = (0.2 \sim 0.4) R_{p0.2} \qquad (5-8)$$

式中：q 为张应力，MPa；$R_{p0.2}$ 为金属在塑性变形为 0.2% 时的屈服强度，MPa。

　　一般来说，后张力大于前张力，带材不易拉断，保证带材不跑偏，即较平稳地进入辊缝。降低轧制压力，后张力比前张力更显著。但过大的后张力会增加主电机负荷，如来料卷较松会造成擦伤等。相反，后张力小于前张力时，可以降低主电机负荷。在工作辊相对支撑辊的偏移很小的四辊可逆式带材轧机上，后张力小于前张力有利于轧制时工作辊的稳定性，能使变形均匀，对控制板形效果显著，但是过大的前张力会使带材卷得太紧，退火时易产生翻结，轧制时易断带。

10　冷轧张力的作用有哪些？

　　1.降低单位压力

　　张力的作用使变形区的应力状态发生了变化，减小了纵向的压应力，从而使轧制时降低单位压力。

　　2.调节张力可控制带材厚度

　　从弹跳方程可知，通过改变张力大小可使轧出厚度发生变化。在其他条件不变化的情况下，增大张力能使带材轧得更薄。

3. 防止带材跑偏、保证轧制稳定

轧制中带材跑偏的原因在于带材在宽度方向上出现了不均匀延伸。当轧件出现不均匀延伸，则沿宽向张力分布将发生相应的变化，延伸大的张力减小，而延伸小的部分则张力增大，结果张力起到自动纠偏作用。张力纠偏同步性好，无控制滞后。但是张力纠偏的缺点是张力分布的改变不能超过一定限度，否则会造成裂边、压折甚至断带。

11　冷轧厚度控制系统的组成是怎样的？

现代高速冷轧机的板厚度控制（厚控）通过液压压下实现，而液压压下则由压下位置闭环或轧制压力闭环系统控制。厚控系统的组成如图 5-6 所示。主要由压下位置闭环、轧制压力闭环、厚度前馈控制、速度前馈控制、厚度反馈控制（测原仪监控）等几部分组成。其中压下位置闭环和轧制压力闭环是整个厚控系统的基础，厚控的最终操作通过这两个闭环中的一个实现。后面三个控制环节为更高级的控制环，它们给前两个闭环的给定值提供修正量。

当辊缝中没有轧件（辊缝设定）和穿带时，压下位置闭环工作。正常轧制时，轧制压力闭环工作（位置闭环断开，不参与控制）。当轧制压力低于某一最小值时，由压力闭环自动地转换到位置闭环控制。

图 5-6 中 M 和 W 的计算公式是：

$$M = M_0 + K_b \tag{5-9}$$

$$W = \partial P / \partial h$$

式中：M_0 为轧机基本纵向刚度；K 为宽度修正系数；b 为板宽。

12　中温轧制的控制要点有哪些？

中温轧制在现有设备的基础上，实现了热轧和冷轧的连续作业，目前东北轻合金有限公司在使用，取消了热轧卷卷和预先退火等工序，缩短了生产周期，消除了热轧卷卷时板、带的黏伤，和冷轧开卷时板、带的擦伤，提高了成品率。

在中温轧制过程中，由于轧件和轧辊的温度较高，要求冷却润滑

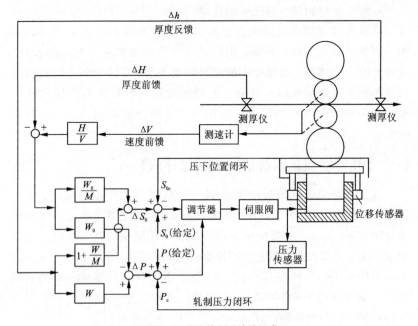

图 5 - 6 厚度控制系统的组成

W_0—轧制压力对入口厚度的偏导数$\partial P/\partial h$；M—轧机纵向刚度模数；W—轧件塑性刚度系数；ΔH—来料厚度偏差；Δh—出口厚度偏差；v—轧制速度；Δv—轧制速度增量；s_0—给定空载辊缝；Δs_0—空载辊缝修正量；P—给定轧力；ΔP—轧制压力修正量；s_{0C}—实测空载辊缝；P_C—实测轧制压力。

条件必须与之相适应，因此必须提高乳液的稳定性，以及提高工艺润滑油的着火点，并对辊形及加工率等予以合理的调整和控制。为了保证中温轧制过程的顺利进行，在生产中必须注意下面几个主要条件：

①采用较高的热轧温度，尽量减少热轧道次，提高热轧的终轧温度，合理调整和控制热轧辊形，借以提供塑性高、平整度好和厚度均匀的坯料。

②在轧制硬铝和 5A05、5B70、7A04、7A09、7075 等合金板材时，

必须采用侧边包铝的新工艺，以减少温轧过程中板、带的裂边和断片。

③采用合适的乳液和工艺润滑油。供轧机用的乳液浓度为 3% ~ 10%，液温不高于 400℃；工艺润滑油呈弱酸性，板、带在 250℃ 左右时，工艺润滑油不燃烧，并具有良好的洗涤性。

④辊形根据轧件温度较高的特点，除轧辊辊形需做相应的改变外，最好能采用液压弯辊和液压压下装置，以便迅速而准确地控制辊形，使中温轧制顺利进行。

⑤加工率考虑轧件送料的特点，在第一道次轧制时带材无后张力，尤其是在轧制硬合金时（乳液浓度较大时），为防止轧件滑动，对第一道次的绝对压下量需做相应的改变。

13　冷轧制度的制定原则是什么？

制定合金的冷轧制度的原则与热轧基本相同，根据冷轧产品性能的特点，应从以下几个方面考虑。

1. 第一类再结晶图

第一类再结晶图是反映金属的变形程度和变形后退火温度与金属晶粒大小的关系的图形。在一定退火温度下，当变形程度很小时，常出现晶粒急剧长大的现象。因此冷轧时必须考虑给予适当的变形程度，以便金属制品在一定的温度下退火后，具有均匀和细小的晶粒组织。

2. 轧制金属的性能和方向性

铝的晶体结构是面心立方晶格，其滑移系有 12 个，因此铝在冷状态下易于变形，具有良好的塑性。

冷轧引起金属组织的变化，使晶粒呈现择优取向，即晶面定向排列，使板材的力学性能产生各向异性。

纯铝和含锰的铝合金在深冲时，制品有时出现条纹状或粗糙的表面，纯铝并能出现制耳。形成条纹状的原因是晶粒大小不均，形成表面粗糙的原因是晶粒粗大，而形成制耳的原因是由于力学性能的各向异性。

对含锰的铝合金板材（3003、3004、3A21），其晶粒不均和晶粒粗大是锰元素和低温热轧共同影响的结果，这是由于晶内锰的偏析和与之有关的微观体积里的不均匀的冷作硬化，在慢速加热至退火温度的条件下，便生成粗大晶粒。

因此所有减少晶内锰偏析，和在热轧的加热温度范围内（较高较长时间加热）能加速锰析出的措施，都能减少晶粒不均和制品退火后形成粗大晶粒的趋势。

采用铝锭在 600～620℃ 均匀化和提高铝中的铁含量（0.4%～0.6%），高温热轧和快速升温退火等措施，不仅可细化铝锰合金板材的晶粒组织，且可使生成制耳的趋势明显减小，如果再配合换向轧制和选择合适的退火温度，则可进一步减少板材的各向异性。

3. 金属的塑性和道次加工率

铝及铝合金具有良好的塑性，随着冷变形程度的增加，金属的冷作硬化程度增加、金属的塑性降低、强度升高。

铝及铝合金冷作变形程度达 45%～55% 时，其伸长率急剧下降，在 3%～6%。当继续增加冷作变形量时，其伸长率的下降不再十分剧烈。当每道次压下量不大时，二次退火间的总变形量可较大，轧制硬铝合金可达 90%～92%。由于道次压下量不大，轧制道次增多，板材表面质量不好，轧制生产能力降低。

道次压下量较大时，轧制软铝合金（1060、3004 等），板、带材边部质量较好，裂边轻微，二次退火间的总加工率可达 95% 左右。轧制硬铝合金 2024 等），对不采用侧面包铝的板、带，虽然热轧切边，其二次退火间的总加工率仅可达 65% 左右。若采用侧面包铝的板、带，即使热轧时不切边，其二次退火间的总加工率，也可达 92% 左右。这充分说明，在道次压下量较大时，板、带材边部裂边的情况，是决定铝合金板、带材能否继续轧制的一个主要条件。

道次加工率，原则上愈大愈好，但对设备来说，冷轧机主要受到最大轧制力的限制，当轧制力过大、易产生断辊事故。各道次的加工率曲线应平滑上升，在现有润滑等条件下，在四重冷轧机上，轧制硬铝合金时，最大的道次加工率为 30%～35%，对软铝合金还可稍高一些。

（4）轧制速度

铝及铝合金的轧制速度一般无特殊要求，在带卷质量增大的条件下，提高冷轧机的轧制速度，有一定意义。它不仅大大缩短轧制时间，也相对缩短辅助时间，提高生产率。轧制速度愈高，生产率愈高。采用高速轧制时，除轧机本身一些问题需要解决外，必须相应解决工艺冷却润滑剂问题。

14　铝箔生产的工艺流程是怎样的？

铝箔的生产工艺流程主要有以下两种方式，见图 5-7 和图 5-8。图 5-7 是老式设备生产工艺流程。由于老式设备规格小，需要的铝箔坯料窄，要经过剪切分成小卷退火后再进行轧制，轧制时老式设备采用的是高精度轧制油。需经过一次清洗处理，双合轧制前还要经过一次中间低温恢复退火。

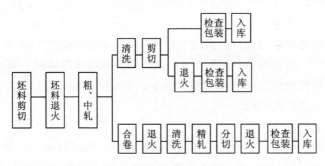

图 5-7　老式铝箔生产工艺流程

图 5-8 是现代铝箔生产工艺流程。随着轧制速度的提高，则不需要清洗和中间恢复退火工序。现代铝箔生产工艺流程短，缩短了生产周期，减少了中间生产环节，从而减少了缺陷的产生，降低了成本，提高了铝箔的产品质量和成品率。

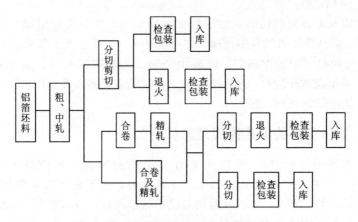

图 5-8　现代铝箔生产工艺流程

15　铝箔坯料质量的技术要求有哪些？

1. 冶金质量

熔体必须经过充分的除渣、除气、过滤和晶粒细化，铸（锭）轧板的内部组织不允许有气道、夹渣、偏析和晶粒粗大等缺陷。要求熔体的氢含量控制在 0.12 mL/100 g 以下，非金属夹渣不超过 10 mg/kg，铸轧板的晶粒度一级。

2. 表面质量

表面应洁净、平整，不允许有松树枝状、压过划痕、擦划伤、孔洞、腐蚀、翘边、油斑、金属或非金属加入等，这些缺陷的存在会直接影响铝箔的表面质量。

3. 端面质量

端面切边应平整，不允许有毛刺、裂边、串层、碰伤等，毛刺、裂边、碰伤会造成轧制过程中频繁断带及断带甩卷，串层会影响板形控制及再轧制的切边质量。

4. 坯料厚度和宽度偏差

为保证铝箔厚度公差，铝箔坯料的纵向厚度偏差应不大于名义厚度的 ±5%（高精度轧机可控制在 ±2%）。宽度偏差为正公差，一般要求不大于名义宽度 3 mm，如果铝箔坯料厚度波动大，势必造成铝箔厚度波动大，严重时会造成压折缺陷。

5. 板形

坯料横向截面呈抛物面对称，凸面率不大于 0.5% ~ 1%，楔形厚差断面形状不大于 0.2%，对装有自动板形控制系统的冷轧机，坯料的在线板形不大于 ± 10I。

6. 力学性能

铝箔坯料的力学性能的选择，主要根据所生产铝箔产品的品种和性能要求。典型的铝箔坯料力学性能指标参见表 5 - 6。

表 5 - 6　铝箔坯料典型的力学性能

合金牌号	状态	抗拉强度 σ_b/MPa	伸长率 δ/% , ≥
1070 ~ 1060	O	60 ~ 90	20
	H14	80 ~ 140	3
	H18	≥120	1
1145 1235	O	80 ~ 120	30
	H14	130 ~ 150	3
	H18	≥150	1
3003	O	100 ~ 150	20
	H14	140 ~ 180	2
	H18	≥190	1

16　影响铝箔轧制质量的因素有哪些?

影响铝箔轧制质量的因素很多，主要包括的内容见图 5 - 9。

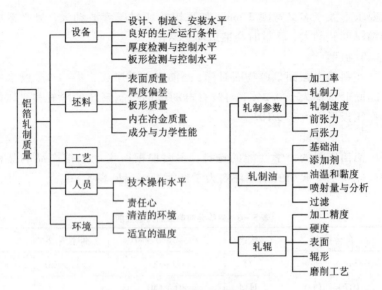

图 5-9　影响铝箔轧制质量的因素

17　怎样选择生产铝箔的道次加工率?

　　由于成品厚度的不同,箔材轧制一般为 2 ~ 6 个道次,轧制时,前后道次要根据轧机效率、成品箔材的规格和组织性能的要求,前后工序生产能力的平衡来确定。纯铝箔材的总加工率一般可达 99%。铝合金箔材的总加工率一般不大于 90%。

　　道次加工率的选择原则如下:

　　①在设备能力允许,轧制油润滑和冷却性能良好,并能获得良好表面质量和板形质量的前提下,应充分发挥轧制金属的塑性,尽量采用大的道次加工率,提高轧机的生产效率。

　　②道次加工率,要充分考虑轧机性能、工艺润滑、张力、原始辊形、轧制速度、表面质量、板形质量、厚度波动等因素。软状态或半硬状态铝箔坯料的轧制道次加工率一般为 40% ~ 65%,硬状态铝箔坯料的轧制道次加工率一般为 20% ~ 40%。

　　③对于厚度偏差、表面质量、板形质量要求高的产品,宜选用较

小的道次加工率。

　　④对有厚度自动控制系统和板形自动控制系统的轧机，可适当采用较大的道次加工率。

　　⑤道次加工率的选择，应从实际出发，在现场实践中依据设备、质量、生产效率等情况不断摸索总结后，最终确定下来。典型的道次分配见表 5 - 7 和表 5 - 8。

表 5 - 7　典型的道次分配表（硬状态坯料）

道次	工艺 I				工艺 II			
	入口厚度/mm	出口厚度/mm	压下量/mm	加工率/%	入口厚度/mm	出口厚度/mm	压下量/mm	加工率/%
1	0.40	0.31	0.09	22.5	0.30	0.21	0.09	30.0
2	0.31	0.22	0.09	29.0	0.21	0.15	0.06	28.6
3	0.22	0.15	0.07	31.8	0.15	0.11	0.04	26.6
4	0.15	0.11	0.04	26.6	—	—	—	—

表 5 - 8　典型道次分配表（软状态或半硬状态坯料）

道次	工艺 I				工艺 II			
	入口厚度/mm	出口厚度/mm	压下量/mm	加工率/%	入口厚度/mm	出口厚度/mm	压下量/mm	加工率/%
1	0.70	0.35	0.35	50.0	0.40	0.20	0.20	50.0
2	0.35	0.15	0.20	57.1	0.20	0.10	0.10	50.0
3	0.15	0.065	0.085	56.7	0.10	0.05	0.05	50.0
4	0.065	0.029	0.036	55.4	0.05	0.028	0.022	44.0
5	0.029	0.014	0.015	51.7	0.028	0.014	0.014	50.0
6	0.014 ×2	0.0007 ×2	0.014	50.0	0.014 ×2	0.007 ×2	0.014	50.0
	0.0014 ×2	0.0035 ×2	0.0015	53.6	—	—	—	—
	0.0014 ×2	0.006 ×2	0.016	57.1	—	—	—	—

18   影响铝箔轧制速度的因素有哪些?

1. 箔材轧机的性能

箔材轧机自身基本性能是轧制速度的主要影响因素。

2. 坯料的质量

坯料如果厚度波动较大,板形或端面不良,为最大限度地改善轧制后铝箔质量,应采用低速轧制。

3. 轧制油

在其他条件相同的情况下,轧制速度随轧制油中添加剂含量的增加和轧制油浓度的增大而降低,随着轧制油温度的升高而提高。

4. 轧辊粗糙度

在其他条件相同的情况下,轧制速度随着工件辊粗糙度的增大而提高,随着粗糙度的减小而降低。

5. 铝箔板形

在铝箔轧制过程中,由于变形热、摩擦热的作用使轧制变形区的温度变化很快,从而轧辊辊形发生变化。轧制出的铝箔板形也会随着辊形的变化而发生改变,对于手动控制板形的铝箔轧机,铝箔板形的变化完全依靠操纵手的观察,然后再手动分别控制弯辊或轧制力及各油嘴的喷射量,如果轧制速度太快,操纵手的反应能力跟不上,板形控制就很困难。即使一名最优秀的操作手,所能控制的轧制速度一般也不会超过 $700 \sim 800$ m/min,在线最好板形水平在 $\pm 80I$ 以上。当轧制速度超过 800 m/min 时,为了获得良好的板形质量,就必须采用板形自动控制系统,由于板形自动控制系统采用了自动喷淋、自动弯辊、自动倾斜,更为先进的轧机还采用了 VC,DRS 等板形控制技术,使铝箔的轧制速度和板形控制水平大幅度提高,铝箔的在线板形可以控制在 $\pm 9I \sim \pm 20I$ 以下的水平。

6. 表面质量

在其他工艺条件相同的情况下,轧制速度低、轧辊间油膜薄、铝箔表面更接近轧辊表面,轧出的铝箔光亮度好。轧制速度高,轧辊间的油膜厚,轧出铝箔的光亮度差,因此,在非成品道次,为提高生产效率应尽量采用高速轧制，但在生产成品道次，要求铝箔表面的光亮度好，应降低轧制速度，适当增加后张力，对 0.006～0.007 mm 厚度的铝箔双合道次的轧制速度一般不超过 600 m/min。

19　何为铝箔轧制过程中的速度效应？

铝箔轧制过程中，箔材厚度随轧制速度的升高而变薄的现象称为速度效应。对于速度效应机理的解释尚有待深入的研究，产生速度效应的原因一般认为有以下三个方面：

①工作辊和轧制材料之间摩擦状态发生变化，随着轧制速度的提高，润滑油的带入量增加从而使轧辊和轧制材料之间的润滑状态的变化。摩擦系数减小，油膜变厚，铝箔的厚度随之减薄。

②轧机本身的变化。采用圆柱形轴承的轧机，随着轧制速度的升高，辊颈会在轴承中浮起，因而使两根相互作用而受载的轧辊将向相互靠紧的方向移动，因此铝箔的厚度随之减薄。

③材料被轧制变形时的加工软化。高速铝箔轧机的轧制速度很高，随着轧制速度的提高轧制变形区的温度升高，据计算变形区的金属温度可以上升到相当于进行一次中间恢复退火的温度，因而引起轧制材料的加工软化现象，铝箔变形抗力的降低，铝箔的厚度随之具有减薄效应。

20　铝箔轧制中厚度的测量方法有哪些？

1. 涡流测厚

结构简单，价格便宜，维修方便。适用于厚度偏差要求不严（±8% 以上），轧制速度低（500 m/min 以下）的铝箔轧机。

2. 同位素射线测厚

测量精度高，价格适中。厚度的测量范围取决于同位素种类，同位素需要定期更换，保管不方便，可适用于高速铝箔轧机。该种测厚方式应用较少。

3. 射线测厚

测量精度高，反应速度快，不受电场、磁场的影响，在使用和保

管上较同位素 β、γ 射线方便，价格较贵，广泛应用于高速铝箔轧机。厚度测量范围取决于发射管的电压，只要调整 X 射线管的阳极电压便可检测各种厚度，高速铝箔轧机 X 射线厚度测量发射管电压一般为 10 kV，检测厚度可达 9 ~ 2700 μm。

21 铝箔轧制油的性能要求是什么?

铝箔轧制油的性能要求有几下几点：

①润滑性能好。轧制油在轧辊和轧件之间形成一层油膜，使轧制可在摩擦系数小、轧制力小、功率消耗低的条件下进行，同时油膜必须具有足够的承载能力，能达到一定的压下量和轧制速度，保证铝箔变形均匀，表面质量好。

②冷却性能好。铝箔轧制时，会产生大量的变形热、摩擦热，这些热量会使辊形发生变化，轧制油应具有良好的导热冷却性能，通过喷淋可以吸收并带走轧制时产生的热量，有利于调整和控制好板形。

③退火性能好。轧制油要有适当的馏程和黏度，铝箔成品退火时轧制油容易挥发，不易产生残油或油斑。

④流动性能好。轧制时会产生大量的铝粉，轧制油应能将轧辊表面的铝粉冲走，保持轧辊的清洁，改善铝箔表面光洁度。

⑤具有适当的闪点和温度。闪点与黏度高的轧制油，容易造成铝箔成品退火除油不净、油斑或油黏连废品，但闪点与黏度太低、轧制油挥发性大，油雾大，着火的危险性大。

⑥稳定性好。不易氧化变质，有良好的抗氧化稳定性，有较长的使用寿命。

⑦无难闻气味，对人体健康无害，对设备和铝箔无腐蚀作用。

⑧价格合理，货源充足。

22 预防高速铝箔轧制发生火灾的措施有哪些?

主要措施有几下几方面：

①在高速铝箔轧制中，轧机周围产生高浓度的油蒸气很难避免，为了尽量降低油蒸气的浓度，应保证排烟装置的正常运行并使其排

风量达到最大值。

②加强工作辊、支承辊、导辊油雾润滑系统的检查，保证油雾发生器油位、油压、风压，温度符合要求，油雾发生器与轴承箱的连接管路要畅通，以提供足够的润滑条件。油雾润滑不良是引起轧机火灾最重要的原因之一，在生产中，必须对油雾润滑系统高度重视，发现问题及时停车处理。

③加强轧辊内环、轴承的检查与管理，每次换辊都应进行检查，对有故障的部位及时修理与更换。轴承箱的安装松紧应适度，避免辊脖与轴承内套产生相对运动。

④断带保护装置应灵敏有效，铝箔坯料厚度应均匀，不允许突然增厚很多，以避免塞料现象的发生。在操作上，在料卷的尾部，应适当降低轧制速度。

⑤提高操作水平，减少断带，及时清理轧机本体与集油盘中的碎铝片，轧机本体、管道、油箱等接地良好，如果产生"油泥"应及时更换不合理的添加剂或基础油，同时轧制油中可以加入适量的抗静电剂等。

⑥严格动用明火作业制度。在防火区动用明火作业，应及时清理作业区周围的易燃易爆物品，并由专业消防人员，安全员在现场实施安全防火保护。

⑦加强员工教育，每位员工都应了解掌握安全灭火常识、灭火器材、灭火设备的正确使用方法，牢记火警电话，发生火灾时，应首先采取灭火措施，同时用最快的速度拨打火警电话，以免延误灭火时机。

第 6 章　板 形 控 制 技 术

1　板形分类及其表示方法是怎样的?

1. 板形的分类

板形通常是指板材的平直度, 即板材各部位是否产生波浪、翘曲、侧弯及瓢曲等。板形的好坏取决于轧制时板材宽度方向上沿纵向的延伸是否相等、轧前坯料横截面厚度的均一性、轧辊辊形以及轧制时轧辊的弯曲变形所构成的实际辊缝形状等。可见板形与横向厚度精度二者是密切相关的。

波浪是由于轧制时板材宽向各部位纵向的延伸不一致所引起的。图 6-1 所示为当板材两边延伸大于中部时, 则产生对称的双边波浪; 反之, 如果中部延伸大于两边, 则产生中间波浪; 若两边压下量不等时, 压下量大的一边延伸大, 则产生单边波浪或侧弯(镰刀弯)。当轧件离开轧辊出口后向上或向下, 或者沿宽向出现弧形弯曲叫翘曲。

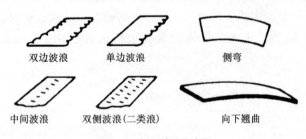

双边波浪　　　单边波浪　　　　　侧弯

中间波浪　　双侧波浪(二类浪)　　向下翘曲

图 6-1　板形缺陷示意图

2. 板形的表示方法

(1) 波形表示法

板材切取一段置于平台上,如将最短纵条视为一直线,最长纵条视为一正弦波(见图 6-2),则定义板材的不平度(λ)为

$$\lambda = (h/L) \times 100\% \qquad (6-1)$$

式中:h 为波高;L 为波长。

当 λ 值大于 1% 时,波浪或翘曲便比较明显,一般生产中要求矫平后,板材的 λ 值应小于 1% 。

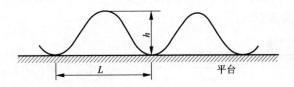

图 6-2 板材的波浪度

(2)相对长度差表示法

设板材波浪曲线部分长度为 $L + \Delta L$,若将视为正弦曲线,则曲线部分与直线部分的相对长度差,可由线积分求曲线长度后,得出

$$\Delta L/L = (\pi/2)^2 (h/L)^2 = \pi^2 \lambda^2/4 \qquad (6-2)$$

公式(6-2)表示了不平度 λ 与最长、最短纵线条相对长度差之间的关系,它表明板材波形可以作为相对长度差量代替。只要测出板材的波形,就可以求出相对长度差。美国标准就是用这种相对长度差的百分数进行表示的。加拿大铝业公司也是用相对长度差作为板形单位的,称为 I 单位。相对长度差等于 10^{-6},称为一个 I 单位。板形的不平度或称板形偏差,可用式(6-3)求得

$$\sum S_t = 10^6 (\Delta L/L) \qquad (6-3)$$

冷轧铝板材典型板形偏差是,轧制产品为 $50I$,拉伸矫直产品为 $10I$。目前国外的板形自动控制系统,冷轧板不平度已从 $30I$ 提高到 $10I$,经拉弯矫可达到 $10I$。

3. 横向厚差

板材横断面厚度偏差,称为横向厚差(板凸度)。忽略板材边部减薄的影响,通常横向厚差是指板材横断面中部与边部的厚度差。

横向厚差决定于板材横断面的形状,如图6-3所示。矩形断面的横向厚度差为零,属于用户希望的理想情况。楔形断面是一边厚另一边薄,其横向差主要是两边压下调整不当,或轧件跑偏(不对中)引起的。而对称的凸形或凹形断面,分别表现出中部厚两边薄,或中部薄两边厚。多数情况是中部厚两边薄,其横向厚差主要是轧制时辊缝形状造成的,即金属的纵向延伸沿横向分布不均。如不考虑轧件的弹性恢复,可认为板材的横向厚差,实际上等于工作辊缝在板宽范围内的开口度差。

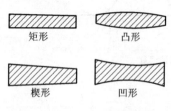

图6-3 板、带材的横截面形状

矩形　凸形　楔形　凹形

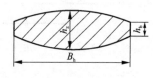

图6-4 板材横向厚度差图示

横向厚差或板凸度的大小,通常用轧件横断面中部厚度 h_z 与边部厚度 h_b 的差值表示。

如图6-4,轧制后其横向厚差 δ 为:

$$\delta = h_z - h_b \qquad (6-4)$$

对于凸形断面 δ 为正,凹形断面 δ 为负,生产中要使 δ 为零。但获得理想的矩形断面很困难,一般根据不同产品、规格等要求,控制在允许的偏差范围内。为了有利于轧件的稳定和对中,有时希望板材断面有少许凸度,但会降低横向厚度精度,尤其较薄板材影响更大。

4. 板形与横向厚差的关系

为保证良好的板形,必须使板材宽向上沿纵向的延伸相等,如图6-5所示。现设轧前板坯边部的厚度为 H,而中部厚度为($H+\Delta$),轧后其边部厚度为 h,中部厚度为($h+\delta$)。根据板形良好的要求,若忽略宽展,那么中部的延伸应该等于边部的延伸,即板形良好的条件是

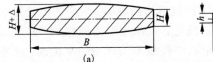 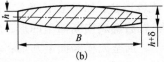

（a）　　　　　　　　　　　（b）

图6-5　板、带轧前轧后厚度变化

（a）轧前；（b）轧后

$$(H+\Delta)/(h+\delta)=H/h=\lambda \qquad (6-5)$$

经比例变换，得

$$\lambda=H/h=\Delta/\delta \qquad (6-6)$$

式中：Δ 为轧前板坯横向厚差；δ 为轧后板材横向厚差；λ 为轧制延伸系数。

5. 辊形及辊缝形状

板形与横向厚度精度控制的目的是保证所轧制的板材具有良好的板形和横向厚度精度。在轧制过程中由于轧制压力引起了轧辊的弹性弯曲和压扁，以及轧辊的不均匀热膨胀，实际辊缝形状发生了变化，使之沿板材宽向上的压缩不均匀，于是纵向延伸也不均匀，导致出现波浪、翘曲、侧弯及瓢曲等各种板形不良的现象。所以板形与横向厚度精度控制，实际上是辊缝形状的控制。

辊形是指轧辊辊身表面的轮廓形状，原始辊形指刚磨削的辊形，如图6-6所示。轧辊辊形通常以辊形凸度 c 表示，它是轧辊辊身中部半径 R_c 与边缘的半径 R_b 的差表示，即 $c=R_c-R_b$。当 c 为正值时为凸辊形；c 为负值为凹辊形；c 为零为平辊形，即圆柱形辊面形状。

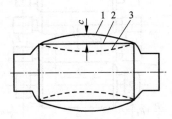

图6-6　原始辊形表示法

1—凸辊形；2—平辊形；3—凹辊形

轧制时辊形称为工作辊形或称承载辊形，它是指轧辊在轧制压力和受热状态下的辊形。因此，原始辊形很难保持为理想的平辊形状态，所以实际轧制时的工作辊形有时为凸辊形、有时为凹辊形。

辊缝形状：如果上下两个工作辊形为凸辊形，对应的辊缝形状呈凹形，轧后金属横断面呈凹形；反之，工作辊形为凹辊形，其辊缝呈凸形，轧后金属横断面呈凸形；若工作辊形为理想的平辊形，平直的辊缝形状，轧后金属横断面呈矩形。因此，除了板坯横断面形状之外，横向厚差及板形主要取决于工作辊缝的形状、轧辊的弹性弯曲、热膨胀、弹性压扁和磨损等因素。因此轧辊的原始凸度、来料凸度、板宽和张力等也有一定的影响。

2　液压弯辊的控制过程是怎样的？

为了使用方便，简化轴承座结构，增大弯辊能力，排除对板厚控制的干扰等，已采用多种弯辊结构。例如，将液压缸安装在轧机牌坊凸缘内的三个不同位置，分别作用在工作辊轴承座的压板下，可以实现上辊正弯和下辊正、负弯；将工作辊正、负弯液压缸安装在支承辊轴承座上，其优点是正弯时的弯辊力不经过压下装置，使压下和弯辊互不干扰，这对板厚、板形控制都有利，如图 6-7 所示。

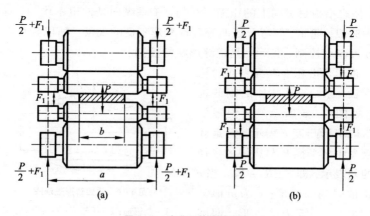

图 6-7　弯曲工作辊的方法

(a)减小工作辊的挠度；(b)增加工作辊的挠度

　　弯曲支承辊的弯辊力不是施加在轧辊轴承座上，而是施加在支承辊轴承座之外的轧辊延长部分（见图 6 - 8）。这种结构最重要的优点是可以同时调整纵向和横向的厚度差。弯辊力 F_2 与轧制压力的方向相同，以减小支承辊的挠度，称正弯支承辊；反之称负弯支承辊。

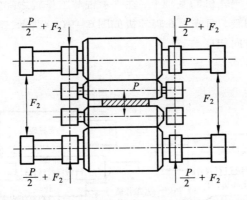

图 6 - 8　弯曲支承辊

　　支承辊比工作辊的刚度大得多，前者弯辊力较大，大的正弯辊力会增加压下装置和机架的负荷与变形，引起纵向厚度变化。但是，支承辊的弯曲能得到较好吻合轧辊挠度（抛物线形）的辊形。

　　由于支承辊的弯曲刚度大，所以弯曲支承辊主要适用于辊身长度 L 和支承辊直径 D 比值较大的轧机。当 $L/D_0 > 2$ 时，最好用弯曲支承辊；当 $L/D_0 < 2$ 时，一般用弯曲工作辊。弯辊力可用计算方法或参考经验数据选取，一般弯曲工作辊的最大弯辊力（两端之和）约为最大轧制压力的 15% ~ 20%，支承辊的最大弯辊力约为最大轧制压力的 20% ~ 30%。

3 板形控制新装置与新技术有哪些?

1. HC 轧机

所谓 HC(high crown)轧机,即高性能辊形凸度控制轧机。该轧机是在普通 4 辊轧机的基础上,在支承辊与工作辊之间安装一对可轴向移动的中间辊,而成为 6 辊轧机如图 6-9(b)所示,而且两中间辊的轴向移动方向相反。

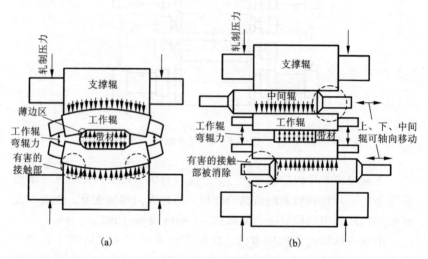

图 6-9 轧辊变形情况比较

(a)—一般 4 辊轧机;(b)HC 轧机

如图 6-9(a)所示,一般 4 辊轧机工作辊和支承辊之间的接触部分在板宽之外,形成一个有害的弯矩,使工作辊弯曲,其大小随轧制压力而变化,最终影响板形。另外,有害弯矩抵消了相当一部分弯辊力的作用,结果阻碍了液压弯辊效果的发挥。实践证明,采用双阶梯或双锥度支承辊,工作辊与支承辊在板宽之外的区域脱离接触,从而减少或消除了有害弯矩的影响;但支承辊长度不能随板宽改变而变化,实际应用受到限制。基于这种认识,通过反向移动上、下、中间辊，将工作辊与支承辊的接触长度，调整到与板宽接触长度相近，可以消除这个有害弯矩的不良影响，由此而设计了 HC 轧机。

2. PC 轧机

PC 轧机为 pair cross 的缩写，即上、下工作辊（包括支撑辊）轴线有一个交叉角，上下轧辊（平辊）当轴线有交叉角时将形成一个相当于有辊形的辊缝形状，此时边部厚度变大，中点厚度不变，形成了负凸度的辊缝形状（相当于轧辊具有正凸度）。

因此 PC 辊为了得到正凸度辊缝形状就必须采用带有负凸度的轧辊。轧辊交叉调节出口断面形状的能力相对来说比较大（见图 6 - 10），但是由于轧辊交叉将产生

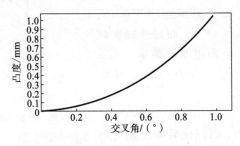

图 6 - 10　PC 轧机的凸度调节能力

较大的轴向力，因此交叉角不能太大否则将影响轴承寿命，目前一般交叉角不超过 1°。

PC 辊在应用中的另一个问题是轧辊的磨损，为此目前 PC 轧机都带有在线磨辊装置以保持辊缝形状的稳定。

3. 双轴承座工作辊弯曲装置（DC - WRB）

双轴承座工作辊弯曲装置，是一项改善液压弯辊控制能力的新技术，近些年先后在热轧和冷轧生产中得到应用。如图 6 - 11 所示，DC - WRB 与单轴承座工作辊弯曲装置（WRB）相比，其主要区别是每侧使用两个独立的轴承座，内轴承座主要承受平衡力，外侧轴承座承受弯辊力，且分别进行单独控制。

（1）单轴承座工作辊弯曲装置的缺点

①平衡与弯辊共一个液压缸，使弯辊控制能力受限。

②轴承座的应力与变形分布不均，大大降低轴承寿命。

③负弯和低于平衡压力的正弯，在咬入、抛出或断带时要切换液压系统，导致轧制过程不稳定。为此，将平衡与弯辊两种功能及其液压系

统分开，便设计了DC－WRB。

（2）双轴承座工作辊弯曲装置结构的优点

①因为内外轴承座分开，弯辊力独立调整，所以提高了板形控制能力，延长轴承使用寿命。

②外轴承座用于弯辊，弯曲力臂大，而且外侧辊颈小，能采用厚套轴承，承载能力大，可以增大弯辊效果。

③内轴承座主要承受平衡力，以保证轧辊平衡。而且操作方便，使用正负弯，能保证轧制过程稳定。

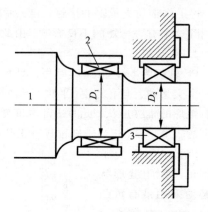

图6－11　DC－WRB辊颈部分安装情况

1—工作辊；2—主要承受径向负载的轴承；3—承受径向、侧向负荷的轴承；D_1—粗直径辊颈；D_2—细直径辊颈

④与WRB相比较，一般板凸度控制能力扩大2.5倍，板形控制范围为3.5倍，容易实现现有轧机的改造。

4. VC轧辊

VC轧机（variable crown mill），即轧辊凸度可瞬时改变的轧机。如图6－12所示，可变凸度轧辊是一种组合式轧辊。轧辊由芯轴和轴套装配而成，芯轴和辊套之间有一液压腔，腔内充以压力可变的高压油。随轧制过程工艺条件变化，调整高压油的压力改变轧辊的膨胀量（轧辊凸度），以获得良好的板形。

5. FFC轧机

FFC轧机，即平直度易控制轧机（flexible flatness controlMill），简称FFC轧机。它具有垂直、水平方向控制板形功能。如图6－13所示，如果产生中部波浪或双边波浪，由上工作辊2和中间支承辊之间的液压弯辊装置控制；其他板形缺陷，通过侧弯系统控制。侧弯系统是用分段支承辊6，通过侧向弯曲辊5在水平面内弯曲下工作辊3来完成的。分

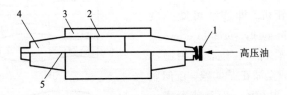

图 6 – 12　VC 轧辊结构示意图

1—旋转接手；2—液压腔；3 辊套；4—芯轴；5—油孔

段支承辊由装在同一轴上的 6 个辊组成，其轴上安装液压缸 7，侧弯力通过分段支承辊，经侧向弯曲辊传递到下工作辊任意位置上，以克服由于上下工作辊之间的偏移而引起的水平力，实现水平控制。

　　这种轧机还有 4 辊和 6 辊之分，其板形控制能力较强，甚至可采用平辊形轧制。

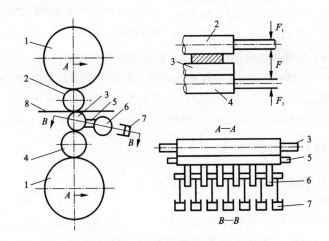

图 6 – 13　FFC 轧机控制结构简图

1—支承辊；2—上工作辊；3—下工作辊；4—中间支承辊；5—侧向弯曲辊；6—分段支承辊；7—液压缸；8—轧件

6. CVC 轧机

CVC 轧机，即连续可变凸度轧机（continuously variable crown），简称 CVC 轧机。轧辊辊形由抛物线曲线变成全波正弦曲线，近似瓶形，上、下辊相同，而且装置成一正一反，互为180°。通过轴向反向移动上下轧辊，实现轧辊凸度连续控制（见图6-14）。当上下轧辊位置如图6-14(a)所示时，辊缝略呈 S 形，轧辊工作凸度等于零（中性凸度）；当上辊向右下辊向左移动量相同[见图6-14(b)]，中间辊缝变小，轧辊工作凸度大于零，称正凸度控制；相反，如果上辊向左下辊向右移动量相同[见图6-14(c)]，轧辊工作凸度小于零，称负凸度控制。

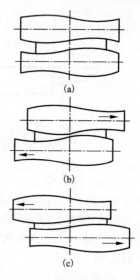

图6-14 连续变化的辊凸度（CVC 轧机）
(a)中性凸度；(b)正凸度；(c)负凸度

CVC 轧机有 2 辊、4 辊和 6 辊之分；S 形轧辊可做工作辊，或中间辊，6 辊轧机就有这两种形式。CVC 轧机既有辊凸度调整范围大，又能连续调节的特点，再加上液压弯辊系统，能够扩大板形控制范围。

4　如何进行辊形设计？

1. 轧辊挠度的计算

（1）二辊轧机轧辊挠度

假设轧件位于轧制中心线而且单位压力沿板宽均匀分布，则两轴承反力相等，受力弯曲呈抛物线规律。轧辊直径与支点间的距离比较相差不大，可把轧辊视为短而粗的简支梁，在计算轧辊挠度时，应考虑切力所引起的挠度，轧辊的挠度 f_p 应由两部分组成：

$$f_p = f'_p + f''_p \qquad (6-7)$$

式中：f'_p 为弯矩所引起的挠度，mm；f''_p 为切力所引起的挠度，mm。

　　如图 6-15 所示，如果忽略辊颈的影响，根据卡氏定理求解，辊身中部与辊身边缘的挠度差按下式计算：

$$f'_{\mathrm{p}} = \frac{p}{6\pi ED^4}(12aL^2 - 4L^3 - 4B^2L + B^3) \qquad (6-8)$$

$$f''_{\mathrm{p}} = \frac{P}{\pi GD^2}\left(L - \frac{B}{2}\right) \qquad (6-9)$$

　　取 $G = \dfrac{2}{5}$ 代入式(6-9)，将式(6-8)和式(6-9)相加，得出辊身中部与辊身边缘的挠度差：

$$f_{\mathrm{p}} = \frac{p}{6\pi ED^4}\left[12aL^2 - 4L^3 - 4B^2L + B^3 + 15D^2\left(L - \frac{B}{2}\right)\right] \quad (6-10)$$

式中：p 为轧制压力，N；D 为辊身直径，m；L 为辊身长度，m；a 为轧辊两边轴承受力点之间的距离，m；E、G 为轧辊材料的弹性模量及剪切模量，MPa；B 为轧件宽度，m。

　　对上下两个轧辊，因对称其总挠度为 $2f_{\mathrm{p}}$。挠度差 f_{p} 实际上表示辊缝形状的改变量。

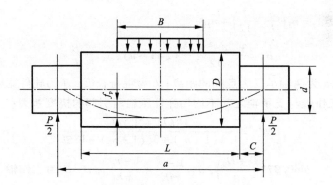

图 6-15　轧辊弯曲挠度计算

　　(2) 4 辊轧机轧辊挠度

　　工作辊与支承辊间相互弹性压扁沿辊身长度分布不均，这种不均匀压扁所引起的工作辊的附加挠度 $\Delta f'_{\mathrm{L}}$ (即辊身中部与边缘压扁量的差值)是不能忽略的。因此，4 辊轧机工作辊的弯曲挠度 f_{p}，不仅取决于支承辊的弯曲挠度，而且还取决于工作辊与支承辊之间不均匀弹性压扁所引起的附加挠度。假设轧制时，支承辊和工作辊的实际辊形凸度为零，则工作辊和支承辊的挠度关系由式(6-11)确定：

$$f_p = f_{p0} + \Delta f_L^t \tag{6-11}$$

式中：f_p 为工作辊的弯曲挠度，mm；f_{p0} 为支承辊的弯曲挠度，mm；Δf_L^t 为支承辊与工作辊间不均匀压扁所引起的挠度差，mm。

工作辊的挠度按下式计算：

$$f_p = q\frac{-\phi_1 B_0 + A_0}{\beta(1 + \phi_1)} \tag{6-12}$$

支承辊挠度按下式计算：

$$f_{p0} = q\frac{-\phi_2 A_0 + B_0}{\beta(1 + \phi_2)} \tag{6-13}$$

式中：$\bar{q}$ 为工作辊与支撑辊间单位长度上的压力，$\bar{q} = P/L$；ϕ_1、ϕ_2 可按下式计算：

$$\phi_1 = \frac{1.1n_1 + 3n_2\xi + 18\beta k}{1.1 + 3\xi}, \quad \phi_2 = \frac{1.1n_1 + 3\xi + 18\beta k}{1.1n_1 + 3n_2\xi}$$

设 $A_0 = n_1\left(\frac{a}{L} - \frac{7}{12}\right) + n_2\xi$，

$$B_0 = \frac{3 - 4u^2 + u^3}{12} + \xi(1 - u), \quad (u = \frac{B}{L})$$

式中：a 为两轴承受力点间的距离；L 为辊身长度；B 为轧件宽度。

工作辊与支承辊之间不均匀弹性压扁所引起的挠度差为：

$$\Delta f_L^t = \frac{18(B_0 - A_0)\bar{q}k}{1.1(1 + n_1) + 3\xi(1 + n_2) + 18\beta k} \tag{6-14}$$

式中：$k = \theta \ln 0.97\left(\frac{D + D_0}{q\theta}\right)$；$\theta = \frac{1 - v^2}{\pi E} + \frac{1 - v_0^2}{\pi E_0}$；$D$，$D_o$ 为工作辊、支承辊直径。

上述各式中符号 n_l、n_2、ξ 和 β 所代表的参数列于表6-1中。

表 6 - 1　n_1、n_2、θ 和 β 参数计算

轧辊材料	全部钢辊	工作辊铸铁、支撑辊钢辊
符号代表的参数 ＼ E、G、γ 值	$E = E_0 = 215600$ MPa $G = G_0 = 79380$ MPa $\gamma = \gamma_0 = 0.30$	$E = 16660$ Mpa, $E_0 = 215600$ MPa $G = 6860$ MPa, $G_0 = 79380$ MPa $\gamma = 0.35, \gamma_0 = 0.30$
$n_1 = \dfrac{E}{E_0}\left(\dfrac{D}{D_0}\right)^4$	$n_1 = \left(\dfrac{D}{D_0}\right)^4$	$n_1 = 0.733\left(\dfrac{D}{D_0}\right)^4$
$n_2 = \dfrac{G}{G_0}\left(\dfrac{D}{D_0}\right)^4$	$n_2 = \left(\dfrac{D}{D_0}\right)^4$	$n_2 = 0.864\left(\dfrac{D}{D_0}\right)^4$
$\xi = \dfrac{kE}{4G}\left(\dfrac{D}{L}\right)^2$	$\xi = 0.753\left(\dfrac{D}{L}\right)^2$	$\xi = 0.674\left(\dfrac{D}{L}\right)^2$
$\beta = \dfrac{\pi E}{2}\left(\dfrac{D}{L}\right)^4$	$\beta = 34600\left(\dfrac{D}{L}\right)^4$	$\beta = 26700\left(\dfrac{D}{L}\right)^4$
$\theta = \dfrac{1-\gamma^2}{\pi E} + \dfrac{1-\gamma_0^2}{\pi E_0}$	$\theta = 2.63 \times 10^{-6}\,[\text{MPa}]^{-1}$	$\theta = 2.96 \times 10^{-6}\,[\text{MPa}]^{-1}$

（3）辊身的热凸度值

轧辊不均匀热膨胀产生的热凸度曲线，可近似地按抛物线规律计算，即

$$f_{tx} = \Delta R_t\left[\left(\frac{2x}{L}\right)^2 - 1\right] = -\Delta R_t\left[1 - \left(\frac{2x}{L}\right)^2\right] \qquad (6-15)$$

式中：f_{tx} 为距辊身中部为 x 的任意断面上的热凸度；L 为辊身长度；ΔR_t 为辊身中部的热凸度值；x 为从辊身中部起到任意断面的距离，当 $x = 0$，表示辊身中部；$x = L/2$，表示辊身边缘。

2. 辊形设计

（1）原始辊形组成

板材轧制时，由于轧辊的弹性弯曲与弹性压扁、轧辊不均匀热膨胀及轧辊磨损等影响，使空载时的平直辊缝在轧制时变得不平直了（凸或凹），致使板、带的横向厚度不均和板形不良。为了补偿上述因素所造成的影响，可以事先将轧辊设计并磨削成一定的原始凹凸度，使轧辊在工作状态仍能保持平直的辊缝。

工作辊的原始辊形主要由轧辊的弹性变形（挠度）和热凸度决定。

辊形设计是预先计算一定条件下轧辊的弯曲挠度,不均匀热膨胀和不均匀压扁值,然后取其代数和,得原始辊形应磨削的最大凸度值,用下式表示:

$$c = f_p - \Delta R_t + \Delta f_{L'} \qquad (6-16)$$

式中:c 为磨削的原始辊形凸度值;f_p 为轧辊在轧制压力作用下的弯曲挠度;ΔR_t 为辊身中部的热凸度值;$\Delta f_{L'}$ 为轧辊不均匀压扁的挠度差。

(2)辊形设计方法

辊形设计一般有两种作法:一是按式(6-16)计算辊身中部的最大凹凸度值,然后按抛物线规律在轧辊磨床上磨削出凹凸度辊形。另一种是根据热凸度与挠度合成的结果,可确定磨辊的凹凸度曲线,即可得出沿辊身长度任意断面上的凹凸度值。

轧制压力引起的轧辊挠度曲线,也可以近似地按抛物线规律计算,即

$$f_{px} = f_p\Big[1 - \Big(\frac{2x}{L}\Big)^2 \Big] \qquad (6-17)$$

式中:f_{px} 为距辊身中部为 x 的任意断面上的挠度;f_p 为辊身中部与边缘的挠度差,对二辊轧机式(6-10)计算,4 辊轧机的工作辊按式(6-12)计算。

将轧辊的挠度曲线与热凸度曲线叠加,得出考虑在轧制压力和不均匀热膨胀的综合作用下,轧辊原始辊形的凹凸度曲线,即

$$C_x = f_{px} + f_{tx} \qquad (6-18)$$

由式(6-15)及式(6-17)式得:

$$C_x = (f_p - mRa\Delta t)\Big[1 - \Big(\frac{2x}{L}\Big)\Big]^2 \qquad (6-19)$$

式中:Δt 为辊身中部与计算断面的温度差。

如果 C_x 为正值,说明轧制压力引起的挠度大于不均匀热膨胀产生的热凸度,原始辊形应磨削成凸度曲线;若 C_x 为负值,则相反,原始辊形应磨削成凹度曲线。

3.辊形的选择与配置

理论计算是辊形的初步设计的依据。但理论计算值准确程度决

定于公式的正确性与原始参数的可靠性，其常作为参考。实际生产条件既复杂而又不断发生变化，必须根据生产情况进行辊形的合理选择与配置，才能合理的选择辊形。

（1）辊形的合理选择

合理选择辊形，可以提高板形与横向厚度精度，有利于设备操作稳定，有效地减轻辊形控制的工作量，强化轧制过程，提高生产率。

如在同一套轧机上需要轧制多种规格的产品，可把宽度与变形抗力相近的组合在一起，共用一套辊形比较合理。这样，只要为数不多的几组辊形，可基本满足多品种轧制要求。多数情况，一套行之有效的辊形制度都是经过一段时间的试生产，反复比较实际效果之后才能最后确定，并随生产条件的变化作适当改变。确定合理辊形，要重视收集和研究国内外相同或相近的轧机及轧制条件下行之有效的辊形制度。

一般来说，热轧辊磨削成一定凹度。凹辊形不仅有利于轧件咬入，减少轧件边部拉应力造成裂边的倾向，而且防止轧件跑偏，增加轧制过程的稳定性。铝合金板材生产，常采用的轧辊辊形实例见表6-2。

表6-2　热轧铝合金采用的轧辊辊形

顺序	设备型号	轧件尺寸范围/mm	辊形/mm
1	4φ700/1250×2000	(6~8)×(1000~1500)	工作辊+(0.05~0.06) 支撑辊-(0.23~0.25)
2	4φ750/14000×2800	(6~8)×(1060~2560)	工作辊+(0.08~0.12) 支撑辊-(0.24~0.28)
3	2φ550×1300	(6~8)×(440~1050)	辊作辊±0.00

（2）辊形配制

辊形配置正确，有利于对生产操作、工艺控制、产品质量和产量提高。热轧铝合金，轧制温度高，轧辊辊身温差较大，因而热凸度影响占主导地位，二辊轧机一般上、下辊均有凹度。

5 调控板形和板凸度的主要手段和方法包括哪些?

1. 通过工作辊的横移或支承辊的形变来改变两工作辊间的辊缝形状。

这主要包括：CVC 工作辊横移、TP 支承辊变形、DSR 支承辊变形、VC 支承辊变形。其中：TP、DSR 辊、VC 辊都是通过自身的形变来导致工作辊及辊缝形变的。

2. 通过轧制力分配或压下分配调节

对于装备普通轧辊的热连轧机而言，由于缺少 CVC、TP 、DSR、VC 辊来预设或调控可控辊形，利用轧制力分配或压下分配来调控辊缝形状就显得尤为重要，通过调节轧制力分配或压下分配来调控轧辊的弹性变形程度，从而达到调控辊缝形状和板凸度的目的。现代铝热连轧机无论是否装有 CVC、TP、DSR、VC 辊，都把轧制力分配或压下分配作为板形板凸度工艺控制模型的重要组成部分。

3. 通过液压弯辊改变工作辊及辊缝形状

由于液压弯辊能及时有效地调节工作辊弯曲变形，改变轧辊辊缝形状，因此可快速调整带卷板形和凸度。目前几乎所有的铝热精轧机都配备有液压弯辊系统，特别是正弯系统。在轧制过程中，为确保带材板形和凸度的有效控制，在整个带材长度范围内弯辊力大小可随过程控制计算机系统指令的改变而改变。

4. 轧辊热辊形的优控

轧辊的热辊形主要是通过生产节奏和轧辊冷却喷射来实现。生产节奏越快，热辊形越大；轧辊的冷却喷射是调控板形和凸度的重要手段，然而由于品种规格的多样性，为适应不同的品种规格，并确保所有轧制带卷的板形和凸度都良好受控。

5. 原始辊形选择

对于普通轧辊而言，由于缺少 CVC、TP、DSR、VC 辊来预设或调控可控辊形，而轧辊的弹性变形和弯曲变形又受轧制工艺和弯辊力大小的制约，且由于轧制品种和规格的多样性、为了减少调控范围和频次，保持轧制过程的稳定性，优选工作辊原始辊形就显得十分重要。

(6)其他调控手段

虽然轧制温度、轧制速度、机架间张力,以及轧辊磨损等变化都对板形板凸度有一定影响,但对现代铝热连轧机而言,由于都采用了工艺模型自动化控制技术,加之其自学习自适应功能,这些变量通常只看作一般扰量,像德国 Alunorf 2 号线这样现代化的"1 +4"铝热连轧机,其轧制工艺的调节很少需要人工干预,而主要是通过动态监控系统和过程控制系统来自动完成。例如,机架间张力、轧制速度、压下分配调节等,但其调节的范围往往不大,因为带有自学习自适应功能的铝热连轧机能够保障某一品种规格的相应轧制工艺基本稳定。

第7章　模型与控制

1　什么是 HMI 界面？

HMI 是 human machine interface 的缩写，人机接口，也叫人机界面。人机界面(又称用户界面或使用者界面)是系统和用户之间进行交互和信息交换的媒介，它实现信息的内部形式与人类可以接受形式之间的转换。凡参与人机信息交流的领域都存在着人机界面。

HMI 的接口种类很多，有 RS232、RS485、RJ45 网线接口。

举个例子来说，在一座工厂里头，我们要搜集工厂各个区域的温度、湿度以及工厂中机器的状态等的信息透过一台主控器监视并记录这些参数，并在一些意外状况发生的时候能够加以处理。这便是一个很典型的 SCADA/HMI 的运用，一般而言，HMI 系统必须有几项基本的能力：

实时的资料趋势显示，把获取的资料立即显示在屏幕上。

自动记录资料，自动将资料储存至数据库中，以便日后查看。

历史资料趋势显示，把数据库中的资料作可视化的呈现。

报表的产生与打印，能把资料转换成报表的格式，并能够打印出来。

图形接口控制，操作者能够透过图形接口直接控制机台等装置。

警报的产生与记录，使用者可以定义一些警报产生的条件，比方说温度过度或压力超过临界值，在这样的条件下系统会产生警报，通知作业员处理。

1. 人机界面产品的定义

连接可编程序控制器(PLC)、变频器、直流调速器、仪表等工业控制设备，利用显示屏显示，通过输入单元(如触摸屏、键盘、鼠标等)写入工作参数或输入操作命令,实现人与机器信息交互的数字设备,由硬件和软件两部分组成。

2. 人机界面(HMI)产品的组成及工作原理

人机界面产品由硬件和软件两部分组成,硬件部分包括处理器、显示单元、输入单元、通讯接口、数据存储单元等,其中处理器的性能决定了 HMI 产品的性能高低,是 HMI 的核心单元。根据 HMI 的产品等级不同,处理器可分别选用 8 位、16 位、32 位的处理器。HMI 软件一般分为两部分,即运行于 HMI 硬件中的系统软件和运行于 PC 机 Windows 操作系统下的画面组态软件(如 JB - HMI 画面组态软件)。使用者都必须先使用 HMI 的画面组态软件制作"工程文件",再通过 PC 机和 HMI 产品的串行通讯口,把编制好的"工程文件"下载到 HMI 的处理器中运行。

3. 人机界面产品的基本功能及选型指标

基本功能:设备工作状态显示,如指示灯、按钮、文字、图形、曲线等数据、文字输入操作,打印输出生产配方存储,设备生产数据记录、简单的逻辑和数值运算、可连接多种工业控制设备组网。

4. 人机界面产品分类

薄膜键输入的 HMI,显示尺寸小于 5.7′,画面组态软件免费,属初级产品。如 POP - HMI 小型人机界面;触摸屏输入的 HMI,显示屏尺寸为 5.7′ ~ 12.1′,画面组态软件免费,属中级产品;基于平板 PC 计算机的、多种通讯口的、高性能 HMI,显示尺寸大于 10.4′,画面组态软件收费,属高端产品。

5. 人机界面的使用方法

①明确监控任务要求,选择适合的 HMI 产品。

②在 PC 机上用画面组态软件编辑"工程文件"。

③测试并保存已编辑好的"工程文件"。

④PC 机连接 HMI 硬件,下载"工程文件"到 HMI 中。

⑤连接 HMI 和工业控制器(如 PLC、仪表等),实现人机交互。

2　L3/L2/Ll 的功能是什么?

板、带轧机计算机控制系统包括:生产控制级(L3)、过程自动化级(L2)及基础自动化级(L1)。各级主要功能如下所述。

1. 生产控制级功能(L3)

生产控制级用于协调铝合金熔铸、热轧及冷轧之间的生产计划,以及下游生产线交换生产数据。生产控制级除生产计划(轧制计划)的编制外,还负责板坯库、间等管理工作,并对产品质量进行跟踪和管理。并以热轧为中心与上成品库以及轧辊磨辊间等管理工作,并对产品质量进行跟踪和管理。

2. 过程自动化级功能(L2)

过程自动化级面向热轧或冷轧整个生产线,其中心任务是对生产线各机组和各个设备进行设定计算,其核心功能为对粗轧机组、精轧机组进行负荷分配(包括最优化计一算)以及应用数学模型对各设备的设定值进行预报。为了实现此核心功能,过程控制计算机必须设有初始数据输入、采样数据的处理、板坯(数据)跟踪、设定模型及模型自学习、数据通信(包括设定值下送)、报表打印以及人机界面显示、打印等功能。

3. 基础自动化级功能(L1)

基础自动化级面向机组、面向设备及其机构。随着电气传动及液压传动控制的数字化,可将传动控制视作基础自动化的一部分,亦可另列为数字传动级(L0)。

基础自动化级控制功能按性质可分为:轧件跟踪及运送控制、顺序、逻辑控制、设备控制及质量控制四类。

3　数学模型及模型如何实现自学习?

数学模型也是对象的一种"模型"。不同之处在于数学模型是用数学表达式来描述对象的内在规律。根据对象的复杂程度,数学模型可以是表格形式、单一的公式,也可以是一组公式;可以是代数方程,也可以是微分方程与代数方程的组合。

　　数学模型是实现板、带轧机过程控制(L2)的基础，这是因为：

　　(1)生产过程和单一的设备不同，所涉及的往往是一段生产作业线或一个机组。例如热带精轧连轧机组厚度设定模型，它需根据粗轧出口处的实测温度、实测厚度、实测宽度利用温降模型来描述带坯在中间辊道的温降及在精轧机组内各机架的轧制温度，用轧制力模型预报各机架将会产生的轧制力以便在考虑轧机弹跳的基础上确定 6 个或 7 个机架的辊缝及速度等设定值，用凸度方程确定各个机架的弯辊力设定值，最终使带材能顺利穿带，并使轧出带材头部的温度、厚度及凸度命中目标值。

　　(2)生产作业线或一个机组一般涉及多个工艺参数，需要根据多个输入参数来确定多个输出参数。设定模型的一个重要特点是"预报"，即在带坯将进入某个机组前用数学模型预报将产生的轧制力、厚度、凸度等，并在此基础上计算及设定该机组各个机构(压下、速度、弯辊、窜辊等)的位置、速度和力，使轧件能顺利进入轧机。

　　数学模型可以从不同的角度进行分类。从模型建模角度分类，可分为机理模型和经验统计模型。

　　机理模型是根据生产过程的物理(化学)机理，应用相应的学科理论写出具有普遍意义的数学方程，机理模型的优点是能较好地反映出各因素的影响规律。

　　考虑到不同现场的特定生产条件，任何纯机理性模型很难与实际对象完全"定量"吻合，因此在采用机理模型时一般尚需对公式中多个系数利用在现场所收集的数据进行统计回归来确定(建模)，以使最终在定量上与实际吻合。

　　经验统计模型是在分析并确定了影响因素后进行统计(回归)来确定公式。影响因素确定后可写出以下公式。如仅一个因素可写成：

$$y = a + bx_1 + cx_1^2 + dx_1^3 + \cdots \tag{7-1}$$

如两个因素则可写成：

$$y = a + bx_1 + cx_1 + dx_1^2 + ex_1x_2 + fx_2^2 + \cdots \tag{7-2}$$

利用现场数据对上面所列公式进行"回归分析"以确定"相关系数"最大，"方差"最小的公式形式及其各系数值。

由上面所列公式可知，当影响因素较多时公式将变得繁杂（三个因素如仅到二次项为止将增加到十项），因此应尽量减少影响因素，为此常采用的方法是：

①缩小公式的应用范围，例如七机架连轧，为每个机架回归一个公式（公式结构相同但系数可有七套）。

②将因素合并成无单位变量例如将变形区的 R，$h0$，$h1$ 合并成 $\dfrac{l_c}{h_m}$ 及 ε。

从性质上分类，可分为静态模型和动态模型。静态模型采用线性或非线性代数方程的形式，公式中不包含时间，与变形区中工艺参数有关的模型大多为静态模型。

动态模型采用微分方程的形式，公式中含有时间变量，也可以说是变量各阶导数间的关系。动态模型是对象远动特性的描述。所有机电及液压控制系统，例如液压压下及轧机主传动系统的模型都为动态模型。

从变量变动范围上分类，可分为全量模型和增量模型。全量模型用来描述变量在大的变动范围中的关系，全量模型往往是非线性的，过程自动化级（u）的设定模型采用非线性全量模型。

增量模型用来描述变动范围较小时的变量间关系，基础自动化级（L1）各控制功能用的控制算法都采用线性增量模型，因而需将非线性方程"线性化"（将非线性方程用泰勒级数展开后只取其一次项）。

从应用角度数学模型可分为综合分析用数学模型和在线控制用数学模型。前者将生产过程各物理现象数学化后，用于综合分析或进行仿真研究。由于分析一般是离线进行，时间不受限制，为了精确描述生产过程，所用数学模型可以考虑更多的因素，使用较复杂的公式。

在线控制用数学模型由于用于在线控制，时间上有一定限制，需采取一些简化措施，抓住主要因素，忽略次要的以及不可测量的因素，利用模型自学习来保证控制精度。

计算机控制用模型包括了 L2 的设定模型和 L1 的质量控制（算

法)模型。设定模型是对一个过程或一组设备(一批控制机构)进行设定值计算(预报),设定模型一般为静态模型,全量非线性模型,可以是机理型或经验统计型,亦可以是它们的混合。质量控制(算法)模型则是描述控制功能中扰动量,控制量及目标量间的关系,亦即描述控制功能的控制算法。一般用线性增量模型。

4 连轧机架间张力控制方法及意义是什么?

大张力轧制是冷连轧与热连轧的根本区别,大张力轧制即带材在轧辊中轧制变形是在较大的前张力和后张力作用下进行的。张力是冷连轧机轧制过程中最活跃的因素,能否实现高精度的张力自动控制(简称为 ATC),关系到能否按工艺要求成功地完成冷轧轧制过程。维持机架间张力恒定是冷连轧的一个基本工艺要求,是冷轧轧制过程中必须解决的核心问题之一,其意义在于:大张力轧制可以防止带材在轧制过程中跑偏,减小轧机负荷,改善板形;有利于厚度自动控制和板形自动控制,如果张力波动较大甚至失控,厚度自动控制和板形自动控制将无法获得良好的结果。

现代带材冷连轧机机架间张力控制方式随轧机类型、轧制速度及自动厚度控制(AGC)方式的不同而异。一般有按张力偏差值调下一机架的压下量或调相应机架速度两种形式。通常情况下,张力变化超过给定值 ±30% 时进行压下量的调整;如张力给定值与实际值之差在给定值 ±30% 范围内,可以通过速度控制来调节。

当然也有依据轧制速度来调整控制策略的。图 7 - 1 为第一、第二两机架张力 T, 控制系统(调压下)原理框图。

由第一机架后面的测张仪所测得的张力实际值 T_1, 与计算机送来的张力给定值 T_{C1} 相比较, 得到张力偏差 δT_1。若该偏差超出张力允许范围, 张力调节器便输出一个给定的辊缝调节量 S_{C2} 给第二机架压下系统, 调节第二机架辊缝来调节机架间的带材张力 T_1。

当 $T_1 - T_{C1} > 0$ 时, 应减小辊缝, 使张力减小, 直到 $T_1 - T_{C1} = 0$ 为止; 当 $T_1 - T_{C1} < 0$ 时, 应增大辊缝, 使实际张力增加, 以消除张力偏差。

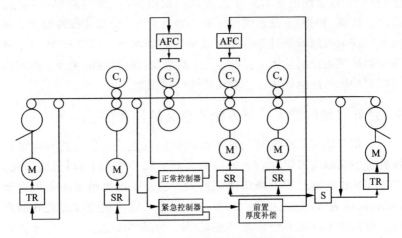

图 7 – 1   第一、第二机架间张力控制系统

图 7 – 2 为第四、第五两机架张力 T_4 控制系统（调速度）原理框图。

第四机架后面的测张仪所测得的张力实际值 T_4，与计算机送来的张力给定值 T_{C4} 相比得到张力偏差 δT_4。若该偏差超出张力允许范围，张力调节器便输出一个给定的调节量给第五机架速度系统，调节第五机架速度来调节机架间的带材张力 T_4。

当 $T_4 - T_{C4} > 0$ 时，应减小速度，使张力减小，直到 $T_4 - T_{C4} = 0$ 为止；当 $T_4 - T_{C4} < 0$ 时，加大速度，使实际张力增加，以消除张力偏差。

C_4、C_5 机架间带材张力死区较大。这是因为 C_4、C_5 的精调 AGC，是通过改变第五机架的速度来调节 C_4、C_5 间带材张力以消除成品带材的厚度偏差。因此，C_4、C_5 的带材张力需要有一个较大的变动范围来满足厚度调节的要求。

带材冷连轧机在轧制过程中，开始采用低速穿带，待所轧带材通过各机架并由张力卷取机卷上几圈后，同步加速到轧制速度，进入稳态轧制阶段；在焊缝进入轧机之前，一般要降速到稳态速度的 40% ~ 70%，以防损伤轧辊表面和断带；焊缝过后又自动升速到稳态速度；在本卷带

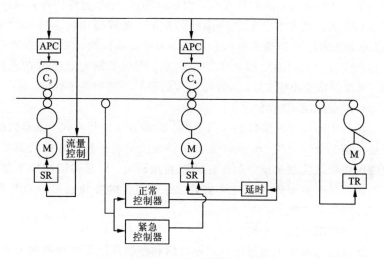

图 7 - 2 第四、第五两机架张力控制系统

材即将轧制完毕之前,应减速至甩尾速度。在加减速过程中,作为速度函数的摩擦系数要发生变化,从而引起轧制力改变,导致带材出口厚度发生变化。因此,为使轧制力保持获本恒定,各机架间带材的张力(压下)应随轧制速度的升高(降低)而相应的减小(增大)。

5 温度模型与温度控制是怎样的?

温度是热轧板、带生产过程中最重要的工艺参数之一,它不仅影响金属的变形抗力、塑性和变形性能参数的大小,从而直接影响到热轧轧制力;而且它还通过金属的组织结构影响轧后产品的组织性能。由于温度将精确预报精轧机各机架(道次)的轧制温度是保证厚度、凸度的关键。轧线上温降模型是热轧板、带的一个关键模型。由于板、带材全长温度分布将直接影响产品厚度,凸度的全长均匀性,控制轧件全长上温度的均匀,热轧温度控制主要控制开轧温度、过程温度和终轧温度,而终轧温度是热轧温度控制的重点。

传统热轧采用手持式热电偶对铸锭、中间板坯和热轧卷进行温度测量，对卷材温度的测量方式采取事后测量（用作温度检查），对控制不起作用。随着非接触式高温计的发展，在线高精度温度实时检测系统的应用，由以前的事后检查变为温度反馈控制，使得在整个热轧卷长度方向上的温度都处于受控状态，实现了热轧卷温度在线控制，其控制精度小于8℃，为获得稳定的带材性能提供了保证。

1. 炉前测温与控制

炉前测温采用两组接触式热电偶，自动液压控制模式，测温数据直接传至二级计算机。炉前测温测量铸锭出炉后粗轧开轧前的温度，温度用作粗轧轧制表设定和连轧轧制表预设定，它是各道次压下量、轧制力以及电机扭矩等的计算参数之一，温度的变化直接导致轧制时实际参数的变化。

2. 厚剪前测温与控制

厚剪前测温采用两组接触式热电偶和在线高温计两种测温方式，生产时用高温计进行温度测量以节省生产辅助时间，定期采用接触式热电偶对高温计测得的数据进行校正。厚剪测温主要用于粗轧切头尾的温度检测，测得的温度用于控制切头尾的轧制道次，以保证粗轧目标终轧温度，并对连轧轧制表进行第二次预设定。

3. 薄剪前测温与控制

薄剪前测温采用两组接触式热电偶和在线高温计两种测温方式，生产时用高温计进行温度测量以节省生产辅助时间，定期采用接触式热电偶对高温计测得的数据进行校正。薄剪前测温主要用于连轧轧制表计算和设定，是控制轧制速度、乳液喷射和轧制力等的重要参数。

4. 连轧机出口测温与控制

连轧机出口测温高温计用于带材终轧温度在线测量。对于铝热连轧生产线而言，其主要目的和用途就是生产出优质、高效、低耗的铝及铝合金热轧带卷，而实施热轧温度闭环控制正是实现这一目的的具体表现。

①根据所轧带卷的品种和用途制定与之相适应的目标终轧温度，并实现整个带卷的终轧温度与目标温度偏离最小，这既是实施热轧温度闭环控制的两个重要环节，又是稳定产品组织结构和确保产品

性能稳定的前提。如果目标温度设定不合理或者带卷实际温度与目标温度的偏差太大都可能对最终产品的质量造成不良影响。

②位于热精轧机第一机架前的预冷却系统和位于机架间的带材预冷却系统既是调控终轧温度的重要手段，也是提高轧制速度、加快生产节奏、保障轧机高效率的重要手段。利用热轧带卷温度控制模型可以实现轧制工艺与带材冷却模式的最优化配置，避免终轧温度过高或者轧制速度过低，并在优质与高效中找到平衡。

③实施热连轧温度闭环控制还能减少不合格的头尾带材长度，提高成材率。因为其前馈和反馈控制系统能够根据精轧入口带材温度和出口目标温度优选穿带速度、加速度、轧制速度、带材冷却模式等，并及时进行动态补偿，最大限度减少头尾带材温差和超差部分长度，从而提高热轧带卷的成材率。

对于某一具体的合金品种而言，虽然热精轧出口带卷温度与粗轧来料温度及精轧轧制工艺和带材的冷却模式等关系密切，但在正常自动化轧制条件下还可进行调控，调控带卷温度主要有两种方式：一是合理选用带材预冷却方式；二是重新分配精轧各机架的轧制速度。但在人工干预情况下，还可以对整个粗、精轧的轧制工艺进行重新调整，如调整粗轧来料厚度和重新分配精轧的道次压下量等。

掌握轧制过程中板坯或带坯的温度变化随合金品种、变形量、轧制温度、轧制速度、冷却模式、冷却时间等的变化规律，并建立相应的工艺模型是建立热轧温度模型和实施热精轧温度前馈和反馈控制的前提，如：空气冷却模型、机前预冷却模型、机架间预冷却模型和轧制变形温度模型等，它们都是进行轧机设定计算不可缺少的依据来源。

5. 卷材测温与控制

卷材测温是采用两组接触式热电偶，测温数据直接传至二级计算机，用于校正连轧机出口测温高温计。根据校正结果修正热轧工艺。

6　乳液控制过程是怎样的？

铝热轧是轧件与轧辊处于高温、高压以及高摩擦条件下的轧制过程。铝热轧通常是用乳液进行润滑和冷却。乳化液是控制铝及铝合金板材咬入、板形和黏铝、色差等表面质量的关键因素。为实现板材在轧制时的良好咬入，在热粗轧要有良好的冷却稳定性能，通过控制乳液喷射量控制轧辊温度在一定范围内；现代化热连轧机组乳液多采用乳液分段分级控制，根据板、带材板形需要控制相应的辊形；乳液的冷却性能和均匀性是控制轧辊黏铝和色差产生的重要因素。同时，乳液也用作辊道润滑，铸锭入口清洗、剪刀润滑等，这些功能的实现，就要建立一套符合上述要求的乳液控制系统来完成。

乳液对工作辊、支承辊、辊缝处的喷射冷却的连续性、均匀性和可控性是至关重要的，它直接影响轧辊黏铝状态、咬入状态以及板材表面质量等。

7　厚度模型与厚度控制是怎样的？

板、带冷热轧的厚度精度一直是提高产品质量的主要目标。正因如此，厚度设定模型及自动厚度控制曾是轧机自动化首先实现的功能。模拟 AGC 系统在计算机控制应用之前已经开始发展，而冶金工业第一套计算机控制系统（1960 年）即用于热连轧精轧机组的厚度设定。

板、带厚度精度可分为：一批同规格板、带的厚度异板差和每一块轧件的厚度同板差；为此可将厚度精度分解为头部厚度命中率和全长厚度精度及其百分比。头部厚度命中率决定于中厚板、热带精轧或冷带轧机厚度设定模型的精度，以热带为例，当一批同规格轧件在进入精轧机前由于粗轧轧出的坯料厚度、宽度，特别是带坯温度可能有所不同，厚度设定模型需根据每一根带坯的实测粗轧出口温度、厚度和宽度来计算各机架辊缝和速度，以保证轧出的板材头部厚度与要求的成品厚度之差不超出允许精度范围。同样，中厚板及冷轧机需在获得来料参数后对轧机各机架（道次）的辊缝（速度）进行设定以保证板、带头部厚度在允许精度范围。

为了实现厚度设定和厚度控制，现代板、带轧机一般设有以下功能，这些功能的关系如图 7-3 所示。

过程自动化级：包括设定模型及模型自学习、穿带估计、动态设

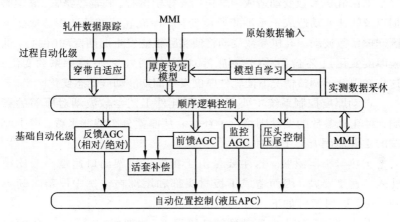

图 7-3　板、带轧机厚度设定、厚度控制功能关系图

定等功能。

　　基础自动化级：包括厚度快速监控、综合 AGC 系统（反馈 AGC，前馈 AGC、监偏心补偿、加减速补偿及活套补偿）等。

　　对于厚度精度，过程自动化级所列功能以设定模型为核心，以提高头部命中率为主要目标。基础自动化级所列功能则以综合 AGC 系统为核心，以提高厚度全长控制精度为主要目标。

　　造成热轧板、带厚度偏差的主要原因是温度波动，而造成冷轧板、带厚度偏差的主要原因为热轧料的硬度波动。对于同一批规格的产品，影响其头部厚度命中率的主要因素为：

　　①设定模型精度不高（主要是温降模型和轧制力模型的精度）。

　　②板坯或带坯在厚度方向存在温度差，所测表面温度与带坯实际平均温度有差异。

　　其同板厚差（纵向厚差），主要是由于头尾及全长温度、硬度变化使轧制力发生变化，从而在辊缝不变的情况下使板材头尾厚度发生变化。影响板、带全长厚度偏差的主要因素可分为以下两类：

　　①由轧件工艺参数波动造成。这包括来料头尾温度不匀、水印、来料厚度不匀、化学成分偏析；冷轧则由于来料硬度变动等。

②由轧机参数变动造成。这包括支撑辊偏心、轧辊热膨胀、轧辊磨损以及轧速变动造成轴承油膜厚度变化，冷轧轧速变动还将造成变形区摩擦系数波动。轧机参数变动将使实际辊缝发生周期变动(偏心、油膜厚度变化)、零位漂移(热膨胀等)以及轧制力变动(摩擦系数变化)这将在辊缝不调整情况卜使轧件厚度发生周期波动或动态变化。

自动厚度控制系统主要用来克服轧件工艺参数波动对厚差的影响，对轧机参数的变动则将给予补偿。从厚差分布特征来看，产生厚差的主要原因有以下几种。

①热带头尾温差。这主要是由于粗轧末机架出口速度一般比精轧入口速度要高，因而造成了板材头部和尾部在空气中停留时间不同，其原因可解释如下：

设头部由粗轧末架运动到精轧机组 F，机架所需时间 t_H。头部以 v_{RC} 速度由粗轧机组末机架轧出，在尾部未轧出前，头部一直保持此轧速前进，当尾部离开粗轧末机架，则轧件按中间辊道速度运行，设中间辊道的平均速度为 v_E，则

$$t_H = \frac{l}{v_{RC}} + \frac{L-l}{v_E} \qquad (7-3)$$

式中：l 为轧件长度；L 为粗轧末机架到 F_1 机架的距离。

设尾部由粗轧出口到进入精轧所需要的时间为 t_T。尾部一离开粗轧末机架后间辊道的平均速度 v_E 前进，一旦当头部咬入 F_1，尾部将以精轧入口速度 v_{F0} 运动，因此

$$t_T = \frac{l}{v_E} + \frac{L-l}{v_{F0}} \qquad (7-4)$$

当 $v_{F0} = v_{RC}$ 时，$\Delta t = 0$，但一般情况下，精轧入口速度小于粗轧末机架出口速度，即 $v_{F0} < v_{RC}$ 时，因此 $\Delta t > 0$，即尾部在空气中停留时间比头部长，因而尾部温降要比头部的大，造成头尾有温度差，这将使头尾轧制力变化并由此产生从头到尾的趋势性厚差。在具有加速能力的轧机则可通过逐步加速来消除头尾温差，但当采用大加速轧制时尾部温度反而大于头部。图 7-4 表示了各种情况下的头尾温度变化。头尾厚差从数量上看是全长厚差的主要部分，但由于是一逐渐变化的 F3 因此比较容易消除，目前主要通过轧制过程中逐渐调整压下

（AGC）来消除（粗轧出口采用热板卷箱时不仅可缩短精/粗轧间距离，并且可以减小带坯全长温差）。

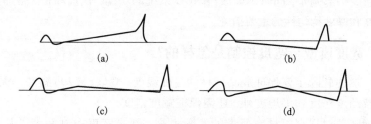

图 7 - 4 各种情况下的头尾温度变化

（a）恒速轧制；（b）有板卷箱时；（c）小加速轧制；（d）大加速度轧制

温度随机波动造成轧制力以及厚度波动。

②对于冷轧，由于热带终轧及卷取温度控制精度不足使来料全长硬度波动较大而使冷带厚度偏差加大。

③现代冷热带材热连轧机都采用低速咬入，待轧件进入卷取机后再同步加速至高速的办法进行轧制。在轧辊速变动较大时，冷轧将由于变形区摩擦系数变动使轧制力变动从而影响厚度，加上轧辊转速变动使（冷热）轧机油膜轴承的油膜厚度发生变化，这将使实际辊缝变小，影响轧件厚度。为此需设加减速补偿功能。

④轧辊偏心（椭圆度）将直接使实际辊缝产生高频周期变化。过去，热轧板、带轧机调厚精度尚不是很高，因此一般采用死区（不灵敏区）避开偏心以免电动压下系统受此高频干扰而频繁动作。近代板、带轧机组由于全部采用液压压下，为了进一步提高精度，已开始采用热轧偏心控制。

消除同板厚差的主要办法是 AGC。AGC 系统工作的效果与辊缝及速度设定正确性直接有关。如果辊缝及速度设定不当，则 AGC 系统不仅要承担消除由温度（硬度）波动造成的同板厚差任务，还要承担消除由设定误差造成的头部偏差任务，这样将使 AGC 系统任务过重，往往由于设备能力的限制，而不得不被迫中途停止工作。为此，有些系统采用以板、带头部厚度作为控制其后面厚度的标准（相对 AGC），这是当头部厚度不准确时一般采用的方法。当头部厚度准确时应采用设定值作为控制其后面厚度的标准(绝对 AGC)。因此,区分这两种偏差,力争减少头部偏差,同时不断改进 AGC 系统的功能,是提高板、带厚度精度和厚度均匀性的主要措施。

8　宽度模型与宽度控制是怎样的?

热连轧除了要保证成品带材的终轧温度、卷取(冷却)温度、厚度以及凸度精度和平坦度外,还需保证宽度精度。

随着对提高成材率要求的不断提高,热带宽度控制精度已从过去的 0 ~ +20 mm 提高到了目前的 0 ~ +6 mm。

成品的宽度精度包括头部宽度命中率和全长宽度的均匀性。宽度精度与加热质量、平辊的宽展、立辊的控制、张力波动以及卷取机速度、张力控制切换的平滑性都有关系。因此不少热连轧机由于不能保证在精轧区以及卷取机卷入时不被拉窄,只能在粗轧区宽度设定时将粗轧出口的目标宽度放宽,以保证宽度不出现负公差,但这样做的后果是加大了成品的切边量,降低了成材率。

带材热连轧全线一般设置 2 ~ 3 台测宽仪,最基本的测量点是在粗轧出口处及精轧出口处。近年来为了加强粗轧区宽度控制,还在粗轧区入口或中间设置一台测宽仪以用于宽度前馈控制。并在卷取机前设置一台测宽仪以用于测量带材颈部被拉窄的量。

宽度设定及宽度控制主要是对粗轧机的立辊(EG)开口度进行设定及调节。亦有一些轧机在精轧入口处设置小立辊(FE)用于对宽度精调。精轧前小立辊也由宽度模型设定,但 FE 在带坯厚度不太厚时由于带坯容易拱起而作用减弱。目前有加厚进入精轧机组带坯厚度的趋势,因此不少轧机设置了精轧前小立辊。

为了保证成品带材的宽度精度(正公差)以及全长宽度的均匀性,需在以下方面着手:

①改善卷取机咬入后由速度控制向张力控制模式转换的平滑性,以免拉窄带材颈部。

②立辊采用电动机构设定,液压微调缸调节宽度以加强宽度控

制能力。

③粗轧立辊，精轧前小立辊设有自动宽度控制（AWC）功能。

9　板形和凸度控制系统与控制模式是怎样的?

板形控制是板、带材质量控制的另一个主要功能，与厚度控制相同，板形控制亦包括过程自动化级的板形设定模型及基础自动化级的自动板形控制系统，图 7 - 5 列出了与板形控制有关的各项功能。

板形实际 L 包含了"横截面几何形状"和在自然状态下"板、带材平坦度"这两个方面，因此要定量描述板形就将涉及这两个方面的多项指标，包括：凸度、楔形、边部减薄、局部高点和平坦度。

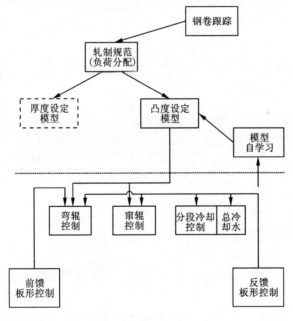

图 7 - 5　板形控制功能

不同的轧机配置往往有不同的控制系统和不同的工艺模型与之相匹配，除轧辊类型（有的选用 CVC 辊，有的选用 TP 辊，有的选用

DSR 辊，有的选用 VC 辊，有的选用普通辊）、乳液冷却模式（采用分段或分级控制）等明显地配置差异，在板形和凸度的检测方面也各存差异。例如，有的选用板形辊或者非接触式光学检测仪来检测带材平直度；有的选用扫描式凸度仪来检测带材凸度；而有的选用多通道凸度仪来检测整个断面的带材凸度和厚度。

编制板形和凸度工艺模型软件考虑因素：

①辊系的弹性变形（包括弹性弯曲和弹性压扁）。

②工作辊的热凸度。

③轧制力沿带宽方向的分布。

④在整个带宽范围内金属的横向流动与应力分布。

第 8 章　轧制时的冷却与润滑

1　轧制过程工艺润滑的作用有哪些?

1. 轧制工艺润滑的发展过程

18 世纪开始人们能轧出较宽的铅板,不久便能轧制有色金属,同时轧制的厚度范围也扩大了。然而,直到 19 世纪人们才开始使用润滑油涂抹轧辊进行润滑。润滑油通常是以矿物油(1860 年以后才大量获得)和动物油、植物油为基础油。20 世纪初,铝板轧制过程中由于铝对轧辊的黏附以及表面质量的要求,促使轧制工艺润滑的发展,并取得显著效果。至此,人们第一次提出了系统地发展轧制润滑油的任务,对矿物油也提出了更高的要求(如污垢少)。为提高润滑效果,人们往油中添加活性物质,与此同时,低速冷轧窄带钢问世,用水冷却轧辊。

2. 轧制工艺润滑的作用

鉴于摩擦磨损对轧制过程的影响,采用轧制工艺润滑可以有效地降低和控制轧制过程中的摩擦磨损,进而达到以下目的:

①降低轧制过程的力能参数(轧制力、轧制力矩、主电机功率)。

②提高轧机轧制能力,可实现低温、大压下轧制。

③轧辊冷却,实现高速轧制。

④提高轧辊使用寿命。

⑤提高轧制作业率。

⑥减少轧件的不均匀变形。

⑦改善轧后制品质量(板形控制、尺寸精度、表面粗糙度与清洁性等)。

可以把轧制过程视为一个由轧辊、工艺润滑剂与轧件组成的摩擦学系统。在该系统内，通过摩擦学理论各要素之间相互作用、相互影响，最终目的是满足轧制工艺的需要。当然，对于不同的轧机、轧制工艺及轧制不同的产品品种，轧制工艺润滑作用效果也是不同的，就热轧和冷轧工艺过程轧制工艺润滑作用效果统计数据见表 8 - 1。

表 8 - 1   热轧和冷轧工艺过程轧制工艺润滑作用效果统计

轧制工艺润滑作用效果	热轧	冷轧
摩擦系数降低	30% ~ 50%	10% ~ 30%
轧制力降低	10% ~ 40%	10% ~ 30%
轧机功率降低	5% ~ 30%	5% ~ 20%
轧辊使用寿命提高	20% ~ 50%	10% ~ 25%
酸洗速度提高	10% ~ 40%	—
生产效率提高	3% ~ 10%	3% ~ 5%
轧后制品表面粗糙度降低	10% ~ 50%	10% ~ 50%

除此之外，采用工艺润滑还可使轧件在物理和冶金特性上发生如下变化：

①控制和改善晶粒组织。

②减降屈服点、极限拉伸强度和屈服强度。

③提高塑性应变比 r 值、提高伸长率。

④控制轧制织构形成，提高板、带深冲性能。

2   热轧乳化液的基本功能有哪些?

1. 热轧冷却润滑的目的

①使用有效的润滑剂，可大大降低轧辊与变形金属间的摩擦力，以及由于摩擦阻力而引起的金属附加变形抗力，从而减少轧制过程中的能量消耗。

②采用有效的防黏降摩润滑剂，有利于提高轧制产品的表面质量。

③减少轧辊磨损，延长轧辊使用寿命。

④利用乳化液的冷却性能，并通过控制乳化液的温度、流量、喷射压力，能有效控制轧辊温度和辊形。

2. 热轧乳化液的基本功能

①减少轧制时铝及铝合金板材与轧辊间的摩擦。

②避免轧辊和铝合金板、带的直接接触，防止轧辊与铝材黏结。

③控制轧辊的温度和辊形。

简而言之，乳化液的基本功能就是满足铝在热轧过程的冷却与润滑，其中水起冷却作用，油起润滑作用。

3　什么是乳化液以及乳化液的基本组成？

两种互不相溶的液相中，一种液相以细小液滴的形式均匀分布于另一种液相中形成的两相平衡体系称为乳化液。其中，含量少的称为分散相，含量多的称为连续相。若分散相是油，连续相是水，则形成 O/W（水包油）型乳化液；反之则形成 W/O（油包水）型乳化液。

热轧用乳化液主要由基础油、乳化剂、添加剂和水组成。除了乳化剂外，其他各组分的性能、含量也会对乳化液的润滑性能、使用效果及使用寿命产生重要影响。

基础油可以是矿物油或动物油、植物油，通常铝合金多用矿物油。另外，基础油的黏度也是影响乳化液润滑性能的关键因素之一，同时还要考虑基础油的黏度要与乳化剂和添加剂的黏度相近，否则可能会对乳化油的稳定性产生影响。

添加剂就是能够改善油品某种性能的有极性的化合物或聚合物，它是提高矿物油润滑性能的最经济、最有效的途径之一。为了保证轧制润滑剂的各种功能，添加剂也是必不可少的。乳化液中的添加剂主要有乳化剂、抗氧剂、油性剂、极压剂、黏度调节剂、防锈剂、防腐杀菌剂、消泡剂等。其中油性剂和极压剂主要用于提高乳化液的润滑性能，尤其是极压剂。由于乳化液中 80% ~90% 是水，油相只占 10% ~20%，故基础油中必须加入极压剂。

水对乳化液的稳定性和使用效果有较大影响，尤其是水的硬度。

由于水中的钙、镁离子会对离子型的乳化剂作用效果产生影响，进而影响乳化液的稳定性。另外，水中氯化物、硫酸盐和其他无机物虽然对乳化液的稳定性影响不大，但是能导致腐蚀的产生和促进细菌生长变质作用。因此制备乳化液时最好使用软化水，水的硬度控制在（100×10^{-4}）%以下。可以通过化学吸附、离子交换或蒸馏等方式降低水的硬度。

国内曾经采用苏联早期研制开发 59μ 乳化液，其基本组成如表 8 – 2 中编号 1 所示。目前国内个别铝加工厂自己调配的热轧乳化液只能生产普通的对表面质量要求不高的板、带材，不能生产如 PS版基材、双零铝箔毛料、制罐料等高表面、高性能要求的产品。生产这些类产品所用热轧乳化液全部依赖进口，好富顿、德润宝、奎克均是生产铝及铝合金热轧用乳化液的专业厂家。

表 8 – 2   几种热轧铝及铝合金乳化液的成分与性能

编号	乳化液类型	乳剂成分（质量分数）/%		主要使用性能
1	水包油	矿物油（$V_{20℃} = 30 \times 10^{-6} \, \mathrm{m^2/s}$）	85	润滑性能较差，冷却性能、洗涤性能较好，生物稳定性较好，能乳化外来杂油
		油酸	10	
		三乙醇胺	5	
2	水包油	矿物油（$V_{20℃} = 25 \sim 10^{-6} \, \mathrm{m^2/s}$）	80	具有较好的润滑性能、冷却性能、稳定性能和洗涤性能，不乳化外来油
		不饱和醚（酯）	10	
		聚氧乙苯产品	10	
		聚氧烯烃化合物	2 ~ 20	
		碱金属或碱土金属脂肪、油酸钠	0.05 ~ 1	
		水		

续表 8 - 2

编号	乳化液类型	乳剂成分(质量分数)/%		主要使用性能
3	水包油	甲醚(酯)混合物	3	有较好的冷却润滑性能
		山梨(糖)醇单油酸酯	0.8	
		聚氧乙基山梨(糖)醇单油酸酯		
		硬酯酸铝	0.3	
		矿物油($V_{20℃} = 5 \times 10^{-6} m^2/s$)	35.1	
		水	60	
4	水包油	矿物油(脱芳香的柴油馏分)	1.5	冷却性能、润滑性能、稳定与洗涤性均较好,起泡少,不腐蚀金属
		烷基酯类①	4.5	
		木聚醣—0	1.28	
		合成酰胺—5	0.31	
		硬酯酸铝	0.11	
1	水包油	司班(Span)—60	4.0 ~ 4.5	性能稳定,使用周期长,洗涤性好
		洗涤剂	15 ~ 17	
		机油	余量	

注：①$C_{17} - C_{20}$级合成脂肪酸和 $C_7 - C_{12}$级合成脂肪醇为基的酯类。

4　热轧乳化液的润滑机制是怎样的?

　　热轧乳化液润滑轧制过程如图 8 - 1 所示,根据摩擦和润滑理论,在变形区入口处,轧辊与轧件表面形成楔形缝隙,当向轧辊与轧件喷入充足而均匀的乳化液时,由流体动力学基本原理可知,旋转的轧辊和轧件表面将使润滑剂增压进入楔形"前区",越接近楔顶,润滑楔内产生的压力越大。轧辊与轧件间的摩擦也逐渐从干摩擦、边界摩擦过渡到液体摩擦。在工作辊的入口处喷射的乳化液在高温高压作用下,轧辊的表面上乳化被破坏,逐渐热分离为油相和水相(这种现象称热分离），分离出来的油相吸附在金属表面上，油相和添加剂与金属表面和金属屑反应，形成一层细密的辊面涂层。涂层虽不太厚，但足以避免轧辊与轧件之间的直接接触，并附着在轧辊表面上，进入轧辊和轧板相接触的弧内，减小摩擦，形成润滑油层，起防黏减磨作用，而水则起冷却作用。乳化液正是通过这种热分离来达到润滑、冷却的目的。

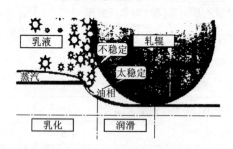

图 8 - 1　铝合金热轧润滑示意图

5　影响热轧乳化液润滑性能的因素有哪些？

1. 乳化液的热分离性

热分离是指乳化液和温度较高的轧辊接触时所分离出的纯油量。当乳化液喷射到工模具或变形金属表面上时，由于受热，乳化液的稳定状态被破坏，分离出来的油吸附在金属表面上，形成润滑油膜，起防黏减磨作用。而水则起冷却作用。乳化液正是通过这种热分离性来达到润滑冷却的目的。

热分离是乳化液非常重要的性能指标，它决定着乳化液的润滑性能。乳化液的热分离性取决于乳化剂，与乳粒的大小有关。乳化液的热分离随着乳粒平均尺寸的增大而增大。乳化液的热分离性除了乳化液本身性质外，基础油的黏度、添加剂、乳化液中油滴的尺寸及分布，乳化液的使用温度和时间等都会影响乳化液的热分离性，进而影响乳化液的使用效果。

2. 边界润滑性

边界润滑剂由乳化剂和自由脂肪酸构成。边界润滑性是影响轧制性能和轧件表面质量的重要因素。由于脂肪酸或油酸具有化学活性，很容易吸附在金属的表面。轧制过程中，悬浮在乳化液中的大量铝粉，是脂肪酸或油酸的最大消耗剂。另一方面，脂肪酸或油酸与金属离子反应生成金属皂，也使其不断消耗。自由脂肪酸的含量大幅度减少，使边界润滑剂的作用降低，导致乳化液的润滑性能变差，致使轧件表面质量变坏。因此，对自由脂肪酸的含量必须进行控制，定期检测。

3. 乳化液的黏度

乳化液动力润滑靠黏度，黏度高的流动性不好，但物理吸附性能好，能提高润滑膜的强度，轧辊的凸处与板片的凸处接触易出现磨损、黏铝。乳化液在使用过程中，难免有各种机械润滑油漏入。这些杂油的进入，必然会改变乳化液的黏度，从而影响到乳化液的润滑性能。所以，实际生产中要采用撇油装置，将杂油含量降至最低。

4. 乳粒尺寸

铝热轧实践表明，乳粒尺寸偏大时，轧制性能较好，而乳化液的稳定性却较差；乳粒尺寸偏小时，乳化液的稳定性较好，而轧制性能却较差。因此，针对不同的轧机和不同的乳化液，要在生产实际中找出乳粒大小与轧制性能和乳化液稳定性之间的最佳结合点。

乳粒大小的控制要点是：

①乳化液箱中的乳粒大小取决于乳化剂的作用。当乳化液的化学成分一定时，对于配制好的乳化液而言，乳粒大小是由乳化剂来决定的。调整乳化剂的含量，可以改变乳粒的大小。

②喷射到轧机上的乳粒大小几乎完全取决于喷嘴的压力和喷嘴的孔径尺寸。乳化液在使用过程中，泵和喷嘴的机械剪切力的分离作用大大超过任何乳化剂的作用。所以，泵和喷嘴的压力导致乳粒尺寸变小。

③乳化液中的金属离子（钙、镁、铁、铝等）导致乳粒增大。由于多价的金属阳离子降低了乳化剂的作用效果，相当于在同等条件下减少了乳化剂的数量，因而使乳粒尺寸增大。

④在乳化液中加入碱或胺类物质会使乳粒变小。碱性物质与游离的脂肪酸结合，会生成更多的皂类物质，相当于在同等条件下增加了乳化剂的数量，因而使乳粒尺寸变小。

⑤在乳化液中添加矿物油或漏进乳化液中的矿物油都会使乳粒

增大。不论是人为加入的矿物油还是在使用中漏进的矿物油,这些多余的油都会冲淡乳化剂,导致乳粒尺寸变大。

6 热轧乳化液中添加剂的作用是什么?

乳化液中的添加剂种类有乳化剂、油性剂、极压剂、黏度调节剂、防锈剂、防腐杀菌剂、氧化剂、消泡剂等,乳化液中的添加剂的主要作用如下。

1. 乳化剂

由于两种互不相溶的液相,如油和水混合时不能形成稳定的平衡体系,故需加入表面活性剂,即乳化剂。乳化剂具有独特的分子结构,其分子一端有一个较长的烃链组成,能溶于油中,称为亲油基(疏/憎水基),而分子的另一端是较短的极性基团,它能溶于水中,称为亲水基(憎油基)。乳化剂集结在油水两相的分界面上,使油的微粒牢固地处于细小的分散状态,使制成的乳化液成为稳定油水平衡体系。乳化剂是由脂肪酸或油酸和三乙醇胺之类的胺皂物组成。乳化剂控制乳粒尺寸的大小,从而影响乳化液热分离性和乳化液本身的自净化功能,同时增加边界润滑。

乳化剂的性质取决于亲水基和亲油基的相对强度。如亲水基强则乳化剂易溶于水,难溶于油;相反亲油基强则易溶于油,难溶于水。为了定量表示乳化剂分子这种相对强度,目前广泛采用了亲水亲油平衡值 HLB 的观点,即乳化剂的 HLB 值越大,则表示亲水性越强;而 HLB 值越小,则表示亲油性越强。一般 HLB 值在 $1 \sim 40$ 之间。

2. 油性剂

乳化液的油性是指在流体润滑或混合润滑状态下,与金属表面形成吸附的能力以及吸附膜的强度统称为油性。在混合润滑和缓和的边界润滑条件下油性剂起主要作用。

油性剂分子的极性基团依靠油性剂分子与金属表面的吸附,以物理吸附为主,有时还发生化学吸附,而烃链则指向润滑油内部。吸附在金属表面的油性剂分子垂直于金属表面,相互平行密集排列,相邻分子互相吸引,促使分子密集排列的作用。油性剂分子的定向排列特性，使它能够形成层叠分子吸附膜，其厚度决定于定向基团的强度。这样的多分子层能够承受较大的压力。但又很容易滑移，起到抗磨、防止黏附和减少摩擦的作用。

3. 极压剂

极压剂的作用主要是在边界润滑状态下减少磨损，防止轧件表面大面积擦伤和乳化液在轧件表面烧结。极压剂通过摩擦化学反应生成反应膜来保护轧辊与轧件的接触表面。

油性剂分子在金属表面吸附所形成的吸附膜对温度很敏感，受热会引起解析、消向或膜熔化，因此油性剂的作用仅局限于工作温度低和产生摩擦热较少的润滑状态，也仅局限于轻负荷和相对滑动速度低的工作条件。与此相反，极压剂在高温条件下与金属表面化合并在凸处生成化合膜，然后化合膜扩展至凹处，并在金属表面形成一层极压膜，该膜具有较低的剪断强度，适用于边界润滑条件。因此，为了使乳化液既能用于在高、中、低温度下轧制铝材、又能用于在高、中、低负荷下轧制铝材，乳化液中必须同时添加油性剂和极压剂。

4. 黏度调节剂

矿物油的黏度对温度很敏感，其黏 – 温性能随原油中烃的类型而定，一般由溶剂精制的润滑油。其黏度指数最多为 90 ~ 100，如要得到黏度指数比这更高的油品，则须在油中掺入黏度调节剂。黏度调节剂在不同温度下在油中呈不同的形态。低温时，长链高分子呈收缩状态，线团卷曲较紧，对油的内摩擦影响不大，但在较高温度时，高分子线团因溶胀而逐步伸展，体积和表面积不断增大，对油的流动形成阻力，使内摩擦力增大，从而对矿物油由于温度升高而造成的黏度下降进行一定的补偿。

5. 防锈剂

防止乳化液和轧件表面反应，影响表面质量。防锈剂能有效地抑制轧件表面发生的化学反应，其特征为分子具有亲油基团的油溶性表面活性剂。防锈剂的作用机理基本上同油性剂，作用是在金属表面形成一层吸附膜，把金属与水及空气隔开。另外，防锈剂在油中溶解时常形成胶束，使引起生锈的水、酸、无机盐等物质被增溶在其中，从而间接防锈。

6. 防腐杀菌剂

杀死乳化液中的细菌，提高乳化液使用性能和使用寿命。由于乳化液都为循环使用，而且乳化液具有一定的温度，这样很容易滋生细菌，引起乳化液变质失效，导致使用周期缩短。为此乳化液中要加入防腐剂或杀菌剂，如有机酚、醛、水杨酸和硼酸盐等。然而，防腐剂或杀菌剂往往具有毒性，对皮肤有刺激性，使用寿命短，需要经常补充。

7. 抗氧化剂

防止乳化剂老化，延长乳化液使用寿命。氧化是使油品质量变坏和消耗增大的原因之一，同时产生的酸性物质、水及油泥等会对金属带来严重的腐蚀。另外，轧制过程常处于高温、高压条件下，这客观上加速了油品的氧化过程。凡是能提高油品在存储和使用条件下的抗氧化稳定性的添加剂称为抗氧剂。

8. 消泡剂

消除乳化液中的泡沫，稳定乳化液质量。

9. 其他添加剂

根据使用要求选择，发挥应有的作用；选择添加剂时，首先要弄清楚乳化液的物化性能和使用性能，其次要掌握好添加剂的使用方法和使用量。

7   如何选择配制热轧乳化液用水？

铝合金热轧过程用乳化液，通常情况下水的质量分数在95%以上，油只占2%～5%。配制乳化液用水一般有三种类型：硬水、软水、去离子水（纯水）。硬水（硬度 > 1）及软水（硬度 < 1）的 pH 7.5～8.2，电导率300～400 μS(25℃)。去离子水 pH 6.5～7.5，电导率0～20 μS(25℃)。硬水富含 Ca^{2+}、Mg^{2+} 离子，经软化处理后软水中 Ca^{2+}、Mg^{2+} 等离子较少，但 Na^+ 却急剧增加，而去离子水中 Ca^{2+}、Mg^{2+}、Na^+ 等金属离子含量均很低。配制乳化液选用何种类型的水，应根据生产厂所选用乳化油、设备配置状况等具体条件来决定。由于生产硬水、软水水源的水质状况受污染，季节变化等因素的

影响,波动较大,水质难于控制。硬水或软水中富含的金属阳离子也易与乳化油中的润滑剂、乳化剂等成分发生反应,改变乳化油的有机成分。而随着乳化液中因补充水带入金属离子浓度的逐步提高,乳化液内在的物理化学平衡将很容易被打破,最终导致乳化液润滑性能、稳定性降低,使用寿命缩短,成本增加。所以,为了获得良好的稳定的热轧乳化液,配制乳化液用水的最佳选择是使用去离子水。

8 热轧乳化液的配制、使用维护与管理是怎样的?

1. 热轧乳化液的配制

(1)59μ乳化液的配制

乳化液的制备通常是先将乳化剂、基础油、添加剂等配制乳化油,使用时再按比例兑水制成乳化液。制备的基本工艺流程为:基础油→加乳化剂→加添加剂→加热、搅拌→加乳化油→兑水→乳化液。

具体为将 80% ~85% 的机油或变压器油加入制乳罐,加热至 50 ~60℃,然后加入 10% ~15% 的动物油酸(植物油酸可与基础油在室温下同时加入),加热并不停搅拌至 60 ~70℃,再加 3% ~5% 的三乙醇胺,继续搅拌 30 min,当温度降至 40 ~50℃,按比例加入 50 ~60℃水(软化水或去离子水),制备成 50% 的乳膏备用。

在清洗干净的轧机乳化液箱中加水(液位能满足轧机循环即可)。加热至 30 ~40℃,然后将制备好的乳膏排放于乳化液箱中,轧机应不停地循环直到生产。

(2)进口油的调配

由于进口油生产厂商已经将各类添加剂调配入基础油中,所以使用厂家可以直接向轧机油箱添加。首先对轧机乳化液循环系统进行清洁,必要时可加入清洗剂和杀菌剂进行清理,清洗完毕向油箱内加水(保持够循环液位即可),并加热至 30 ~40℃备用,向轧机循环系统添加乳化油,添加乳化油的方式有两种:

①采用预混合的方式。即先在预混合箱中将乳化油和水经高速搅拌配制成高浓度的乳化液,然后用泵排放至轧机循环系统中。

②采用将乳化油通过乳化液系统主泵或过滤泵经高速剪切后进

入乳化液系统中的方式。

2. 热轧乳化液的使用参数

乳化液的使用参数主要包括浓度、温度、pH、黏度、电导率、灰分等，不同的乳化液具有不同的使用参数。表 8 - 3 列出了 59μ 乳化液的使用参数。

表 8 - 3 59μ 乳化液热轧使用参数

参数	热粗轧机	热精轧机
浓度/%	3 ~ 6	5 ~ 8
温度/℃	40 ~ 60	50 ~ 60
pH	7.5 ~ 8.5	7.5 ~ 8.5
黏度(40℃)/(mm$^2 \cdot$s^{-1})	10 ~ 15	10 ~ 15
电导率(25℃)/μS	150 ~ 400	200 ~ 600
灰分/10^{-4}%	<6	<10
细菌含量/(个·mL^{-1})	<10^6	<10^6

(3) 热轧乳化液轧制时出现的问题及解决对策

轧制生产过程是一个复杂的系统，它不仅有轧辊的运动如机械传动、液压压下和相关辅助设备运转等，而且还包括轧件的变形。轧件的变形除了受轧制工艺影响外，还与自身特性如成分、组织密切相关。在轧辊与轧件之间还有工艺润滑剂等。上述各因素出现问题都会造成轧制生产故障。因此一旦轧制过程出现故障就必须仔细分析产生事故的原因，包括设备、轧制工艺、轧件、工艺以制定出合理的措施加以解决。一般在轧制过程中轧制乳化液本身性能变化对润滑效果的影响规律见表 8 - 4。

表 8 - 4   轧制乳化液本身性能变化与润滑效果的影响规律

轧制液参数	润滑不足的原因	润滑过度的原因
轧制液浓度	太低	太高
pH	太高，大于6.5时	偏低，小于4.8时
轧制液温度	太低，小于60℃时	太高，大于700℃

续表 8 - 4

轧制液参数	润滑不足的原因	润滑过度的原因
轧制液使用程度	新鲜液	旧液
制备轧制液用水的性质	软水/偏碱性	硬水
轧制液污染程度	液压油、分散剂、清洗剂、水、皂、轴承润滑剂及轴承材料等污染	轴承润滑剂及轴承材料，齿轮油，酸洗线带过来酸、盐类等污染

　　而乳化液效果的优劣直接影响到轧制过程力能参数、工艺条件、轧件尺寸及轧后表面质量等。通过观察上述轧制工艺性能变化，能够推断此时润滑剂润滑性能是否合适，或者进一步做出调整。轧制生产中一些与乳化液润滑效果密切相关的工艺参数变化与润滑条件的关系见表 8 - 5。

表 8 - 5　影响轧制工艺参数的润滑条件识别

轧制工艺参数	润滑不足的表现	润滑过度的表现
乳化液浓度	低	高
添加剂含量	低	高
轧制力	高	低
轧制道次	多	少
轧制厚度	厚	薄
板形	中浪	边浪
轧后表面	光亮	暗淡
退火表面	光亮	油斑
表面缺陷部位	板、带底面	板、带顶面
表面缺陷形式	黏着(啄印)	打滑(犁削)
卷温	高	低
油耗	低	高
轧机清洁度	干净	脏

　　轧制表面缺陷实际上是与轧制有关的众多参数的综合反映，乳化液只是其中众多因素之一，热轧乳化液出现问题的原因及解决对策见表 8－6。

表 8－6　热轧乳化液出现问题的原因及解决对策

问题	产生原因	解决对策
黏铝	乳化液润滑能力不足；金属与金属接触；乳化液酸含量太低	提高润滑能力；提高浓度；提高酸含量；提高黏度
轧板表面铝粉较多	润滑能力不足；酸值太低；铝粉太多	增加润滑能力；提高浓度；提高酸值含量；提高润滑脂含量；提高黏度；使乳化液油相颗粒尺寸变大
打滑	乳化液润滑过剩；黏度太高；乳化液油相颗粒尺寸过大；外来杂油	降低润滑能力；降低浓度；使乳化液油相颗粒变紧；增加轧辊粗糙度；降低黏度；撤除杂油
金属之间黏结	轧辊温度太高；润滑不足；冷却能力不足；乳化液油相颗粒尺寸太小	增加润滑能力或冷却能力；增加浓度；降低乳化液稳定性；增加有机皂含量；增加润滑脂的含量
条纹	不均匀的润滑层；润湿能力不足；酸值太高；乳化液油相颗粒尺寸太小	改善润湿能力；降低酸值含量；使乳化液油相颗粒尺寸变大；增加有机皂含量
轧制力高	乳化液润滑不足	增加润滑能力；增加浓度；增加润滑脂含量；降低乳化液稳定性；增加黏度
咬入困难	黏度太高；乳化液油相颗粒尺寸太大；咬入速度太低；金属温度低；轧辊粗糙度太低	降低润滑能力；降低浓度；使乳化液油相颗粒尺寸变小；降低黏度；增加轧辊粗糙度
蛋壳或桔斑	乳化液润滑能力不足；润滑膜不均匀	增加润滑能力；增加浓度；增加润滑脂含量；增加黏度；使乳化液油相颗粒尺寸变大

续表 8 - 6

问题	产生原因	解决对策
白色斑渍	轧板温度太低；乳化液吹扫系统不能有效工作；冷却能力太强	提高咬入温度；提高乳化液温度；降低乳化液流量；使乳化液油相颗粒尺寸变小；增加乳化液黏度
白色条纹	泡沫严重；冷却不足	添加消泡剂；检查供液泵

4. 热轧乳化液的日常维护与管理

（1）化学管理

A. 浓度

浓度是乳化液最基本的指标之一，浓度太小，说明乳化剂含量太少，热分离出来的润滑油量必然不足，形成干摩擦状态，对轧辊寿命和轧件表面造成恶劣影响；浓度太大，说明乳化剂含量过高，乳化液的冷却和流动性变差，轧制的稳定性变差，容易造成轧辊过热，轧件咬入困难和表面不均。

生产中确定一种乳化液的最佳使用浓度的具体做法是：在使用新乳化液时，应以高于产品说明书中建议的使用浓度几个百分点为初始浓度进行轧制试验，待生产正常后观察其使用效果，再决定增减浓度。若此时生产正常，可按 0.5 个百分点逐步降低其使用浓度，也即在满足正常轧制生产条件，保证产品质量的前提下，采用最低的使用浓度。

根据不同的轧制产品和轧制工艺，乳化液的使用浓度有所不同。一般在 2% ~ 10% 之间。在轧制纯铝时，乳化液使用浓度可略高一些，而轧制较硬的铝合金时，乳化液的使用浓度相对较低一些。检测乳化液中的含油量，每隔 4 ~ 6 h 应检测一次，做到及时准确地添加新油和水。

B. 黏度

疏水黏度代表了乳化液热分离后油相的黏度。乳化液是通过黏度和润滑添加剂来完成轧制润滑任务的。对于一定的轧制过程、轧机状态(如轧机的表面粗糙度)来说,润滑剂的黏度应该是一定的。但由于外来泄油如液压油、齿轮油、润滑脂等的干扰,润滑剂的黏度会发生较大的改变,影响轧制的稳定进行。因此,应通过日常检测及早发现黏度的改变,提前采取措施,以避免事故的发生。主要检测疏水物黏度,每周至少测试一次,观察变化趋势,及时采取措施调整。

C. 颗粒度的大小及其分布

乳粒大小和热分离之间的关系,关于乳粒大小和热分离之间的关系,随着金属离子含量增加,乳粒尺寸增大;随着乳粒尺寸增大,热分离率增大。采用颗粒度分析仪,分析油粒平均尺寸及其分布,有条件的企业应每天检查一次。

D. 红外光谱分析

采用红外光谱仪(FTIR)分析计算油相中主要成分的百分比(脂、酸、皂、乳化剂),并观察变化趋势,适时添加。

E. 灰分

灰分值增大,电阻率下降,说明乳化液中所含的金属离子含量增加。金属离子会削弱乳化剂的作用效果,使乳化液油相颗粒变大,使非离子表面活性剂的溶解度变小。它还会大量消耗有机酸,使在较低温度、压力下的轧制条件恶化。检测乳化液中金属皂及金属微粒,每周检测一次,结合每天一次的电导率检测。

F. pH

采用酸度计能准确检测乳化液的 pH,每天至少一次。

G. 生物活性

利用细菌培养基片检测乳化液中细菌含量,正常状况,每周一次,异常状况下应加大频次。一般细菌含量小于 10^6 个/mL 属于正常,不用采取措施,当细菌含量不大于 10^6 个/mL 时,应积极采取措施加以控制,如加杀菌剂或提高乳化液温度。

(2)物理管理

A. 乳化液的温度

乳化液箱内乳化液温度一般应控制在 60 ± 5℃,在该温度下有很好的物理杀菌效果;另外,降低乳化液温度,会增加乳化液稳定性;

提高乳化液温度,会增加乳化液的润滑性;根据乳化液使用温度实现可调,将有利于不同产品对冷却及润滑的不同要求。

B. 过滤

过滤精度决定乳化液中杂质颗粒的大小及含量的多少。为去除乳化液中的金属及非金属残渣物,减少金属皂及机械油对乳化液使用品质的影响,乳化液必须经过过滤器过滤。目前过滤效果比较好的霍夫曼过滤器,可实现 24 h 不间断自动过滤。所使用的无纺滤布过滤精度一般要求 $2 \sim 6 \ \mu m$。

C. 撇油

用撇油装置可将乳化液中漏入的杂油以及自身的析油撇掉,采用的方式有转筒、绳刷、带状布、刮油机等,一般要求这些装置长期不间断的运转,以保持乳化液清洁度。

D. 设备的清刷、乳化液置换与乳化液使用周期

定期对轧机本体以及乳化液沉淀池等进行清刷,同时用新油对乳化液进行部分置换,保持乳化液稳定的清洁度,维持乳化液组分的平衡。

乳化液使用周期的长短是反映乳化液维护与管理水平高低的综合指标,延长其使用寿命也是加强乳化液维护与管理的主要目的。乳化液腐败变质到什么程度才要更换,目前还没有一个统一的标准,但是,如果乳化液发生腐败变质常伴随下列现象发生:乳化液析油、析皂严重;表面有一层发黑的霉变物质,并散发着腐烂的气味;乳化液 pH 急剧降低,对金属的腐蚀增强;轧后表面质量下降等。如果有上述现象的发生就可以认为此时乳化液已腐败变质,必须更换。

9 冷轧过程润滑介质及基本要求是什么?

1. 轧制油

鉴于工艺润滑在铝板、带材轧制过程中的重要作用以及铝板、带轧制的工艺特点,尤其是对轧后铝材表面质量的要求,轧制油应满足下列基本要求:

①基础油黏度适当,润滑性良好,可调控摩擦。

②冷却性强，可控制板形。

③高闪点，满足高速、大压下量轧制的安全性。

④对轧辊及设备无腐蚀，轧后铝材表面无污染。

⑤低硫、低芳烃，无毒、无味，维护管理方便。

表 8 - 7 列举了国内外有代表性的铝板、带冷轧油基础油的有关性能。从表中看到低黏度、高闪点、窄馏程、低硫、低芳烃是高档轧制油发展方向。

表 8 - 7   国内外铝板、带冷轧油基础油理化性能比较

油品\性能	国内		美 ESSO		美 EXXON	美 MOBIL
	SO - 1	SO - 3	S34	S35	D100	Genrenx 56
密度(20℃)/(g·cm^{-3})	0.81	0.80	0.81	0.82	0.81	0.84
黏度(40℃)/(mm^2·s^{-1})	1.79	2.03	2.40	2.70	2.29	1.74
闪点(闭)/℃	80	90	106	95	100	85
酸值/(mgKOH·g^{-1})	<0.01	<0.01			0.1	
溴价/[g(Br^2)·(100g)$^{-1}$]	<0.1	<0.1			0	
馏程/℃	198~260	223~261	235~265	220~280	215~255	215~255
硫含量/%	1.0×10^{-4}	1.0×10^{-4}	5.0×10^{-4}	700×10^{-4}	3.0×10^{-4}	3.0×10^{-4}
芳烃含量/%	1.0	1.0	1.0	12	1.0	15
用途	带	板、带	板、带	板	板	板、带

由表 8 - 7 可以看出，高档铝板、带冷轧基础油多为低黏度、轻质矿物油，其 40℃ 运动黏度范围通常在 1.8~2.7 mm^2/s 之间。其中，铝板冷轧基础油黏度略高于铝箔，且高速轧制轧制油的黏度略低于低速轧制。图 8 - 2 为典型商品铝材冷轧基础油红外光谱图。

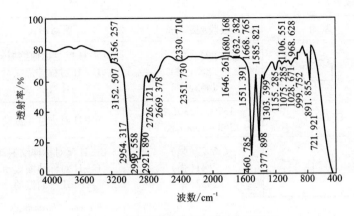

图 8 - 2　典型铝材冷轧基础油的红外光谱图

　　凡是在红外光谱上出现吸收带，则被测样品必会有该振动频率的官能团和化学键，于是利用红外光谱可推定被测物的分子结构，上述吸收带称为特征吸收带或特征吸收频率。此外，吸收带的强度与样品中的官能团含量成正比，因此，利用红外光谱图还可进行定量分析。表 8 - 8 为铝材轧制油基础油常见基团的特征吸收频率。

表 8 - 8　铝材轧制油基础油常见基团的特征吸收频率

基团	吸收频率/cm⁻¹	振动形式
—CH₃	2962 ± 10（强）	C—H 反对称伸缩振动
	2872 ± 10（强）	C—H 对称伸缩振动
	1450 ± 10（中）	C—H 反对称弯曲振动
	$1380 \sim 1370$（强）	C—H 对称弯曲振动
—CH₂—	2926 ± 10（强）	C—H 反对称伸缩振动
	2853 ± 10（强）	C—H 伸缩振动
—CH=	$1170 \sim 1150$（强）	C—H 反对称弯曲振动
—CH(CH₃)₂	$1170 \sim 1150$（强）	C—H 反对称弯曲振动

续表 8 - 8

基团	吸收频率/cm⁻¹	振动形式
(五边形)	2947(强) 2863(强) 1455(中)	C—H 反对称伸缩振动 C—H 对称伸缩振动 C—H 弯曲振动
—C(CH₃)₂—	1390 ~ 1380(中) 1368 ~ 1366(较强)	C—H 对称伸缩振动
(六边形)	2927(强) 2841(强) 1452(中)	C—H 反对称伸缩振动 C—H 对称伸缩振动 C—H 弯曲振动
—CH =C =	1675 ~ 1665(中~弱) 840 ~ 700(强)	C = C 伸缩振动 C—H 面外弯曲振动
(苯环)	2000 ~ 1600(中) 1600 ~ 1500(中) 900 ~ 700(强)	苯环特有的波状吸收 苯环 C = C 伸缩振动 苯环 C—H 面外弯曲振动

对照分析图 8 - 2 可见，基础油除了有—CH₂、—CH₃外，波数在 2924 cm⁻¹处有一强吸收峰，为六碳环 ◇，而且双键的苯环对应的吸收峰很弱，说明双键和芳烃含量极低。因而初步断定为饱和烷烃。经核磁共振碳谱仪对油样进行测定，并经计算机检索，其结构组成除了直链烷烃外，还有如下环烷烃，即

◇—C—C—C—C—C—C(1 - 环己基己烷)。

◇—C—C—C—C—C—C—C(1 - 环己基庚烷)。

◇—C—C—C—C—C—C—C—C(1 - 环己基辛烷)。

◇—C—C—C—C—C—C—C—C—C(1 - 环己基壬烷)。

2. 添加剂

由于目前轧制油添加剂多为复合型，而且每种单体添加剂在轧制润滑效果与轧后铝板表面质量上都有不同特点，因此弄清复合添加剂中单体的种类及复合比例就显得格外重要。图 8 - 3 是图 8 - 2 基础油样配套的添加剂红外光谱图。

从图 8 - 3 中分析得知，在 3399 cm^{-1} 处有一强吸收峰和 1057 cm^{-1} 有一中等吸收峰为典型的—OH 和—CH$_2$，说明添加剂中有醇；在 1726 cm^{-1} 处和 1167 cm^{-1} 处两强吸收峰证明酯中的的羟基伸缩振动，且为不饱和酯。因此，可判定该添加为醇酯复合型添加剂，且从吸收峰面积来看，醇含量大于酯含量。至于复合添加剂中单体的选择、复合比例及用量则应根据轧制工艺和产品而定，表 8 - 9 为添加剂中常见官能团特征吸收频率。表 8 - 10 为轧制油复合添加剂的基本数据。

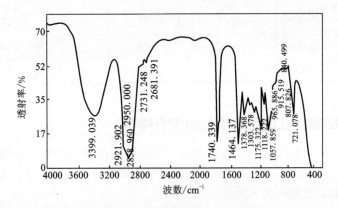

图 8 - 3　铝板轧制油添加剂红外光谱图

表 8 - 9　添加剂中常见官能团特征吸收频率

官能团	吸收频率/cm^{-1}	振动形式
—CH —CH$_2$—OH	3200~3400(弱) 1050(中~强)	O—H…O 伸缩振动 C—O 伸缩振动
—COOH	1750~1700(强) 1715~1690(强) 3560~3500(中)	脂肪族饱和酸，C＝O 伸缩振动 α, β 不饱和酸，C＝O 伸缩振动 游离的—OH，O—H 伸缩振动
＝C＝O	1750~1735(强) 1730~1717(强) 1200~1170(中)	链状饱和酸 C＝O 伸缩振动 α, β 不饱和酯 C＝O 伸缩振动 C＝O 伸缩振动
—CONH$_2$	3500~3350(中~强) 1230~1030(中)	N—H 伸缩振动 C—N 伸缩振动

表 8-10　国内外铝材轧制油复合添加剂的基本数据

牌号	类型	黏度(40℃)/(mm²·s⁻¹)	凝固点/℃	用量/%	用途	厂商
FA	醇型		17~23	1~5	板、带	MOBIL
E	酯型		13~17	1	箔	MOBIL
WYROL 10	酯型	3.08	8	4	箔	ESSO
WYROL 12	醇酯型	8.37	17	7	板、带	ESSO
AZ	醇酯型	9.20	20	5	板	EXXON
AS	酯型			3~5	箔	EXXON

10　影响冷轧润滑效果的因素有哪些?

冷轧润滑效果主要表现在轧制过程的力能参数和轧后铝板表面质量。当然，影响轧制过程润滑效果的因素较多，这里主要从润滑剂及轧制工艺的角度来说明。

1. 轧制油基础油

三种不同类型的基础油用于轧制评价实验，它们的理化性能见表 8-11，其中 Bo-1 为正构烷烃油；Bo-2 为环烷烃含量约为 40% 的饱和烷烃油；Bo-3 为高硫、高芳烃含量基础油。

表 8-11　基础油的性能

基础油	运动黏度(40℃)/(mm²·s⁻¹)	闪点/℃	硫含量/%	芳烃含量/%	馏程/℃
Bo-1	2.21	103	2×10⁻⁴	1	222~264
Bo-2	2.29	104	5×10⁻⁴	1	225~267
Bo-3	2.46	106	153×10⁻⁴	15.7	230~276

五种不同类型的添加剂，有醇型、酯型和复合型分别按 5%(质

量分数)加入每一种基础油中，在 $\phi114$ mm × 120 mm 轧机上，取 $V_r =$ 0.1 m/s，$\varepsilon = 25\%$ 进行铝板轧制实验。测量轧制变形区摩擦系数、力和轧后退火表面光亮度，其结果见表 8-12。

表 8-12 基础油添加不同添加剂的轧制润滑效果

基础油	5%添加剂	摩擦系数	轧制压力/MPa	轧后退火表面光亮度/%
Bo-1	As-1	0.161	182.78	69.1
	As-2	0.151	189.40	73.6
	As-3	0.139	172.83	77.5
	As-4	0.131	169.53	67.7
	As-5	0.130	169.54	71.8
Bo-2	As-1	0.148	212.58	68.4
	As-2	0.155	207.28	77.4
	As-3	0.127	176.15	78.0
	As-4	0.160	151.65	72.9
	As-5	0.144	164.90	70.2
Bo-3	As-1	0.143	191.39	64.6
	As-2	0.149	191.39	62.0
	As-3	0.168	192.05	70.2
	As-4	0.117	162.25	69.2
	As-5	0.167	176.82	64.4

为了便于比较不同基础油的润滑效果，这里取每种基础油的五个添加剂配方的润滑效果的平均值，列于表 8-13。

表 8-13 基础油添加不同添加剂的平均轧制润滑效果

基础油	摩擦系数	轧制压力/MPa	轧后退火表面光亮度/%
Bo-1	0.137	176.82	71.9
Bo-2	0.147	182.51	73.4
Bo-3	0.149	182.78	66.3

从表 8-13 中可明显看出，基础油类型不同，其润滑效果有较大

的差异，其中，高芳烃油 Bo - 3 轧后退火表面光亮度最差。虽然芳烃在 1% 内对退火表面无显著影响，但芳烃含量超过 10% 后则严重导致退火表面光亮度下降。同是饱和烷烃的正构烷烃油 Bo - 1，由于碳链为直链，分子滑动相对容易，因此表现出较低的摩擦系数和轧制压力；而饱和烷烃油 Bo - 2 由于部分碳链为环状，且长短不一，相对直链滑动较困难，故其摩擦系数略高于正构烷烃油。饱和烷烃油轧后表面退火光亮度优于正构烷烃油。上述轧制油润滑效果评价结果表明，正构烷烃和饱和烷烃都有较好的轧制润滑效果。这意味着在选择基础油时，并不需要强调使用正构烷烃，但必须是饱和烷烃，这样既可降低轧制油生产成本，又可保证轧制润滑效果。

当然，除了基础油的结构类型外，基础油的黏度对其润滑性能也有较大影响，但与轧制速度、轧件材质等密切相关。轧制实验表明，随轧制油黏度的增加，变形区油膜厚度增加，摩擦系数减少，然而，通过增加黏度来降低摩擦系数会对轧后表面质量，特别是退火表面光亮度产生不利影响，因为随轧制油黏度增加，铝板轧后退火时由于油膜较厚，对表面污染增加，导致轧后表面光亮度下降。为了克服上述矛盾，通常在低黏度基础油中加入添加剂。

2. 添加剂

添加剂主要是通过与金属表面发生物理吸附来减小摩擦。随添加剂含量的增加，轧制变形区摩擦系数下降，当添加剂含量增加到一定值后，表面吸附达到饱和，摩擦系数基本上不变。图 8 - 4 为由前滑法测定的表 8 - 13 中 Bo - 2 基础油中加入不同含量的十二醇、油酸和硬脂酸丁酯的轧制变形区摩擦系数。图中三种不同类型添加剂呈现了基本相同的变化趋势，即随添加剂含量增加，摩擦系数降低，当添加剂含量超过一定值后，摩擦系数达到最低点后保持不变。此时，添加剂分子吸附膜已达到饱和。由于轧制变形中产生了大量新生表面，而且润滑剂时刻都有被挤出变形区的趋势。因此，就要求添加剂首先具有良好吸附性能，对产生的新生表面能及时有效地吸附，也即分子极性要强，其次才是分子链长度。分子由于具有较强的极性基团—COOH，而且链长也适中，故在三种添加剂中摩擦系数最低。

　　由于添加剂极性和链长不同，导致其减摩效果上的差异。同时，
也导致了轧后铝板表面光亮度不同，见图 8-5。由图中可见，由于脂
肪酸极性较强，对金属表面吸附性好，在含量较小时，轧后工件表面
较光亮；但是在含量较大时，摩擦系数较低，轧制过程中前滑较小，
轧后工件表面暗淡无光。另外，添加剂含量并非越高越好，对比
图 8-4 可以明显看到，当添加剂含量超过最佳值后，不但摩擦系数
没有进一步减小，而且导致轧后铝板表面光亮度降低。

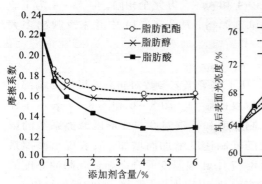

图 8-4　不同添加轧制摩擦系数　　图 8-5　添加剂对轧后铝板表面光亮度的影响

　　然而，在实际轧制润滑过程中，多数使用复合添加剂。与基础油
评价方法相似，评价实验中选择不同的添加剂的方法是分别加入不
同的基础油中进行轧制实验，见表 8-12。然后再对每种添加剂的润
滑效果取平均值，其结果见表 8-14。

表 8-14　不同添加剂的平均轧制润滑效果

5% 添加剂	摩擦系数	轧制压力/MPa	轧后退火表面光亮度/%
As-1	0.144	182.20	68.0
As-2	0.161	191.79	71.2
As-3	0.148	183.71	74.5
As-4	0.132	164.60	70.2
As-5	0.133	172.10	70.0

表 8 – 14 显示了不同类型添加剂润滑效果的差异。从摩擦系数与轧制压力来看，以醇酯复合和酸酯复合性能较好，而单一醇型较差，但是轧后退火表面又以醇型和醇酯型复合添加剂较光亮，而酸酯型由于有酸存在，且酸含量较大，轧后退火表面污染较为严重。就是对同为醇酯型的添加剂 As – 3，As – 4 和 As – 5 而言，由于选用的醇、酯单体不同，复合比例不同，其润滑效果也存在差异，如 As – 3 与 As – 4，As – 5 相比，其退火表面光亮度优于后两者，但摩擦系数和轧制压力又高于它们。而 As – 4 和 As – 5 方完全相同，但 As – 4 为工业品原料，As – 5 为化学纯试剂原料，从表 4 – 14 中并未反映出多大差别。

3. 工艺参数

诸如轧制速度、温度、压下率等工艺参数对润滑效果的影响都可归结于对轧制变形区油膜厚度的影响。图 8 – 6 和图 8 – 7 表示了在实验轧机上轧制铝板时轧制速度和轧辊温度对变形区摩擦系数的影响。由于变形区油膜厚度随轧制速度增加而增加，故表现出摩擦系数和轧制压力下降。而图 8 – 7 中轧辊温度的升高导致轧制油黏度的降低，进而使得油膜厚度减小，所以表现出与图 8 – 6 相反的结果。

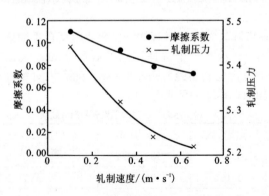

图 8 – 6　摩擦系数和轧制力随轧制速度的变化

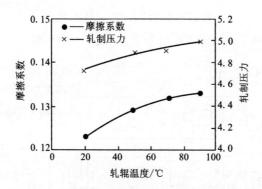

图 8－7　摩擦系数和轧制压力随轧辊温度的变化

　　在轧辊转速 $n = 30$ r/min 与 $n = 14$ r/min 条件下，记录不同变形量下轧制油轧制铝板、带时的轧制压力，结果为，轧制压力随着变形量增大是逐渐增高的，而且，在相同压下率下，轧机速度越高，单位轧制压力越低。例如，当压下率为 38%，转速为 30 r/min 时的单位轧制压力是 210.5 MPa，其主要原因是可以归结到油膜厚度上，轧制速度提高时，变形区油膜厚度增加，轧辊与轧件间的摩擦系数减小，从而降低了轧制压力。

11　冷轧工艺润滑系统是怎样的？

　　除了轧制油本身特性外，轧制油的循环过滤系统及其运行水平高低也是影响其润滑效果的关键因素之一。轧制油的循环系统包括过滤系统、温度控制和压力系统以及喷射控制系统等，见图 8－8。

　　图 8－8 中轧制油系统包括两套主要循环系统：由污油箱、过滤泵组、板式过滤器、混合搅拌箱和净油箱等组成的过滤系统；由净油箱、供油泵组、温度控制系统、压力控制系统、喷射控制装置、防火闸门和污油箱等组成的轧辊冷却、喷射系统。另外，净油箱和污油箱各有一套循环加热系统，由油箱、加热泵、电加热器等组成，其作用是将两油箱内的轧制油加热到设定值。

　　由图 8－8 可见，整个循环系统运行步骤为：污油箱—过滤泵—

过滤器—净油箱(过滤系统)、冷却泵—温度控制装置—旁路控制装置—压力控制装置—喷射控制装置—轧机—污油箱。

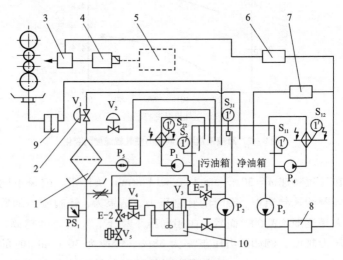

图 8 - 8　轧制油系统示意图

1—板式过滤器；2—隔膜阀；3—喷嘴阀；4—换向阀；5—板型系统；6—压力控制系统；7—旁路控制装置；8—温度控制装置；9—防火器；10—搅拌桶

1. 过滤系统

诸如铝箔轧制对表面质量，包括针孔度的要求较高，而在轧制过程中产生的金属粉末导致轧制油变黑。为此，轧制油在使用过程中必须经过过滤以保持轧制油的清洁，高速轧机所使用的轧制油过滤装置主要有两种。

(1)平板式过滤器

平板式过滤器主要是通过过滤板上的过滤纸或过滤布及其过滤纸上的硅藻土对轧制油进行过滤的，见图 8 - 9。其过滤能力主要取决于过滤板数。大型金属加工厂轧制油的过滤普遍使用平板式过滤器，其中，每块过滤板的面积为 1 m²，平板式过滤器的总过滤能力可达 800 ~ 1300 L/min。过滤后的净油中杂质含量小于 0.005%，残留杂质的最大颗粒直径为 0.5 μm。

（2）立管式过滤器

立管式过滤器主要是通过由金属丝网制成的过滤管外面粉末层把净油吸入管内，然后从管的上面排出。振动过滤管可以除去过滤管外部已经被污染的粉末层。管式过滤器的过滤能力可达2300 L/min，过滤后的油杂质含量小于 0.006%，杂质颗粒小于 0.5 μm。

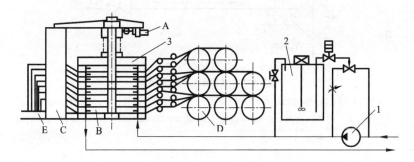

图 8-9　平板过滤系统示意图

1—过滤泵组；2—混合搅拌箱；3—板式过滤器；A—压紧机构；B—滤板箱；C—走纸机构；D—滤纸卷；E—集污箱

2. 温控系统

在铝材高速轧制过程中，由于环境温度和轧制道次的变化，轧制油的温度是要变化的，又因油箱内的油温一般都加热到高于轧制时油的温度。为了满足生产工艺要求，故冷却、喷射系统上加温度控制系统来控制温度。图 8-10 是温度控制系统的示意图。该系统主要由冷却器、温度调节器、热电阻阀、电气阀门定位器等组成。轧制油通过冷却器 1 来降低油温，其降低的幅值由调节阀 2 控制冷却水的流量来调整。

该温度控制系统主要有下列特点：

①实现了闭环控制，控制精度高；

②实现了无级调温，操作人员可按工艺要求调整轧制油温；

③操作简单，便于观察，轧制时轧制油的温度可直接在显示器上看到；

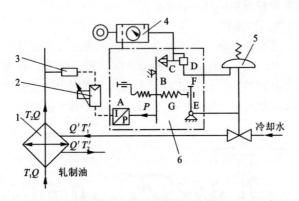

图 8 - 10   温度控制系统示意图

1—冷却器；2—温度调节器；3—热电阻；4—气源调节装置；5—调节器；6—电气阀门定位器；A—信号转换器；B—喷嘴挡板；C—喷嘴；D—继动器；E—反馈杆；F—行程调节件；G—反馈弹簧；P—电磁力

④对压缩空气质量要求高，气压的调整要求严格。

因此在使用该系统时，首先要做好控制元件的调整零工作，严格按要求调整控制气压，尽量提高空气质量。

3. 压力控制系统

在轧制过程中需要对轧制油的喷射压力和流量进行调整，流量要适应喷射控制装置的要求，并且压力一旦调定，无论喷射流量怎样变化，压力仍稳定。因此，在压力控制系统中设置了压力控制装置和旁路控制装置以满足上述要求。压力控制装置主要起调整和控制压力的作用，而旁路控制装置主要起稳压和调整流量的作用。图 8 - 11为压力控制装置示意图。压力控制装置主要由调节阀、电器阀门定位器、压力传感器和压力调节器等组成。

首先通过压力调节器设定系统的喷射压力，压力调节器输出信号同压力传感器测得的阀的出口压力转换成的电信号进行比较，输出电信号至电气阀门定位器的电气转换器 A，将电信号转换成气压信号来控制电气阀门定位器 3 中的相应元件，输出气压信号控制调节阀

的开度 X_1, 只要 P_1 同设定压力值不同, 电气阀门定位器 3 中输出的气压信号就不同, 即增大或减小, 从而使调节阀 5 的开度 X_1 发生变化, 直至 P_1 同设定值相同为止。该控制装置的特点是使用方便, 可根据实际情况进行无级调压, 而且可通过显示器观察到喷射油压, 可实现闭控制。但是该装置对气压调节要求严格, 压缩空气质量要求高。另外, 该系统对流量及压力变化调节的滞后时间较长。

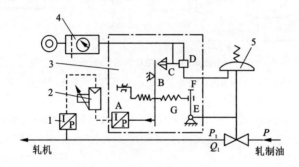

图 8 – 11　喷射控制装置示意图

1—压力传感器; 2—压力调节器; 3—电气阀门定位器; 4—气源调节装置; 5—调节阀; A—信号转换器; B—喷嘴挡板; C—喷嘴; D—继动器; E 反馈杆; F—行程调节件; G—反馈弹簧

4. 喷射控制系统

喷射控制装置主要由喷嘴、喷嘴阀、喷射梁和控制阀组等组成, 见图 8 – 11。轧制油的喷嘴安装在轧机的入口侧, 以免轧制后的铝材表面残留有轧制油。各列喷嘴的位置也如图 8 – 12 所示。在 A、B 和 C 列中, 一个换向阀控制上下对称布置的两个喷嘴阀, 每个喷嘴阀对应控制一个喷嘴。Z 列是一个换向阀控制一个喷嘴阀和对应的喷嘴, Z 列位于轧制线上方的 A、B 列之间, 用于消除轧件的二肋波浪。在有些冷轧机上不带 Z 列喷嘴, 每列喷嘴的型号均不相同, 在同一喷射压力下喷出的流量不同。A、B 和 C 列中每排的喷嘴个数均相等, 具体个数视轧机的辊面宽度而定, 均以奇数对称分布。Z 列喷嘴按工艺要求确定分布情况。

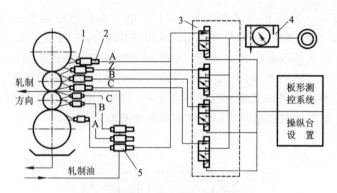

图 8 – 12 喷嘴位置示意图

1—喷嘴；2—喷嘴阀；3—控制阀组；4—气源调节装置；5—喷射梁

该系统的控制原理如图 8 – 12 所示，来自板形控制测量系统或操作台设置的信号，使换向阀通电或断电来控制喷嘴阀的开闭，实现喷油或停止喷油。

但是目前使用的控制系统各喷嘴的流量均不能单独调节，只能靠改变排数与喷嘴的个数调节喷射量，呈梯度流量调节，这样不利于辊形曲线在微观上的平滑控制。

12 如何使用和管理轧制油？

1. 轧制油的使用

与水基润滑剂相比，油基润滑剂变质速度较慢，尤其是矿物油型的轧制油基本上不需要更换，只要按时补充即可。表 8 – 15 列举了常用的轧制油管理项目。

表 8 – 15 轧制油管理项目

管理项目	内容、目的
外观	检查由于混入杂质而污染的程度，判断是否变质
黏度测定	测定外来有的混入量，判断其变质程度

续表 8－15

管理项目	内容、目的
闪点测定	判断是否混入轻质矿物油
酸值测定	判断油品变质程度
水分测定	判断油品变质程度和防锈能力
添加剂含量测定	判断添加剂吸附情况和润滑性能变化
金属粉末含量测定	轧制油黑化，轧后表面清净性

下列情况加速轧制油润滑效果的恶化：

（1）水的混入

水的混入会造成轧制油润滑性能下降，防锈性能变差，更严重者对板、带材表面产生不利影响，如铝箔轧制时若轧制油中含水量高则在退火时，铝箔卷内部轧制油中水分挥发不完全对铝箔产生腐蚀，铝箔表面出现白点，严重时导致铝箔黏接在一起。

（2）轧机漏油

轧机其他机械润滑部位用油，如液压油、齿轮油、轴承油脂等非轧制油渗漏到循环系统中，特别是轧机调整机构中液压装置较多，液压油漏油较为经常发生，不可避免，严重时可达20%。外来油的混入从外观上不容易发现，这可以通过每天测定轧制油的浓度来了解外来油的混入情况。由于对润滑的要求不同，外来油性质与轧制油截然不同，要么添加剂浓度被稀释，导致润滑性能下降；要么轧制油浓度增加，导致轧后金属表面退火时污染增加。因此，目前要求轧机的液压油尽量使用轧制油，或者使用与轧制油相同类型的矿物油。

（3）金属粉末、磨削的堆积

在轧制过程中轧辊和轧件的磨损粉末、金属氧化物碎片、金属表面的夹杂物在轧制油循环系统中的堆积会加速轧制油变质，导致油的黏度升高，或生成胶状物质。尤其是金属磨损粉末如铝粉、铜粉和铁粉等在粒度达到一定细小时，可能会与轧制油形成悬浮液，致使轧制油"黑化"，导致轧后表面清洁性下降，轧辊表面粗糙度增加。

（4）添加剂的消耗

鉴于添加剂的吸附作用机制，在板、带材轧制过程中吸附在金属表面被带走。另外在循环过滤过程中也易吸附在过滤介质上而导致耗量增加，浓度降低。这表现在轧制油润滑性能下降，轧制压力增加，轧后金属表面光亮度下降。

2. 轧制油的管理

高速铝材冷轧机和不锈钢冷轧机在轧制过程中使用轻质矿物油进行润滑冷却，如高速铝箔轧机使用的冷轧油属于煤油馏分，闪点只有80℃，具有易燃性。尤其是高压、高温和高速条件下，工艺油温度通常在 36 ~ 65℃范围内，在这样的温度下，必然会产生大量的油蒸气，当空气油蒸气达到一定浓度时，一旦遇到火源（如静电、摩擦、断带打火等），极易引起燃烧或爆炸。由此可见，轧机在轧制中着火的主要原因是高温下油蒸气浓度过大和由于静电、摩擦、断带打击产生火花。由于高速铝箔轧机生产工艺的需要，前者很难避免。因此，为减少和避免轧机起火只能控制后者。

因此，在轧机上配备有自动灭火系统，并随时处于运行待放状态，一旦轧机发生火情，自动灭火系统会自动喷射大量二氧化碳灭火剂把火扑灭，以免酿成火灾。

针对导致火情的原因除了经常对生产人员进行轧机安全防火教育，提高生产人员的操作水平，可以从以下几个方面采取防火措施：

在轧制铝箔过程中由于金属塑性变形，在轧制区产生大量的变形热，这些热量如果不能及时散去，会使轧制区的温度越来越高，最终可能引起轧机着火。必须降低轧制区温度，这包括：

在保证产品质量和能够正常生产的情况下，合理分配粗、中、精轧的道次轧制率，使变形温度降低。

在生产工艺允许的情况下，降低轧制油的温度，以避免由于油温过高产生的油蒸气浓度过大而引发火情。

提高工艺润滑油的压力（一般为 0.3 ~ 0.6 MPa）和流量，尽可能多地带走轧制过程中产生的热量。

轧机排烟、通风的压缩空气，其压力应保持在 0.39 MPa 以上，排烟量应大于 700 m^3/min，以便更多更快地把在轧制中产生的油烟和油雾排出厂房之外。

轧制过程的断带保护。高速冷轧机的最大速度可达1200 m/min。在轧制过程中由于喷油量很大，产生的油蒸气也随之增多，当浓度达到一定程度时，如轧制过程发生断带，带材之间、带材与轧辊之间发生撞击摩擦，极易引发轧机周围油蒸气着火。轧机断带保护装置可在极短的时间内打断铝箔，避免工作辊附近塞料太多而产生静电或摩擦引发火情。另外在轧制速度、压下率、张力等轧制工艺制定上也要加以注意，以减少断带次数。

静电的预防。在轧制油循环过程中，轧制油以一定速度喷射、流动以及与输油管道的管壁、滤网、碎铝箔等接触、冲刷与摩擦都可能产生静电，为了防止静电引发轧机着火，应采取如下顶防措施：①及时清理轧机底盘内的碎箔，防止堆积过多露出油面的带电碎箔形成尖端放电；②设备、管道、油箱等应保证接地良好，并定期进行检测。接地电阻不得大于1Ω，接地网电阻必须半年测定一次，测定不合要求的必须采取措施使其达到合格；③在轧制油中加入抗静电剂，降低轧制油静电起火的能力。

保证轧机各部分运转正常。在轧制过程中，工作辊、支承辊和各导辊都处于高速运转状态。因此，对其轴承的运行情况，操作人员和设备维护人员必须随时注意。如果轴承润滑不充分、无润滑或轴承已损坏，或者在维修时安装不好，轴承都会产生大量的摩擦热而引发轧制油着火。因此，为了保证工作辊、支承辊及导辊的轴承在良好润滑状态下工作，操作人员和设备维护人员应加强对各辊系轴承运行情况的巡视，发现异常，及时处理。

配置安全可靠、灵敏度高的 CO_2 灭火系统。为了保证铝箔轧机安全运行，配备安全可靠、灵敏度高的集中灭火系统至关重要。CO_2灭火系统的组成：①灭火瓶组；②释放机构、喷嘴和管路系统；③感温元件；④报警系统；⑤灭火控制盘。

第9章　铸轧设备及工艺

1　什么是连续铸轧法?

连续铸轧是将连续铸造和轧制变形结合在一个工序中完成,即铸轧过程是在一对轧辊的转动中完成。铝液在冷却凝固的同时,受到一定的压力,产生一定量的塑性变形。

2　什么是连铸连轧法?

连铸连轧是在连续铸造机后面配置热轧机,在连续铸造板(杆)坯还没有冷却到再结晶温度以下,板(杆)坯就在轧机的轧制力作用下发生塑性变形。

3　连续铸轧和连铸连轧技术的主要区别是什么?

连续铸轧过程中铸造过程与轧制过程是完全同步的;而连铸连轧过程是先完成连续铸造,然后将坯料在后续的热轧机上完成轧制。

4　连续铸轧和连铸连轧的基本生产流程是怎样的?

连续铸轧及基本生产流程:铝锭—熔炼炉—静置炉—除气—过滤—铸嘴—铸轧机—导向轮—卷取机。

连铸连轧的基本生产流程:铝锭—熔炼炉—静置炉—除气—过滤—连铸机—热精轧机。

5　连续铸轧的优、缺点是什么?

1.优点

①设备简单、集中,缩短了从铝水—铸块—铸块处理—热轧板、带

的时间，节省了铸锭、锯切、铣面、铸块加热、开坯、热轧等多道工序，简化了生产工艺，缩短了生产周期，提高了劳动生产率，自动化程度高。

②节能降耗，连续铸轧工艺的生产线配置合理，机构紧凑，方便操作，降低了热轧所需的一系列工序的能耗。

③切头、切尾等几何废料少，成品率高，生产成本低。

④由于连续铸轧带坯厚度较薄，冷却后可以直接冷轧，节省了大功率的热轧机和铸锭加热所消耗的电能和热能。

⑤设备投资少，见效快，投资回收周期短，占地面积小，建设速度快，适合中小型铝板、带材企业的建设。

⑥连续铸轧坯料可完全替代热轧坯料用铝及铝合金板、带、箔材的生产。

⑦可以用部分回收废料做原料，生产成本低廉，在价格上颇具竞争力。

2. 缺点

①能够生产的合金品种比热轧少，特别是结晶温度范围大的合金较难生产，只限于纯铝及软合金的生产，应用范围没有连铸连轧和热轧的范围广泛。

②铸轧速度低，单台设备产量较低。

③产品品种、规格不能频繁改变。

④由于不能对铸锭进行铣面、修整，对某些化学处理的及表面质量要求高的产品会产生不利影响。

⑤生产某些特殊制品，如深冲的制品，需要有特殊的生产工艺保证。

6　连铸连轧的优、缺点是什么？

1. 优点

①由于连铸连轧板、带坯厚度较薄，且可直接带余热轧制，节省了大功率的热轧机和铸锭加热装备、铣面装备。

②生产线简单、集中，从熔炼到轧制出板、带，产品可在一条生产线连续进行，简化了铸锭锯切、铣面、加热、热轧、运输等许多中

间工序,简化了生产工艺流程,缩短了生产周期。

③几何废料少,成品率高。

④机械化、自动化程度高。

⑤设备投资少、生产成本低。

2.缺点

①可以生产的合金少,特别是不能生产结晶温度范围大的合金。

②产品品种、规格不易经常改变。

③由于不能对铸锭表面进行铣面、修整,对某些需化学处理的及高表面要求的产品会产生不利的影响。

④由于性能限制,不能生产某些特殊制品,如易拉罐料。

⑤产量受到限制,如需扩大生产规模,只有增加生产线的数量。

7 连续铸轧法如何分类?

1.按板坯厚度分类

①常规铸轧,板坯厚度 6 ~ 10 mm,铸轧速度一般小于1.5 m/min。

②薄板快速铸轧,板坯厚度 1 ~ 3 mm,铸轧速度一般为 5 ~ 12 m/min,最大可达 30 m/min 以上。

2.按辊径大小分类

①标准型常用铸轧辊的辊径有 $\phi650$ mm、$\phi680$ mm。

②超型常用铸轧辊的辊径有 $\phi960$ mm、$\phi980$ mm、$\phi1000$ mm、$\phi1050$ mm、$\phi1200$ mm。

3.按轧辊驱动方式分类

①联合驱动。用一台电机驱动两个铸轧辊,上、下辊的辊径差要求小于 1 mm,两辊线速度有差异,结晶凝固前沿中心线不对称。

②单独驱动。上、下轧辊分别由两台电机驱动,能较好地保证设定的结晶速度和表面质量。

4.按轧辊辊缝控制系统分类

①预应力式。上、下轧辊轴承箱间放置垫块,预设辊缝,压上缸给定一个压力,使轴承箱与垫块完全压靠,该力大于最大轧制力,机

座处于预应力状态。需在线调整辊缝时，要使系统瞬时降压，调整垫块。

②非预应力式。在有载或无载的情况下，电动增压器控制压下缸的压下位置，压力大小由轧制力建立，每侧可单独控制。

5.按轧辊和金属的流向分类

①双辊水平下注式。两辊中心连线与地面平行，或金属浇铸流向与地面垂直，简称垂直式铸轧机。

②双辊垂直平注式。两辊中心连线与地面垂直，或金属浇铸流向与地面水平线平行，简称水平式铸轧机。

③双辊倾斜侧注式。金属浇铸流向与地面水平线呈一定角度，一般为15°；或两辊中心连线与地面垂直线呈一定角度，简称倾斜式铸轧机。

8　连铸连轧法如何分类？

连铸连轧可分为双带式连铸连轧和轮带式连铸连轧。

金属液通过两条平行的无端带间组成连续的结晶腔而凝固成坯的装置成为双带式连铸机。双带式连铸连轧又分为双钢带式和双履带式两类。

双钢带式，即两条钢带构成的连铸机，典型代表是哈兹莱特法（Hazelett）及凯撒微型（Kaiser）法。

双履带式，即冷却块链接而成类似坦克履带构成的，其典型代表为双履带式劳纳法 Caster Ⅱ 连铸机、瑞士的阿卢苏斯 Ⅱ 型（Alusuisse）和美国亨特道格拉斯（Hunter Douglas）连铸机。

轮带式连铸连轧由铸轮凹槽和旋转外包的钢带形成移动式的铸模，把液态金属注入铸轮凹槽和旋转的钢带之间，通过在铸轮内通冷却水带走热量，铸成薄的板、带坯，继而进一步轧制可获得较好的带材。轮带式主要有：美国的波特菲尔德·库尔斯法（Porterfield Coors）、意大利的利加蒙泰法（Rigamonti）、美国的 RSC 法、英国的曼式法（Mann）等。

9 连续铸轧生产线组成是怎样的？

连续铸轧生产线主要由熔炼系统、浇铸系统、铸轧系统、牵引卷取系统等组成。

10 连铸连轧生产线组成是怎样的？

哈兹莱特连铸连轧生产线由熔炼静置炉组、在线铝熔体净化处理装置、晶粒细化剂进给装置、哈兹莱特双带式连续铸造机、夹送（牵引）辊、单机架或多机架热（温）连轧机列、切边机、剪床、卷曲机组成。

凯撒微型双钢带连铸连轧生产线由熔炼静置炉、供流系统、连铸机、牵引机、双机架热轧机、热处理炉、冷却系统、冷轧机、卷曲机组成。

11 连续铸轧辊的组成是怎样的？

铸轧辊由辊套、辊芯和冷却水通道组成。

1. 辊套

辊套处于外层和液体金属相接触，由于受反复的冷热交变作用，最终会导致表面热疲劳裂纹等缺陷。每使用一段时间后都需重新车磨，属于易损件。

2. 辊芯

辊芯为铸轧辊的核心部件，通过其支撑辊套和实现循环水冷却。

3. 冷却水通道

它又称冷却水沟槽，它是辊芯经由机械加工形成的循环水回路。由于长期通过冷却水，易结垢、锈蚀或破损，一般在更换辊套时需重新补焊、车磨。

12 连续铸轧辊凸度如何确定？

金属在凝固后要受到一定的压下量，这就需要很大的轧制力。在使金属变形的同时，轧制力也使轧辊发生变形，因此改变了辊缝的形状和尺寸。要使被铸轧的板、带厚度符合要求，就要相应考虑轧辊具有一定的凸度来抵消轧制过程中因轧辊弯曲、压扁、热膨胀等因素造成的变形。

1. 辊凸度的定义

辊身中间的直径和辊身两端直径平均值的差称为辊凸度 ΔD。

$$\Delta D = D - d \tag{9-1}$$

式中：D 为辊身中间直径；d 为辊身两端直径平均值。

2. 辊凸度的计算

在轧制过程中，轧辊受到弯曲和剪切的作用，在计算轧辊挠度时，总挠度应是这两力作用的总和。按卡氏定理计算得：

（1）轧辊辊身中间总弯曲挠度

$$f_1 = \frac{p}{18.8ED^4}\left\{8a^3 - 4ab^2 + b^3 + 64\,c^3\left[\left(\frac{D}{d}\right)^4 - 1\right]\right\} +$$

$$\frac{p}{G\pi D^2}\left\{a - \frac{b}{2} + 2c\left[\left(\frac{D}{d}\right)^2 - 1\right]\right\} \tag{9-2}$$

（2）辊身中间位置和板边部挠度差

$$f_2 = \frac{p}{18.8ED^4} - (12\,ab^2 - 7b^3) + \frac{pb}{2\pi GD^2} \tag{9-3}$$

（3）辊身中间和辊身边缘挠度差

$$f_3 = \frac{p}{18.8ED^4}(12aL^2 - 4L^3 - 4b^2L + b^3) + \frac{p}{\pi GD^2}\left(L - \frac{b}{2}\right) \tag{9-4}$$

式中：p 为轧制力；b 为板宽；E 为弹性模量；L 为辊身长；G 为剪切模量；a 为轴承两支点距离；D 为辊身直径；c 为轴承支点至辊身边缘距离；d 为辊颈直径。

确定辊形凸度时按式（9-4）。但板型除受辊形影响，还受到铸轧速度、板厚、合金及辊面的热膨胀和磨损等影响，在实际生产中还需结合实际对辊形予以修正。

3. 辊凸度的修正

如铸轧出的毛料板形和所要求的不一样，则轧辊的凸度值必须进行修正，所要修改的凸度值正好等于所记录到的板形和所要求的板形差。在实际生产中，对新使用的轧辊都必须检测其板形状况，以利于在下一次磨削中修正。

13 提高铸轧辊使用寿命的注意事项有哪些?

为提高轧辊的使用寿命,轧辊使用时应注意下述工作:

①新辊或刚磨削的轧辊开始使用时,在去掉保护纸后,应用棉纱沾汽油或四氯化碳等溶剂擦去辊面油脂。

②铸轧使用前,应转动轧辊,用喷枪均匀加热轧辊辊面 2 ~ 4 h,消除车磨应力,减轻急冷急热对辊套的冲击,同时可以减轻立板时黏辊。

③温辊立板是指辊面温度在 50 ~ 60℃ 的情况下立板,主要是为减少急冷急热对辊套的冲击,延缓辊套寿命,避免辊套爆裂。

④出板达辊面一周长度后缓慢供给冷却水。

⑤在铸轧停止或重新立板前,要认真检查辊面,把辊面黏辊异物清理干净,辊面黏辊较严重的地方,可用刮刀小心清理,必要时用细砂纸周向打磨。

⑥采用石墨喷涂和热喷涂润滑辊面时,在原铸轧宽度之外的辊面会有较厚的石墨层或炭焦,若要变宽轧制毛料,其变宽部分要彻底清除,清除时可加水用刷子清刷,必要时用砂纸打磨。

⑦为提高工作效率,避免不必要的辊面清理,在作业安排时应先宽料后窄料轧制。

⑧短期停机。因换规格、合金等需停机重新立板时,停机前关闭冷却水。

⑨长期停机。因停机时间较长需重新立板时,需用火焰烘烤辊面 1 ~ 2 h 后立板。

⑩搬运过程中要小心轻放,避免撞伤或划伤。

14 铸轧用冷却水的要求是什么?

在铸轧过程中,铝中的热量传递到辊套上,再通过辊套传递给辊芯与辊套间的循环冷却水,热量由冷却水带走,冷却水的质量直接影响到铸轧过程的热交换。

　　在铸轧生产中，循环水最好能用软化水，但由于其成本较高，一般都是采用自然水，使用自然水时，其性能必须严格控制，如表 9 - 1 所示。

表 9 - 1　铸轧辊冷却水水质指标

项目	水硬度/ (mg · L^{-1})	铁含量/ (mg · kg^{-1})	镁含量/ (mg · kg^{-1})	氯化物含量/ (mg · kg^{-1})	硫酸盐含量/ (mg · kg^{-1})	清澈度(悬浮物)/ (mg · kg^{-1})
指标	<5	<0.15	<0.15	<150	<150	<3

15　防止铸轧辊辊面黏连的措施有哪些?

　　铸轧生产中常见的问题之一是辊面的黏连，常用的防黏方法有三种，即毛毡清辊器、水基润滑喷涂和热喷涂，具体措施如下。

　　1. 毛毡清辊器

　　毛毡清辊器是一种传统辊面防黏方式，如图 9 - 1 所示，它置于铸轧机的入口侧，清洁辊面由羊毛毡实现。

　　毛毡清辊器虽能起防止黏辊的作用，但更换次数频繁；噪声大；毛毡长期拍打辊面，加速辊面始发裂纹、微裂纹的扩展，影响轧辊寿命；毛毡在拍打、擦拭过程中，其所掉下的羊毛纤维会随轧辊的转动聚集于嘴辊缝隙处，在高温下烧结，一方面可能被铝板、带出，在铸轧板表面形成黑色的非金属压入物，另一方面挂在铸嘴前沿，影响铸轧条件，易造成偏析、气孔等缺陷。

　　2. 水基润滑剂喷涂方式

　　水基润滑剂喷涂方式即广泛应用的石墨喷涂，如图 9 - 2 所示。石墨喷涂系统安装在轧辊的出口侧，由电机驱动喷枪在轧辊轴向移动，将按一定比例混合的水基石墨均匀喷涂在轧辊辊面上，利用辊面余热使水分挥发，其喷涂的石墨把铝板与辊面隔离，起润滑、防黏辊作用。

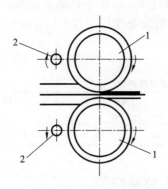

图 9-1 毛毡清辊器示意图

1—铸轧辊；2—清辊器

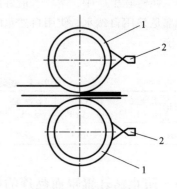

图 9-2 石墨喷涂示意图

1—铸轧辊；2—喷枪

3. 热喷涂

热喷涂的使用和石墨喷涂方法基本相同，喷涂置于轧辊的出口侧，由电机驱动喷枪在轧辊轴向作往返移动，喷枪火焰的大小可通过调整燃烧介质如石油液化气或乙炔等与风的比例进行控制，火焰喷涂在辊面上，使辊面更易形成 Fe_2O_3 膜和均匀的碳层，起润滑和防黏作用。

热喷涂的使用特点：设备简单，成本低；喷涂量易于控制，操作简便，铸轧过程不存在堵塞现象；辊面易于清理，延长轧辊寿命；润滑、防黏效果好，有利于提高铸轧速度。

16 连续铸轧生产的关键技术是什么？

1. 合金成分控制技术

板、带材的组织和性能，除了工艺因素的影响外，主要依靠化学成分来保证。因此，准确控制熔体的化学成分，是保证熔体质量的首要任务。化学成分控制包括主要合金元素和杂质两部分。出现化学成分超标的原因是多方面的，诸如管理不善造成混料、备料、配料计算、称量及化学分析工作的失误等。因此严格控制原料管理，正确进行配料和计算，精心控制熔炼工艺过程，及时可靠的炉前成分分析和调整，都是控制熔体成分的重要环节。

2. 熔体净化技术

熔体净化包括除去熔体中夹杂和除气。铝熔体中的杂质，除了自己金属炉料外，在熔炼过程中还可能从炉衬、炉气、熔剂、炉料及操作工具中吸收。除渣可通过化合造渣、密度差作用、浮选造渣、熔剂溶解作用和机械过滤作用等方式实现。除气可利用分压差原理通过惰性气体精炼和利用化学反应原理通过活性气体精炼方式或者使用混合气体精炼方法去除。

3. 晶粒控制技术

晶粒细化是提高铝及铝合金板、带材强度和塑韧性的重要手段之一，是改善铝材质量的重要途径。主要通过控制过冷度、形核变质处理、动态晶粒细化等方式实现。

17 衡量铸轧板板形的指标有哪些?

1. 纵向厚差

纵向厚差是指在一个轧辊周长或整卷铸轧带材沿同一纵向长度上测得任意两点厚度的最大差值。

2. 中凸度

中凸度是指带材任一横断面中心点厚度与两个边部厚度平均值的差值相对于中心点厚度的百分比。一般按式(9-5)计算：

$$中凸度 = \frac{H_0 - (H_1 + H_2)/2}{H_0} \times 100\% \qquad (9-5)$$

式中：H_0 为中心测量点的厚度，mm；H_1，H_2 为边部测量点的厚度，即带材宽度方向距两个侧边 50 mm 处的厚度，mm。

3. 相邻两点厚差

相邻两点厚差是指带材任一横断面上沿宽度方向相邻两点(间隔100 mm)的厚度差(以绝对值表示，两边部测量点 H_1、H_2 除外)。

4. 两边厚差

两边厚差是指带材任一横断面上沿宽度方向距两边部 50 mm 所测得厚度的差值(以绝对值表示)。一般按式(9-6)计算：

$$两边厚差 = |H_1 - H_2| \qquad (9-6)$$

5.同板差

同板差是指在带材任意横断面上沿宽度方向,与中心对称两点的厚度差的绝对值与中心点厚度的比值(两边部测量点 H_1、H_2 除外)。一般按式(9-7)计算:

$$同板差 = \frac{|H_{n1} - H_{n2}|}{H_0} \times 100\% \qquad (9-7)$$

式中: H_{n1},H_{n2} 为与中心点 H_0 对称(即与中心点等距离 L)的任意两点的厚度,mm。

18 薄板高速铸轧的特点及条件是什么?

1.铝合金薄板高速铸轧的特点

目前,连续铸轧主要应用在铝合金,常规铝合金铸轧的铸轧速度在 1.5 m/min 以下,铸轧板坯的厚度为 6 ~ 10 mm。高速铸轧是将铸轧速度提高到 5 ~ 12 m/min,铸轧板坯的厚度降低到 1 ~ 3 mm。因此,实现高速铸轧需要具备比常规铝合金铸轧更加严格的工艺条件。

2.实现高速铸轧必须具备的条件

①必须有足够大的轧制力,以保证在大的铸轧区、高的铸轧速度条件下使被铸轧的材料具有足够的变形程度。轧制力一般应达 1.25 ~ 1.35 t/mm。

②必须有高精度的液面控制系统。

常规铸轧条件下,由于铸轧速度低、金属流量小,液面波动不会对铸轧区的平衡造成破坏。因液面波动将对高速铸轧过程及产品质量带来严重影响,高速铸轧条件下,一般液面波动应在 ±0.5 mm 范围内。

③应具有高精度的嘴子定位(随动)自动控制系统,能精确控制嘴子上、下、进、退,并随铸轧参数、厚度的变化而随动。

④必须具备动态可调的液压压上(压下)系统,保证铸轧板厚度、板型的自动控制。

⑤必须有高效的轧辊冷却系统,包括辊芯内部水冷系统及外部冷却,并能实现自动控制,常规的内部通水冷却已不能满足高速铸轧

条件的冷却能力和辊形(板形)控制需要。

　　⑥必须具备厚度检测、控制系统,并与液压、冷却、嘴子定位等系统配合,实现对板厚(板形)的自动控制。

　　⑦液流分布系统及嘴子材质能具有保证液流分布均匀、平稳及保温作用,同时,嘴子材料具有易加工性能。

第 10 章   精整设备及工艺

1   什么是铝合金板、带材的精整?

所谓精整是指铝合金板、带材经过轧制或热处理后,在生产为成品之前所进行的几何尺寸及表面质量等的加工整理所经过的工序。

2   铝合金中厚板材常用的精整工艺流程有哪些?

1. 淬火板材的精整工艺流程

热轧板材—热轧机双列剪切边—剪切块片—辊底炉淬火(盐浴炉加热—水中淬火—酸洗—冷水洗—温水洗—卸板)—压光—矫直—锯切(剪切)—成品检验—垛片—包装(涂油)—交货。

2. 预拉伸板材的精整工艺流程

热轧板材—剪切块片—辊底炉淬火(盐浴炉加热—水中淬火—酸洗—冷水洗—温水洗—卸板—矫直)—预拉伸—(时效)—锯切—成品检验—包装—交货。

3. 热轧板材的精整工艺流程

热轧板材—剪切块片—矫直—锯切(剪切)—成品检验—包装—交货。

4. 退火热处理板材精整工艺流程

热轧板材—剪切块片—成品热处理—矫直—锯切(剪切)—成品检验—包装—交货。

3   铝合金中厚板锯切的目的是什么?

铝合金中厚板锯切的目的:

①切除裂边与拉伸钳口。

②控制用户提出的精准尺寸。

4　铝合金中厚板锯切工艺控制要点有哪些?

铝合金中厚板锯切工艺控制要点:

①需锯切的板材必须在为室温下锯切。锯切时,锯片要保证充足的乳液润滑。

②垛料前,查看工序记录,对存在的不合格品,应在垛片时挑出。

③垛料时,应及时清除板面上的铝屑,避免产生铝屑印痕。应在每张板片上写上顺序号。并在侧边画上锯切标线,保证钳口和缺陷部位被切除。

④成垛锯切时,应使用专用卡具卡紧,防止板片窜动。锯切淬火拉伸板时,应对称切掉钳口附近的死区(每侧锯切掉钳口外 200 mm 以上)。

⑤设备操作人员负责锯切定尺,并指定人员负责复尺,确认无误方可锯切。锯切速度可根据合金、厚度适当选择,一般为 0.5~1.0 m/min。

⑥因板片边部缺陷在淬火/拉伸前需先切边的板材,在宽度余量允许的情况下,应留出二次锯切余量。

⑦因板材边部暗裂保证不了成品尺寸时,应按不合格品的相关规定处理。

⑧按取样规定切取试样,切取试样条前,由试样工负责在板垛端面用记号笔画上倒"V"字,防止锯切后试样条滑落造成混号。

⑨板材锯切后的实物尺寸和外观质量应符合内控质量标准的规定,生产工负责在料垛的端面注明合金、批号和板顺序号范围。

⑩不准锯切铝及铝合金板以外的废铝卷、废底盘、铸块等及其他非铝合金材料,以保证设备精度。

⑪铝屑刮板机导路应畅通,除铝屑以外,不准存放其他物料。生产时应及时清除废铝屑。

⑫锯切时,应适当控制锯切进给量,确保锯切端面光滑,无毛刺,锯切刀痕不超过 0.5 mm。

⑬锯切后,应擦净板材上的乳液、碎屑等杂物。

⑭严禁锯切拉伸钳口咬入部分和没有经过拉伸且应力大的淬火板材。

⑮为保证设备精度和产品质量，禁止使用不符合规定要求的锯片和木方。

⑯锯片黏铝、掉齿或出现其他问题时，必须停机，及时处理，保证锯床处于良好的工作状态。

⑰锯切结束后，锯头应停放在横梁任一端头的最高位置。

5 铝合金中厚板的剪切类型有哪些?

按照刀片形状和配置方式及铝板情况，在中厚板生产中常用的剪切机有斜刀片式剪切机(通称铡刀剪)和圆盘式剪切机。

6 铝合金中厚板材剪切断面的各部分名称是什么?

剪切断面的各部分名称如图 10-1 所示。

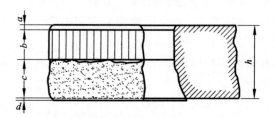

图 10-1 剪切断面示意图

a—塌肩；b—剪断面；c—破断面；d—毛刺；h—板材厚度

7 铝合金中厚板剪切过程剪刃的调整和剪切毛刺的消除方法是什么?

1. 剪刃的调整

人们通常说的剪刃调整，就是指水平间隙和重合量的设定值的改变。对于剪切作业来说，这方面调整是整个剪切作业的关键，它决定剪切断面是否良好以及剪切用力是否最小。

这里必须说明一点的是，不仅对于不同设备即使是同一制造厂生产的相同剪切设备,各个剪切设备设定值都不会一样,要从实际生产中总结出来。方法是:在特定的条件下,通过适当调整得到最佳剪切断面,这时的剪刃间隙调整值是最佳的,可作为以后实际生产中初步设定时采用的可靠参考值。我们可通过观察剪切断面的质量来判断剪刃间隙调整是否合适。

(1)剪刃间隙调整合适

如图 10 - 2(a)所示,裂缝正好对上,塌肩和毛刺都很小,剪断面占整个断面的 15% ~ 35%(具体数值参考图 10 - 2),其余为暗灰色的破断面,很明显地表示出正确的剪切状态。这时,应及时记下各项调整后的数值。

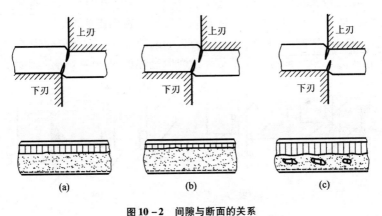

图 10 - 2   间隙与断面的关系

(a)间隙合适;(b)间隙偏大;(c)间隙偏小

(2)剪刃间隙调整偏大

如图 10 - 2(b)所示,裂缝无法对接上,铝板中心部分被强行拉断,剪切面十分粗糙,毛刺、塌肩都十分严重。

(3)剪刃间隙调整偏小

如图 10 - 2(c)所示,裂缝的走向略有差异,使部分断面再次受剪刃侧面的强压入,即进行了二次剪断。因此,当剪断面上出现碎块状的二次剪断面时,就可以认为间隙偏小了。这种情况下,应把间隙朝大的方向调整一下，使二次剪断面消失。

　　剪切前剪刃间隙的调整，是一项很细致的工作，要在实际工作中不断总结经验。热轧铝板种类繁多，即使同一种铝板，也会因化学成分的差异和加工工艺的差异而不同。在调整间隙时，一定要考虑到各方面的因素，作为初步设定值，在剪切 4.0 mm 以下的薄板时，间隙取板厚的 5% ～9%；剪切 4.0 mm 以上厚板时，间隙取板厚的 9% ～15% 为宜。

　　当经过反复调整，剪刃间隙达到最小限度，还不能得到满意的剪切断面时，就应该考虑更换剪刃，否则，无法保证产品质量和设备安全。

　　2. 毛刺的产生及消除

　　在铝板头尾沿整个剪切线向上或向下突起的尖角称为毛刺。上毛刺一般发生在铝板尾部，下毛刺一般发生在铝板头部。

　　毛刺产生的原因：由于上下剪刃的间隙过大，或剪刃剪切面以及上表面的尖角磨损过大所造成，其产生过程如图 10 - 3 所示。

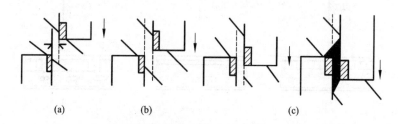

图 10 - 3　剪刃间隙过大造成毛刺产生的过程

（a）刀片压入金属；（b）金属滑移；（c）金属继续滑移，断裂后金属拉延形成毛刺

　　消除方法：只要消除造成剪刃间隙过大的各种因素，毛刺即可减小或消除。

　　首先，要经常保持下剪床的固定螺丝和抽出下剪床的螺丝的紧固，不松动。

　　其次，上剪床的铜滑板要保持足够的润滑油，防止磨损，一旦磨损后立即加垫调整，使之保证与下剪床的距离不变。

　　再次，上下剪刃接触面磨损到一定程度后要立即更换。

8 铝合金中厚板剪切过程工艺控制要点有哪些?

铝合金中厚板剪切过程工艺控制要点:

①工作前,必须按照剪切机使用规程的要求,对设备进行全面细致的检查。

②按生产卡片核对料、证、牌是否齐全,认真核对板材的合金、状态、批号及规格,有问题时,必须经有关人员处理后方可生产。

③剪切前,根据板材的厚度调整剪刃间隙。

④对于非成品尺寸剪切,必须留出试样及工艺要求的毛料尺寸。

⑤剪切时发现毛刺、划伤等质量问题时必须及时处理。

⑥剪切时所用的底盘必须平整,不准有尖锐突起或异物,底盘的不平度≤30 mm。

⑦剪切后的落片应平稳,不允许有砍伤等。

9 铝合金中厚板的辊式矫直方法包含哪些?

在辊式矫直机上,按照每个辊子使轧件产生的变形程度和最终消除残余曲率的办法,可以有多种矫直方案。

1. 小变形矫直

所谓小变形矫直,就是每个辊子采用的压下量刚好能矫直前面相邻辊子处的最大残余弯曲,而使残余弯曲逐渐减小的矫直方案。由于轧件上的最大原始曲率难以预先确定与测量,因而,小变形矫直方案只能在某些辊式矫直机上部分地实施。这种矫直方案的主要优点是,轧件的总变形曲率较小,矫直轧件时所需的能量也少。

2. 大变形矫直

大变形矫直就是前几个辊子采用比小变形矫直大得多的压下量,使板材得到足够大的弯曲,以消除其原始曲率的不均匀度,形成单值曲率,后面的辊子接着采用小变形矫直。对于有加工硬化材料的轧件,在采用大变形矫直时,由于材料硬化后的弹复曲率较大,故反复弯曲的次数应增多(增加辊数)或加大反弯曲率值。

采用大变形矫直方法,可以用较少的辊子获得较好的矫直质量。

但若过分增大轧件的变形程度，则会增加轧件内部的残余应力，影响产品的质量，增大矫直机的能量消耗。

3. 斜度调整

上工作辊装入一个可竖直调整的机架中，入口侧和出口侧工作辊在竖直方向上可独立调整，这种改变上下工作辊间的相对位置（下工作辊固定）的调整方式叫做"斜度调整"。斜度调整后沿着板材纵向材料的弯曲半径由小到大。斜度调整可以纵向矫直板材如下垂、上翘缺陷。斜度调整示意图如图 10 – 4。

4. 支撑调节

就是对支撑辊单组或多组进行位置垂直调节，使工作辊弯曲半径沿轴向发生改变，使带材横向弯曲半径不一致，变形不一致，弯曲半径小则变形程度大。支撑调节可矫直边部波浪、中间波浪等多种板形缺陷。支撑调节要使工作辊以一均衡并成比例的弯曲率支撑，相邻两组支撑间的垂直位置不能相差太大，否则容易导致工作辊断裂。支撑调节示意图如图 10 – 5。

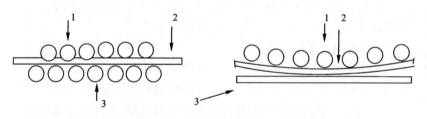

图 10 – 4　斜度调整示意图   图 10 – 5　支撑调节示意图

1—上工作辊；2—板材；3—下工作辊   1—支撑辊；2—上工作辊；3—下工作辊

10　铝合金中厚板辊式矫直异常现象的判断和处理方法有哪些?

1. 压下量过大

由于辊式矫直机工作辊布置形式不同，压下量过大所产生的现象及其观察、判断和处理方法也不同，图 10 – 6 为两种类型的辊式矫直机简图。

采用图 10 –6(a)种类型的矫直机矫直铝板。当铝板的端部产生向下弯曲现象时，说明矫直机的压下量过大。

采用图 10 –6(b)种类型的矫直机矫直铝板。当压下量过大时，会产生两种现象：一种是铝板的端部向上翘；另一种是铝板的端部向下弯曲。产生第一种现象的原因是矫直机的导向辊抬得过高；第二种现象是由于导向辊过低。对发生上述现象的处理方法是迅速抬起上工作辊，重新调整压下量直至铝板平直为止。

2. 矫直辊两端间距不均

当铝板经矫直机反复矫直后，一侧出现波浪(不属于轧制时造成)的现象，这种说明矫直机两端间距不均。对这种现象的处理方法是，将一块平直的铝板输入矫直机内，然后用塞尺测量两侧的辊缝间距，根据测量结果调整一侧辊缝间距，使两端一致。

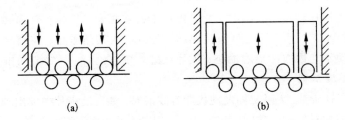

图 10 – 6　两种类型的辊式矫直机简图

(a)每个上辊可单独调整；(b)带导向辊的上辊调整

3. 矫直机辊压合

这种事故的现象是：矫直机工作辊和压下指针不转动，铝板夹在矫直机内不能移动。

事故发生原因：多数为铝板进入矫直机时调整压下量及多张铝板同时矫直，由于压下量过大所致。另一种原因是矫直强度大、瓢曲严重的铝板所致。

处理方法：用工具盘动压下电机对轮，使上矫直辊抬起，当稍用力对轮就能转动时，人员撤离，启动压下电机使上矫直辊继续抬高

（若压下电机烧坏，需立即更换电机，切不可换完电机立即启动，以免再烧），至矫直辊与铝板之间有间距时，将铝板输出。然后检查设备是否正常，无异常时可继续生产。

11　铝合金中厚板辊式矫直的工艺控制要点有哪些?

①工作前要检查设备及运转、润滑、清洁等情况，矫直辊上不准有金属屑和其他脏物。如发现板片黏铝及其他脏物时，必须用清辊器将辊子清理干净。如矫直辊有问题时，应及时修理。

②将矫直机的上辊调整一定角度，使进口的上、下辊间隙小于出口的上、下辊间隙，而出口的间隙应等于板片的实际厚度或大于板片的实际厚度 0.5～1.0 mm。

③矫直机的压下量应根据板片厚度调整，在某些特殊情况时，矫直机的进口与出口压下量变化很大，要根据来料的波浪和合金的屈服强度实际确定。

④板片进入矫直机时，要求板片不得有折角、折边，否则必须用木锤打平；板片上不允许有金属屑、硝石粉或其他脏物；在精平前板片表面不允许有明显的油迹；板片在进入矫直机时，一定要对准中心线，不许歪斜。

⑤在矫直过程中，如发现板片有波浪时，如发现板片中部出现波浪时，可调整中间的支撑辊使之上升，上升的大小可由波浪大小来决定，波浪越大上升越多。如板片两侧出现波浪时，可将中间支撑辊压下，或将两侧支撑辊上升，调整多少可根据板面波浪大小来决定。如板片一边出现波浪时，可将有波浪一边支撑辊抬起或将没有波浪一边支撑辊压下。如果上、下辊间隙在板片宽度方向不同时，可单独调整压下螺丝。

⑥板片不允许互相重叠通过矫直机，不许同时矫直两张板片。

⑦矫直变断面板时，根据板片平均厚度，矫直辊要边走边压下。

⑧2017T4、2024T4 须在淬火后 4 h 内矫直完，2A06T6、7A04T6、7075T6 须在淬火后 6 h 内矫直。人工时效的板材需在中间垫上硬纸板。

⑨当发现板片有黏铝或印痕时，必须立即进行清辊。

⑩如果发生板片缠辊或卡在工作辊与支撑辊之间时，不许强行通过，应立即停车，将辊抬起后，再向后退回板片，或找钳工处理。

⑪当板片从矫直机退回时，必须将矫直机抬起后方可进行。

⑫停止生产时，支撑辊一定要抬起，不允许给工作辊加压。

12　铝合金中厚板压光的目的和控制要点是什么？

欲获得表面光亮平直的板材，可采用平整机（或称为压光机）进行压光。平整机工作轧辊的直径较大，表面必须抛光，这样才能起到平整和使表面光亮的作用。

在平整机上平整板材时，一般压 3~7 个道次，每道次的压下量很小，总的压下量不超过板材厚度的 2%。由于工作辊辊面光洁度高、辊径较大，压力比较小，使轧制的金属前滑大，从而使板材平整，表面光亮。工艺控制要点包括如下几项：

(1)生产前认真清理运输皮带上的脏物，检查与清理轧辊表面，确认无问题后方可生产。

(2)板片压光矫直前，测量厚度，压光工按来料厚度自行分配压光道次压下量，但总压下量不大于 2%，严格控制板材厚度偏差。

(3)板片通过压光机前，必须用压缩空气吹净板片上的金属屑、灰尘、脏物。

(4)严禁折角或重叠的板片进入压光机压光。

(5)板片送入矫直机时，一定要对准轧辊中心。

(6)变断面板材压光时，要正确选择轧制速度，防止改变变断面板的楔形度。

(7)淬火后的板片应在 30 min 内完成压光。

(8)清辊时应把压光机前后皮带的电源切掉，用刀片或毛巾清辊时轧辊必须反转。

13　铝合金中厚板拉伸矫直和工艺控制要点是什么？

拉伸矫直时，对板片的两端给予一定的拉力，使板片产生一定的塑性变形，达到消除或减小板片残余应力的目的，使板片平整。拉伸变形量控制在 2% 左右，太小不易消除波浪和残余应力，太大易产生滑移线，并产生新的内应力分布不均，过大时还可能出现断片。工艺控制要点包括如下几项：

①通过张力矫直机的板片钳口夹持余量为 200 ~ 500 mm。

②淬火后的板片有裂边时，不允许在张力矫直机上矫直，但退火后的板片的有裂边时，允许在张力矫直机上矫直。

③板片在拉伸矫直前两端要平行，其四个角要成 90°。

④张力矫直机夹持板片时，要对准中心线，不允许歪斜。

⑤板片在拉伸时，板片下面的皮带不准开动。如产生纵向波浪时必须找钳工调整张力矫直机的夹持器，或清除钳口的铝屑等脏物。

⑥板片在张力矫直前，可在大能力的辊式矫直机上预矫直，也可在轧机或压光机给以小压下量轻微压光，使板片较为平整，特别是消除板材横向瓢曲现象。

14　铝合金中厚板拉伸的目的是什么？

在淬火过程中，由于板材表面层和中心层存在温度梯度，产生了较大的内部残余应力，在进行机械加工时，会引起加工变形。铝合金板材进行拉伸处理的目的：就是通过纵向永久塑性变形，建立新的内部应力平衡系统，最大限度地消除板材淬火的残余应力，增加尺寸稳定性，改善加工性能。其方法是在淬火后、时效处理前的规定时间内，对板材纵向进行规范的拉伸处理，永久变形量为 1.5% ~ 3.0%，经此过程生产的板材称之为铝合金拉伸板（stretched aluminium alloy plate）。

15　铝合金中厚板的拉伸工作过程是怎样的？

在拉伸机上，将淬火后板材的两端放入钳口咬合区（理论上称之为"刚端"或称"不变形区"）；牢固夹持后加载将挠度拉直，随后即进入板材的拉伸塑性变形阶段；达到设定的拉伸量后即可卸载结束拉伸过程。根据应力－应变曲线可知，塑性变形包含着一定的弹性变形，因此必须考虑到拉伸过程中的弹性变形（拉伸回弹量），对不同合金、不同规格的板材，预先给定的拉伸量都有所不同，在自动化程度低的拉伸机上主要依靠经验操作来设定。此外，拉伸速度是保证板材各个部位得以均匀变形的重要因素之一。板材两端各个钳口咬合夹持的均匀程度也直接影响到均匀变形和最终应力消除的效果。

16　铝合金中厚板拉伸坯料的尺寸控制原则是什么?

坯料尺寸 = 成品尺寸 + 几何废料。几何废料包括板材两端钳口咬合区、咬合区附近和两侧边的不均匀变形区域。根据生产实践、理论分析与实际测试结果，一般将板材长度两端各预留 400 mm，即钳口夹持区域为 200 ~ 250 mm，不均匀变形区为 150 ~ 200 mm 作为几何废料；宽度两边各预留 30 ~ 50 mm 作为几何废料。

17　铝合金拉伸板的质量控制要点有哪些?

1. 拉伸板的间隔时间

淬火至拉伸的间隔时间是拉伸板材生产工艺的参数之一。对自然时效倾向大的铝合金板材，淬火后时效强化的速度很快，其结果会大大增加拉伸作业的难度，经验证明，它同时对残余应力的消除也有一定的影响。实际生产中一般控制在 2 ~ 4 h 以内。对自然时效倾向不敏感的时间可适当延长。

2. 拉伸板的平直度质量标准

拉伸板平直度的规定见表 10 - 1。

表 10 - 1　拉伸板平直度的国际标准规定

标准名称	厚度/mm	长度方向平直度 (不大于)/mm	宽度方向平直度 (不大于)/mm
美国 ASTMB209	6.3 ~ ≤80.0 80.0 ~ ≤160.0 6.0 ~ ≤50.0	5/2000 长度之内 3.5/2000 长度之内 成品长度×0.2%	4/(1000 ~ 1500) 宽度之内 3/(1000 ~ 1500) 宽度之内
欧共体 EN485 - 3	50.0 ~ ≤100.0 6.5 ~ 25.0	成品长度×0.2% 2/1000 长度之内	成品宽度×0.4% 成品宽度×0.2% 4/1000 宽度之内

3. 拉伸板平直度的影响因素

①钳口夹持质量对拉伸质量起着决定性的作用，钳口的均匀夹持，使板材纵向每一个单元都被拉伸到等量的长度，从而实现了均匀拉伸，也起到了对板材的矫直作用。

②拉伸机机架的刚度与预变形补偿的影响：由于板材拉伸机的两个拉力缸等量安置在两侧，对于横截面越大的板材，在拉伸过程中机架产生的变形将越大。因此，拉伸机机架应保持较大的刚度，设计与制造中应考虑机架预变形补偿，以克服和补偿拉伸过程中机架产生的变形。

③拉伸前板材尺寸的不规则性和应力分布的不均匀性，拉伸过程中有效地控制平稳的速度，使各个变形单元得以充分均匀的变形，是满足均匀拉伸的重要条件之一。

④实践证明，长度相对小一些，宽度相对大一些的板材，其横向展平效果要好得多。生产中应选择宽长比大一些的工艺方案。

⑤对淬火后变形较大的板材，应利用辊式矫直机进行初步矫平，而后在拉伸机上进行最终的精矫平。

⑥由于拉伸机的主要作用是消除板材的残余应力，以纵向小变形量的塑性变形过程为主，因而对纵向有较好的矫直作用，对横向平直度的改善能力非常有限。

4. 拉伸板缺陷及产生原因

（1）拉伸量超标

根据不同合金、不同规格板材的拉伸回弹量特性，设定合适的预拉伸量。对强度高、合金化程度高的板材，拉伸后（4 天左右）约有千分之一的自然回弹量，生产中必须加以考虑。根据东北轻 45MN 拉伸机多年来的生产经验，总结出拉伸设定量的经验计算公式：

$$拉伸设定量 = K \cdot C \cdot \frac{拉伸坯料实际长度 - 钳口长度}{1000} +$$

$$\frac{厚度 \times 宽度}{25 \times 1000} \times 100\% \tag{10-17}$$

式中：K 为材料的弹性系数，$K = 0.6 \sim 1.0$；C 为淬火 - 拉伸间隔时间系数，$1.0 \sim 1.5$。

采用上述公式得出的拉伸设定量，基本可以满足拉伸工艺要求的 1.5% ~3.0% 的永久变形量。

（2）应力消除不当

通常是由于各个钳口夹持不均匀；拉伸前板料局部波浪过大，有限的拉伸量不足以消除该区域的残余应力；拉伸速度不平稳，产生新的不均匀应力分布；锯切工序对拉伸板的两端头和两侧边切除的尺寸过小。因此，保持良好的热轧板形、规范的拉伸过程和正确选择锯切尺寸是取得良好拉伸结果的重要条件。

（3）拉伸过程断片

通常是熔体质量不好，内部夹渣、疏松严重等导致拉伸断片；热轧道次加工率分配不合理，使其厚板的表面层和心部的变形不均匀，导致心部残留严重的铸态过渡夹层从而可引起拉伸断片；尤其是热轧板边部缺陷（开裂、裂纹和夹渣等）引起拉伸断片。

（4）拉伸滑移线

是由于拉伸量过大；拉伸前的整平工序的压光量过大（指压光矫直的加工方式）；淬火—拉伸—淬火—拉伸的多次重复生产。

18 冷轧薄板精整的目的和方法是什么？

冷轧工序结束的产品由于表面残留有较多的轧制油、有较明显的波浪、尺寸大于或倍尺于最终用户要求，因此一般需经过精整工序后才能满足用户要求。冷轧过程中，有的产品由于边部易出裂边，为降低断带的可能性，提高防火安全性、提高轧制速度，也需要在精整工序进行中间切边。还有的冷轧产品需要在中间退火前清除掉表面残留的轧制油，防止退火烧结油斑的出现，提高表面光亮度，也需要在中间退火前进行清洗。

19 一般精整机列都具有哪些功能？

1. 清洗功能

主要是清洗掉冷轧后表面残留的轧制油以及铝灰。

2. 改善板形功能

通过纯拉伸、弯曲矫直或拉伸弯曲矫直等方法消除轧后带材的残余应力，改善板形。

3. 定尺及切边功能

通过切边、分条、切片等方法，将轧后的带材切成不同宽度的卷材或切成不同尺寸的片材，以满足用户的需要。

4. 涂油、涂蜡功能

为保护高表面产品，防止出现层间损伤，或便于后续深加工，需要在精整工序涂上一层保护介质，如 PS 板在通过拉矫时往往在表面涂上少量的清洗油；有的产品为提高冲制性能，需要在精整工序预先涂上一层润滑油，如制罐料需要在精整时在表面均匀地涂上一层预喷油，而罐盖涂层料需要在精整工序涂蜡来改善其冲制性能。

5. 覆膜或衬纸功能

为在开卷、运输、后续加工等过程中保护表面，需要在精整工序为铝材表面进行覆膜或衬纸。

6. 包装功能

分切好的产品为便于运输及便于贮存，一般需要对产品进行包裹并打捆在支架上或装箱。

20　铝合金薄板精整机列线的配置是怎样的?

按传统的配置可将精整设备分为：拉矫机列、纵切机列、横切机列、包装机列。其中拉矫机列有纯拉伸机列、拉弯矫直机列，其主要功能是清洗、修边和改善板形。纵切机列主要起到修边或分条作用，横切机列主要功能是切片及改善板形。包装机列有自动包装也有手动包装。

21　铝合金板、带材的清洗原理是什么?

板、带材在冷轧制过程中，因轧辊与板材表面摩擦和碾压，其表面会产生细微氧化粉脱落和吸附，轧制油及其附带悬浮成分会残留在板、带材表面，对板、带复合、涂装等成品加工造成不利影响。而且拉弯矫直时由于带材在弯曲辊上产生剧烈弯曲变形，伴随发热，如果带材表面未经清洗，变形时氧化粉脱落，随着油污一起黏附在弯矫机的辊面，会引起辊面磨损，并造成铝板路伤，因此必须通过专门的清洗装置进行清洗。

清洗站就是利用压力泵对清洗介质加压，对带材表面进行非接触式喷洗，或接触式刷洗，使材料表面的铝粉及油污溶解脱落到清洗介质中，再经挤干辊挤干，高压空气吹扫，或高温空气烘干，以获得洁净干燥的带材。同时，通过不断更新清洗介质，或在线循环过滤，使清洗介质保持足量和清洁。

22 铝合金板、带材的不同清洗介质及其优缺点是什么？

目前，有色金属加工行业的拉弯矫直机常用的清洗介质有软化热水、清洗剂（或称溶剂油）、化学溶液。其各自优缺点如下：

1. 软化热水

经济易得，安全性高，但附属设备多，电能消耗大，对挤干烘干要求高，否则易造成水腐蚀，清洗能力有限，特别对铝灰的去除能力较弱，影响整机速度。

2. 清洗剂

清洗剂为煤油基或轻柴油，对轧制油和金属粉末、液压油等具有良好的溶解效果，且挥发效果好，对挤干吹扫要求低，不产生腐蚀，不影响整机速度。缺点是成本高，有火灾隐患，对环境有污染，因此要配备循环过滤系统和灭火系统。

3. 化学溶液

采用一定浓度的酸碱化学溶液，使之与板、带材表面发生一定程度的化学反应，去除表面金属粉末、油污。优点是清洗效果极佳。缺点是附属设备多，设备易腐蚀，不环保，影响整机速度。

23 清洗设备的主要组成部分有哪些？

清洗设备主要用来消除带材上的脏物和油，主要包括六个部分。

1. 1号挤油辊

1号挤油辊主要是将来料表面的油挤干，在挤干辊的前面，有一个油箱，被挤干的油经过导板流到油箱内便于生产人员处理。

2. 高压清洗装置

高压喷洗的压力一般在 5~7 MPa 之间调节，水温一般为 70℃左右，该装置预清洗带材。带材成 S 形穿过两根橡胶辊，橡胶辊由稳定的焊接框架中的轴承支撑，辊的直径通常在 800 mm 左右。每根胶辊斜下方各布有一根或多根喷射杆，喷射杆上装有一定形状及有序分布的高压喷嘴，它们的排列位置能确保在带材的宽度范围内能获得最佳的喷洗条件。在胶辊下方还各有一根清刷辊，清刷辊外部由质地较软的毛绒构成，工作时清刷辊旋转方向与带材运动方向相反，在高压水的冲刷下，清刷辊将带材残余油污除去。高压喷射区的基础下配有一个带液位开关的收集箱，由一台水泵将这里的液体转送到过滤水箱。喷洗区的罩子是不锈钢制作的，在操作侧可以打开，并配有窗口。

3. 2 号挤水辊

2 号挤水辊将高压喷洗区出来的带材表面上的水挤干，在 2 号挤水辊的作用下，带材表面残留的水经过导板流向高压喷洗区的收集箱。

4. 低压清洗装置

低压清洗装置[水压大约为 0. 5 MPa]对带材做最后清洗。低压清洗所用的水温约85℃，低压装置内有几组喷射杆，上面排列有喷头，工作时上、下喷头向带材喷射低压水，对带材表面进行清洁。喷嘴所在区域称为喷淋区，喷淋区的罩子是不锈钢制作的，在操作侧可以打开，并配有一个窗口。在低压装置的出入口处各安装一对刷子，这些刷子能减轻带材表面的油污，并使低压清洗区最大限度地保持封闭。

5. 3 号挤水辊

3 号挤水辊将带材表面残留的水挤干，在 3 号挤水辊的作用下，带材表面残留的水经过导板流向低压喷洗区的收集箱。

6. 烘干箱

烘干箱主要由热冷空气干燥器组成，其作用是用来干燥清洗后的带材，由于带材边部带水量较大，通常在烘干箱内额外带有一个边缘干燥器。

烘干箱内上、下两侧配有风刀(喷气梁)，工作时风刀喷射高压空气对带材表面进行干燥，这些风刀必须罩住整个带材宽度。

在干燥区有两个喷气梁，一个位于上方，一个位于下方，每个都由冷风机提供空气。另有六个喷气梁位于带材的上方，六个喷气梁位于带材下方,有一台热风机提供空气。上、下两排可调节的喷嘴干燥带材的边缘,由热风机提供空气。

24　清洗操作生产前准备工作有哪些?

1. 检查清洗介质

水温、水压、水质;油温、油品外观与含水率;酸碱浓度、温度。确认上述各参数是否符合工艺操作规程要求,若不符则进行处理直到符合工艺操作规程要求方可进行生产。

2. 检查清洗设备

喷嘴堵塞情况,挤干辊(挤水、挤油、挤酸、碱液)辊面状况、运转情况,刷辊的毛刷状况与运转情况,介质过滤装置运行情况。喷嘴应无堵塞,若有应处理确保带材宽度范围被喷射水流覆盖。

3. 检查烘干装置与吸附装置

热风供应是否正常、喷风有无异常真空吸附装置能否正常运转。在设备运行正常和清洗介质达到工艺要求的情况下方可启动设备对铝材进行清洗。

25　带材表面清洁度的影响因素有哪些?

1. 来料表面的轧制油含量及其均匀性

正常情况下,带材表面的轧制油应是一层比较均匀的且较薄的油膜,如果带材表面的轧制油含量超标或由于轧机吹扫、机列有滴漏现象等造成带材表面有油带、油团等,则会影响拉矫后带材表面的清洁度。

2. 清洗要素指标,如水温、水压、清洗水的过滤情况等

要求其清洗要素指标必须达到要求,且对于来料表面较脏的带材或对表面清洁度要求较高的带材,其清洗要素指标控制尽量在上限或维持一个较好的状态。否则,指标过低会影响带材表面的清洁度。

3. 设备卫生的状况,包括水箱、导路、辊系等是否清洁

设备不清洁会导致脏物混入清洗水中,造成新的带材表面污染。

4. 循环清洗水的过滤情况

在各种不同的拉矫机列中,清洗水的过滤仅限于高压清洗水重复

过滤,而目前国内部分拉矫新增了板式过滤器,其对清洗水的过滤明显好于以前在贮水箱的单层过滤方法。而在一些采用油清洗的拉矫机列,板式过滤器系统则是必备设备。

5. 机列速度的变化

低速生产能提高带材表面的清洁度。

6. 来料温度

来料温度对于清洗后带材表面的清洁度也有非常大的关系,在其他设备因素不变的情况下,来料温度高的铝卷其清洗效果明显好于来料温度低的铝卷,主要原因是卷材温度高,表面上的油更易挥发,且更易融于水。

26 清洗效果的判定方法是怎样的?

实践表明,拉矫的水清洗对于清洗掉来料表面的轧制油效果较好,但对于清洗掉来料表面的铝灰等非油物质的效果次之,而油清洗能够有效清洗掉铝灰等非油物质。水清洗效果的判定可通过如下手段:

①目测。带材表面有没有目测可见的油污、油带、油团等现象。

②纸巾测试。用干净的纸巾在清洗后的带材表面擦拭,纸巾表面有没有明显的发灰现象。

③刷水实验。用酒精溶液(60%的蒸馏水和40%的酒精配制)滴在带材表面上,观察滴液是否收缩,未收缩或收缩程度较小则表示清洗效果较好。

27 清洗效果不合格应该如何处理?

清洗效果不合格应进行以下处理:

①检查清洗要素是否合格,如水压、水温等,且当对带材表面清洁度要求较高时,其清洗要素指标尽量控制在上限。

②检查清洗喷嘴是否有堵塞现象。

③检查喷嘴角度是否正确,其正常的角度应该是与带材运行方向相反,且与带材呈45°角。

④检查清洗水的状况,如不合格必须换水,包括高、低压水箱、

过滤水箱和清刷水箱。

　　⑤加强对道路辊系的清理，特别是当带材来料表面油污较多，对辊系表面造成的污染较重时，还应加大清理频次。

　　⑥清理高、低压水箱，过滤水箱，清刷水箱，过滤罐和水循环管道。

　　⑦降低生产速度。

28　薄板矫直的主要目的和作用是什么？

　　矫直的主要目的是改善冷轧后铝板、带的板形不良状况。板、带材在冷轧加工时，由于辊形与辊缝的形状等原因会引起板、带材板形不良，如产生波浪（双边波浪、单边波浪、中间波浪、两肋波浪）、翘曲、侧弯及瓢曲和潜在板形不良等。这些缺陷的产生是因轧件在宽度方向上的纵向延伸不均匀，出现了内应力的结果。为了消除板、带材的板形不良，使板、带材内应力趋于均匀，需要对板、带材进行矫直。

29　薄板矫直方法是如何分类？

　　根据矫直时是否投入弯曲矫直设备，矫直可分为连续纯拉伸矫直、弯曲矫直及拉伸弯曲矫直。

30　何为薄板连续纯拉伸矫直设备？

　　纯拉伸矫直也叫纯张力矫直，即矫直板形全靠 S 辊之间建立的张力对带材进行矫平（见图 10－7）。来自开卷机的带材由位于弯曲矫直机前的张力辊组导入。由于每个张力辊与带材之间都有较大的接触包角，可以在带材上产生较大的拉应力。当拉力达到一定值后带材受内部拉应力的地方首先产生纵向塑性变形，从而达到改善板形的作用。

　　带材拉伸主要依靠拉伸制动张紧 S 辊装置来完成，一般分为四辊拉伸矫直和八辊拉伸矫直，前、后两对张力辊使带材在其张力的作用下产生塑性拉伸变形，从而达到矫平带材的目的。拉伸矫直要求 S 辊电机负荷大，特别是中间两根 S 辊，而 S 辊承受负荷越大，辊面越易受损伤，所以拉伸矫直适合于强度低的纯铝生产，而不适合强度高的合金料的生产。

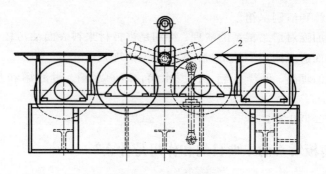

图 10 –7   S 辊组示意图

1—压辊；2—S 辊

31   薄板连续纯拉伸矫直的原理是什么?

连续纯拉伸矫直原理是利用两组 S 辊之间的拉力使带材产生一定的塑性变形，达到消除或减小板片残余应力的目的，使带材平整，如图 10 – 8 所示。

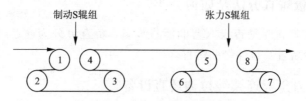

图 10 –8   连续纯拉伸矫直示意图

连续纯拉伸矫直机的特点是不装配小直径的钢矫直辊，带材在制动 S 辊组入口处开始至张力 S 辊组出口间进行拉伸，带材张力由1~4号制动张力辊升至屈服强度极限，再由 5~8 号张力辊将带材张力降下来。

32   连续纯拉伸矫直生产方式的优缺点是什么?

1. 优点

操作简单，且有利于表面质量要求较高，特别是不允许有矫直辊印的带材生产。

2. 缺点

材料塑性延伸主要发生在入口张力辊组和出口张力辊组之间的两根辊子上，在纯拉伸矫直时，这对辊子提供的张力相当大，辊面挂胶层容易磨损，导致这对辊子的更换与磨削频繁；连续纯拉伸矫直时带材受到的张力较大，生产前必须先切掉裂边，否则拉伸时容易造成断带；厚料和某些硬合金带材，尤其是屈服极限 $Rp_{0.2}$ 与强度极限 R_m 较接近的材料，很难通过连续纯拉伸矫直的生产方式矫平。

33　何为弯曲矫直设备？

弯曲辊装置由两侧的焊接钢件组成，这些钢件固定在顶架和两个等距离连杆上。弯曲装置固定在基础框架的制动隔离环和张力框架上，可取出的辊组装在顶架的入口侧，它支撑 II 和 IV 号弯曲辊和它们的中间辊、支承辊。在带材前进方向上的下一段，排列的是塑料包覆的偏导辊，它由两侧部件上的轴承支承，如图 10 - 9 所示。

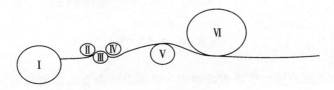

图 10 - 9　弯曲辊装置

根据被矫带材的材质、板厚、板形等不同，可选用不同的辊缝。被矫带材通常在弯曲矫直机的入口处产生较大的弯曲，这种弯曲程度是沿着出口方向逐渐减弱。经过很多辊子反复矫正，带材的曲率逐步减小而逐渐变得平直。金属折弯的弯曲半径减小时，折弯处屈服部分增大，如图 10 - 10、图 10 - 11 所示。

34　薄板拉伸弯曲矫直的工作原理是什么？

拉伸弯曲矫直即采用拉伸矫直和弯曲矫直同时进行，使带材在承受拉力作用的同时承受反复弯曲的作用力，达到消除其残余应力矫平带材的目的。

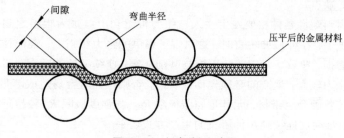

图 10 – 10　矫直过程示意图

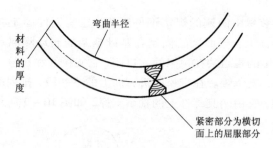

图 10 – 11　弯曲应力图

为克服连续拉伸矫直的缺点，必须设法降低所需拉伸力。因此在双 S 辊之间安装各种类型的辊式矫直，使带材矫直时在拉应力和弯曲应力的叠加作用下，产生塑性变形，达到消除板形缺陷的目的。连续拉伸弯曲矫直机列设备构成示意图如图 10 – 12 ～ 图 10 ~ 15 所示。

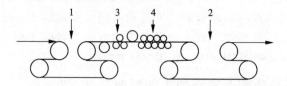

图 10 – 12　连续拉伸弯曲矫直机列设备构成示意图(一)
1—制动 S 辊组；2—张力 S 辊组；3—三辊矫直辊组；4—九辊矫直机

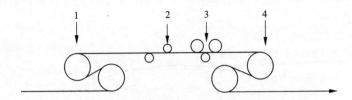

图 10 - 13　连续拉伸弯曲矫直机列设备构成示意图（二）
1—入口 S 辊；2—弯曲辊；3—三辊矫直；4—出口 S 辊

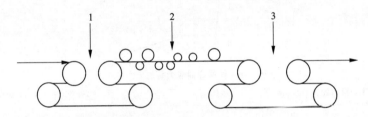

图 10 - 14　连续拉伸弯曲矫直机列设备构成示意图（三）
1—入口 S 辊；2—四元六重矫直；3—出口 S 辊

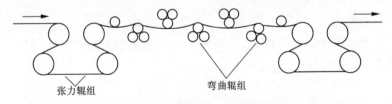

张力辊组　　　　　弯曲辊组

图 10 - 15　连续拉伸弯曲矫直机列设备构成示意图（四）

　　带材在张力的作用下，通过弯曲矫直机时产生了纵向拉应力与弯曲应力。由于弯曲应力的作用面与纵向拉应力不同，实际矫直过程是发生在两个作用面叠加范围中。图 10 - 16 所示的叠加应力分布，两种叠加应力作用的结果，使被矫带材内的各种应力，通过拉伸和弯曲应力而产生变化，即带材中产生形状不同的长短纤维组织同时被延伸拉长。在它们弹性收缩之后，延伸变长的纤维仍然保留。由于拉应力所产生的永久性塑性变形表现为延伸形式，使带材不均匀的纤维组织均匀，内应力值相同且方向一样，达到了矫直的目的。

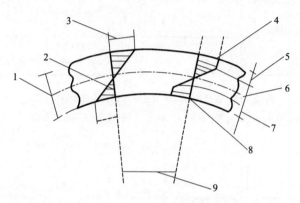

图 10 – 16   拉伸弯曲应力叠加应力分布图

1—带材厚度；2—压应力；3—拉应力；4—拉应力截面；5—塑性区；6、7—弹性区；8—压应力截面；9—曲率半径

35   连续拉伸弯曲矫直生产方式的优缺点是什么？

1. 优点

连续矫平，生产率高；功率消耗小；适用材料范围宽；矫平质量高等。

2. 缺点

设备造价和运行费用较高，对操作及设备维护要求高，容易产生缺陷，如矫直辊印、矫直辊黏伤、麻皮、色差等。

36   矫直过程中的质量控制要求是什么？

拉伸矫直后会产生的缺陷有矫直辊印、黏伤、印痕、麻皮、滑移线等，其主要产生原因是矫直机黏铝或异物、工作辊表面镀铬层有损伤、支撑辊调节不当、设定伸长率过大、喷油系统出现问题、压下量过大等。采取的措施有清辊、换辊、处理喷油系统、合理调节伸长率和压下量等参数。

37　影响矫直板形质量的原因及解决措施是什么?

①伸长率不当。伸长率过小,未能完全消除其残余应力,板形产生回复;伸长率过大,产生了新的残余应力,甚至产生滑移线缺陷。一般而言,纯铝、薄料或来料板形较好的料,其伸长率可适当小一些;而合金铝、厚料或来料板形较差的料,其伸长率可适当大一些。

②弯曲矫直系统调节方法不当。如斜度调节、支撑调节、压下量调节等没有按要求进行,导致板形未能得到有效改善,甚至更差。要求在使用不同的板形调节方法时必须根据来料板形的实际情况,选取不同的调节方法和工艺参数。

③辊系打滑。除带材表面产生擦划伤外,还可能影响机列张力的稳定控制,从而影响板形。解决方法为清辊、复核辊径录入是否准确、电气复核辊径是否被系统准确辨识、换辊。

④辊系技术指标不符合要求,如直径、凸度或锥度,导致拉伸矫直时辊系上不同位置带材所受的张力不均匀,不能有效控制板形。解决方法是磨床磨削 S 辊时必须按照规程进行磨削,将主要技术指标控制在标准范围内。

⑤弯曲矫直系统自身问题。如辊缝不准确,矫直机水平度存在问题,装辊质量不符合要求,弯曲矫直调节参数与显示不吻合等,会导致板形控制出现问题。解决方法是定期对弯曲矫直系统进行校正。

⑥来料问题。如来料板形很差,来料的规格、状态等超出了拉弯矫直允许的范围。解决方法是慢速生产,甚至重复拉弯矫直。

38　纵切机列的作用与配置是什么?

纵切机列的作用,适用于成卷薄金属带料的纵向剪切工作,并且将分切后的窄带重新卷绕成卷。

纵切机列的设备配置:常用纵切机组由上料小车、开卷机、送料装置、圆盘剪、穿带小车、活套坑、卸料小车、张力装置、卷取机等单机组成,如图 10 - 17 所示。

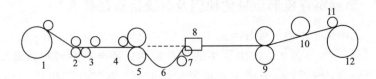

图 10 – 17　纵切机列配置简图

1—开卷机；2—夹送辊；3—入口张力辊及测速辊；4—展平辊；5—纵剪机；6—活套坑；7—分离盘；8—穿带小车与张力垫及分离盘；9—出口张力装置；10—出口偏导辊；11—压辊及分离盘；12—卷取机

39　圆盘剪的剪切原理是什么？

金属的剪切过程可以分为以下几个阶段：刀片弹性压入金属阶段；刀片塑性压入金属阶段；金属塑性滑移阶段；金属内裂纹萌生和扩展阶段；金属内裂纹失稳扩展和断裂阶段。一般可粗略地分为两个阶段：金属塑性滑移阶段和金属断裂阶段，即剪切区和断裂区。

带材经过剪切区时，剪刀将带材边部剪切为光滑整齐的平面即剪切平面。随着刀片进刀量的不断增大，带材逐渐分离，当带材错开到一定位置时，带材将在刀片切应力的作用下发生撕裂，撕裂后在带材边部将出现不光滑的撕裂面即无光撕裂面。

40　圆盘刀刀具管理有哪些规则？

纵切质量的好坏直接取决于刀具管理与装配质量，各生产单位必须高度重视刀具的管理。

装配时检查刀片和隔离套是否有损坏，装卸时要十分小心，因为这些刀具都很硬，稍有不慎就会碎。将刀具按磨削要求分组存放，同一套的刀片放在一起不要混淆，必须保证在同一装置上使用的所有刀片的直径应完全一样。

建议制作专门存放刀具的架子或柜子，这些架子和柜子也可用于存放橡胶分离环，柜子或架子应衬有木质或其他软制材料，避免刀片或隔离套损坏，任何时候刀片都不能互相摩擦，如果不是每天都需用的刀具，建议在存放前涂上防锈油。

41　横切机列的作用和配置是什么?

横切机列的作用：将卷材切成长度、宽度和对角线尺寸精确、毛边少的板片，并将板片堆垛整齐，无边部和表面损伤。

横切机列的设备配置：横切机列要达到其作用必须配置开卷机、切边剪、对中装置、飞剪、废边缠绕装置或碎边装置、运输皮带以及垛板台等设备。如图 10 – 18 所示。

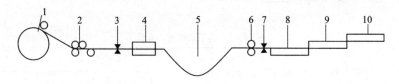

图 10 – 18　横切机列配置简图

1—开卷机；2—夹送辊与张紧辊；3—圆盘剪；4—矫直机；5—活套坑；6—测速辊
和夹送辊；7—飞剪或剪刀；8—检查平台；9、10—运输皮带或垛板台

42　横切矫直机的调节方法有哪些?

根据矫直机工作辊数量分为三辊矫直机、五辊矫直机、九辊矫直机、十三辊矫直机、十七辊矫直机、二十三辊矫直机、二十九辊矫直机等。

根据矫直机结构分为二重矫直机、四重矫直机、六重矫直机等。二重矫直机只有上、下两组工作辊，四重矫直机上、下各有一组支撑辊和工作辊，六重矫直机在四重矫直机的基础上上、下各增加一组中间辊。

工作前要检查设备、运输、润滑、清洁等情况，矫直辊上不准有金属屑和其他脏物。如发现板片黏铝及其他脏物时，必须用清辊器将辊子清理干净。如矫直辊有问题时，应通知钳工处理。

上辊与下辊一定要调平，矫直辊长度方向不准许倾斜。

将矫直机的上辊调整一定角度，使进口的上、下辊间隙小于出口的上、下辊间隙，而出口的间隙应等于板片的实际厚度或大于板片的实际厚度 0.5～1.0 mm。

矫直机的总压下量：矫直机的压下量应根据板片厚度调整，一般参考表 10－2 的规定调整压下量，二十三辊矫直机工作辊及支撑辊总的压下量极限不超过 －8.5 mm（包括板片厚度），其中矫直机两边两组支撑辊最大压下量不超过 －2.0 mm，其他各组支撑辊不超过 －3.0 mm。二十九辊矫直机工作辊及支撑辊总的压下量不得超过 －4.5 mm，其中矫直机两边两组支撑辊最大压下量不超过 －2.0 mm，其他各组支撑辊不超过 －3.0 mm。

表 10－2　压下量调整参考表

设备名称	板片厚度/mm	压下量/mm	
		入口	出口
十七辊粗平机	0.5～2.5 2.6～4.5	－4.0～6.0 －2.0～4.0	等于板片厚度或大于板片厚度 0.5～1.0 mm
十七辊精平机	1.0～1.5 1.6～2.5	－0.5～－7.0 －4.0～－6.0	
二十三辊精平机	0.8～1.2 1.5～1.8 2.0～2.2	－5.0～－7.0 －4.0～－5.0 －3.0～－4.0	
二十九辊精平机	0.5～1.0 1.1～1.5	－2.0～－3.0 －1.5～－2.5	

注：总压下来是指上、下两组工作辊工作面的距离。其中包括三部分：工作辊压下量、支承辊压下量和板片的厚度。

43　板片进入矫直机前的质量要求有哪些？

质量要求主要有：

①板片不得有折角、折边，否则必须用木锤打平。

②板片上不允许有金属屑、硝石粉或其他脏物。

③在精平机前板片表面不允许有鲜明的油迹。

④板片在进入矫直机时，一定要对准中心线，不许歪斜。

⑤板片不允许互相重叠通过矫直机，不许同时矫直两张板片。

⑥当发现板片有黏铝或印痕时，必须立即进行清辊。

⑦如果发生板片缠辊或卡在工作辊与支撑辊之间时，不允许强行通过。应立即停车，将辊抬起后，再向后退回板片，或找钳工处理。

⑧当板片从矫直机退回时，必须将矫直机抬起后方可进行。

⑨停止生产时，支撑辊一定要抬起，不允许给工作辊加压。

44　板材表面处理的方法有哪几种?

板材表面处理一般包括涂油、覆膜和垫纸。

10.45　涂油处理过程的防锈油种类与涂油方法有哪些?

为了避免铝材在运输、贮存中发生腐蚀现象，需对铝材表面进行涂油处理。

1. 防锈油的种类

一般常用的防锈油有 FA101 防锈油和 7005 防锈油。防锈油在使用时应根据产品特点及气温适当调整其使用黏度。为了避免防锈油对铝材表面产生腐蚀，要求防锈油的含水率应小于等于 0.03%。

2. 涂油方法

(1)手工涂油方法

用软质材料(如毛刷、泡沫等)将油直接涂刷在铝材表面。此方法涂油量不均匀，油易被毛刷污染，一般只适用于板材的单面涂油。

(2)浸透法

将油装入带有加热装置的槽内，然后将铝材浸入油中，浸透后取出滴干。此方法涂油量多，油易被铝屑污染，一般适用于管、棒、型材的涂油。

(3)辊涂法

辊涂设备简单，但涂油量不均匀，涂油量的多少不易控制，特别是要求涂油量少时更不易控制。该方法一般适用于带材表面的涂油。其示意图如图 10 - 19 所示。

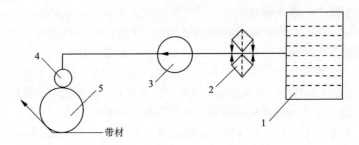

图 10 – 19　辊式涂油结构示意图

1—带有加入装置的油箱；2—过滤器；3—油泵；4—间距为 10 mm、孔径为 1.5 ~ 2.0 mm小孔的钢管；5—加工有螺纹的聚氨酯辊

46　覆膜处理的目的和主要方法是什么？

为了防止铝材表面在加工、运输、贮存及使用过程中被划伤、污染及腐蚀等，需对铝材表面贴保护膜处理。

1. 手工贴膜

将膜直接贴在铝材表面，然后用手或辊子将膜展平，该方法贴的膜易起皱，不平整，且生产效率低，适用于板材、型材表面贴膜。

2. 机械贴膜

将膜安装在支撑辊上，用压辊将膜贴在铝材表面，该方法贴膜平整，生产效率高，适用于带材、板材表面贴膜。其示意图如图10 – 20所示。

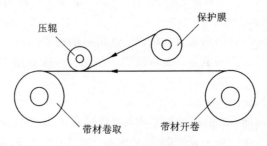

图 10 – 20　机械贴膜示意图

47　垫纸(或其他缓冲材料)方法有哪几种?

1. 手工垫纸

将纸垫在铝材与铝材的接触面,该方法生产效率低,垫纸效果差,适用于板材、型材表面垫纸。

2. 机械垫纸

将纸卷安装在支撑辊上,用压辊将纸贴在铝材表面,该方法垫纸平整,生产效率高,适用于带材、板材表面垫纸。其示意图如图10-21所示。

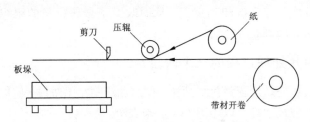

图 10-21　机械垫纸示意图

48　包装方式的分类与特点是什么?

按包装材料分:纸包装、塑料包装、金属包装、木包装、纤维制品包装、人工合成材料包装等。

按产品的形状分:板材包装、带材包装。

按包装层次分:内包装、中包装、外包装。

按运输工具分:铁路运输包装、公路运输包装、船舶运输包装、航空运输包装。

按目的、用途分:国内包装、出口包装、特殊包装。其中出口包装要适应进口国的国情、气候、风俗、习惯及检验检疫要求等。

按包装技术分:防潮、防水包装,缓冲防震包装,拉伸、收缩包装,贴膜包装等。

49　包装方式的选择与材料要求是什么?

包装方式的选择与材料要求见 GB/T 3199 标准的相关要求。

第 11 章　变形铝合金热处理

1　什么是热处理?

　　将金属材料加热到一定温度,并在这个温度下保温一段时间,然后以某种冷却速度冷却到室温,从而改变了金属材料的组织和性能的方法叫热处理。

2　何为热处理过程的三个阶段?

　　任何热处理过程都包括加热、保温和冷却三个阶段,所以任何简单的热处理过程都可以用图 11 - 1 来表示。

　　1. 加热

　　加热包括升温速度和加热温度两个参数。

　　由于变形铝合金的导热件和塑性都较好,可用最大速度升温,也不会开裂。这不仅能提高劳动生产率,而且对半成品质量提高有好处。热处理加

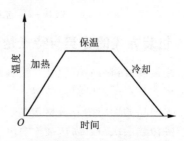

图 11 - 1　简单热处理过程示意图

热温度,因热处理形式不同而相差很远,各种热处理加热温度的高低情况用图 11 - 2 作一粗略的说明,其中自然时效的温度最低,淬火的加热温度最高。

　　2. 保温

　　保温是指金属材料在加热温度下停留的时间。被热处理的半成品,在加热温度下保温,是使半成品的表面温度与中心部位温度一致,并使合金的组织发生变化。保温时间与很多因素有关,如半成品

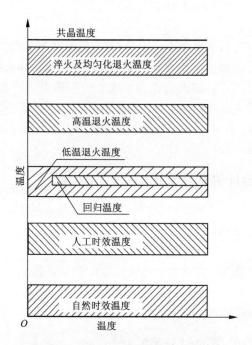

图 11 - 2　各种热处理加热温度的高低情况

的厚薄，堆放的紧密程度，加热方式（空气炉或盐浴槽），以及热处理前变形程度等都直接影响保温时间的长短。在生产中常常根据实际情况，靠实验来确定保温时间。

3. 冷却

冷却是指加热保温以后，金属材料的冷却。不同热处理的冷却速度是各不相同的，淬火冷却速度要求最快，退火的则要求慢。常用的冷却介质（冷却剂）有水、油和空气。按照冷却速度快慢顺序排列如下：

①冰水。

②室温下的水。

③加热到 80 ~ 90℃的水。

④油。

⑤加热到 200～220℃ 的油。

⑥空气。

为了冷却均匀常常把半成品在冷却介质中上下提升几次或用压缩空气搅拌。一般变形铝合金半成品的淬火，使用的冷却介质用室温下的水就可以了。退火的冷却，除了盐浴槽退火冷却半成品必须在冷水中清洗和冷却外，在空气炉中退火，可以根据合金本性，选择不同冷却方式，如在空气中冷却、随炉冷却或用石棉布覆盖以控制到一定冷却速度。

3　热处理的目的是什么?

变形铝合金热处理方法很多，其目的归纳起来有以下几个：

①提高强度和硬度。

②消除因压力加工过程中产生的内应力。

③使金属软化。

④提高金属的耐腐蚀性。

⑤使金属组织的成分和性能均匀。

4　铝合金热处理如何分类?

热处理的分类方法有两种：一种是按热处理过程中组织和相变的变化特点分；另一种是按热处理目的或工序特点来分。热处理在实际生产中是按生产过程、热处理目的和操作特点来分类的，没有统一的规定，不同的企业可能有不同的分类方法，铝合金加工企业最常用的几种热处理方法见图 11 - 3。

5　什么是回复现象和回复退火?

半成品在加工硬化状态时，金属内部存在着应力，使金属处于不稳定状态，歪扭的晶格，破碎了的晶粒，要向有规则、有次序地排列方面转化，使金属趋于稳定状态。在室温下，金属原子活动能力是不大的。歪扭的晶格回复到原位非常缓慢，大多数金属甚至不发生这种回复现象。随着温度升高，晶格歪扭现象得到消除，金属的强度和

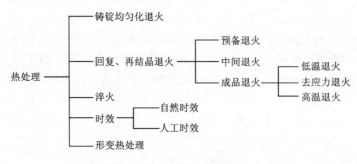

图 11 – 3 热处理分类

硬度降低，塑性提高，这种现象叫做回复（或称恢复），使加工硬化金属发生回复的退火叫回复退火。

6 什么是再结晶、再结晶温度、再结晶退火？

回复退火的温度较低，金属原子的活动能力有限，回复退火以后的半成品，只是消除了内应力和晶格歪扭，随着温度升高，原子活动能力增加，当加热温度超过某一温度时，原子获得了足够的活动能力，加工变形后的金属内部，原子开始重新排列，破碎了的晶粒开始重新组成新的晶粒，这个变化过程叫做再结晶。再结晶需要的温度叫再结晶温度。能使金属达到再结晶的退火，叫再结晶退火。

7 再结晶退火的影响因素有哪些？

变形铝合金在再结晶退火后，半制品的晶粒度与它的变形程度、退火时加热速度、退火温度和保温时间以及变形铝合金成分有密切关系。

1. 变形程度的影响

变形程度很小时，半成品退火不会产生再结晶。在变形铝合金中，变形度在 3% ~ 25% 的范围内，再结晶退火以后，晶粒会突然增大，达个变形范围叫临界变形度。变形程度超过临界变形度，在再结晶退火后的晶粒度，会逐渐变小，变形程度对再结晶晶粒度的影响如

图 11 - 4 所示。临界变形度的大小与合金的化学成分、原始晶粒大小及变形温度的高低有关。化学成分复杂的临界变形程度高一些；在原始晶粒粗大的金属中，临界变形度要比细晶粒的高一些；随着变形温度的升高，临界变形度多半向低变形度的方向移动。我们要获得细小晶粒，就不要对临界变形度范围内的半成品进行再结晶退火。

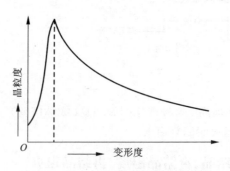

图 11 - 4　变形程度对再结晶晶粒度的影响

2. 加热速度的影响

加热速度是指从室温升高到半成品再结晶温度的速度。在加热过程中，金属温度逐步升高到再结晶温度，如果加热速度缓慢，在达到再结晶温度以前，加工硬化的组织就产生了部分回复，这样，使半成品的再结晶核心减少了。等到加热到再结晶温度进行再结晶，就容易产生粗大晶粒，对半制品获得细小晶粒是不利的。因此，要获得细小晶粒，半成品退火时的加热速度愈快愈好。

3. 退火温度与保温时间的影响

再结晶退火温度，应该在半成品的再结晶温度以上。前面已经谈到再结晶温度与许多因素有关，因此，再结晶温度不可严格地规定为一个不变的常数。我们根据实践经验，在工业生产中，再结晶退火温度都大大高于再结晶的开始温度。另外，退火温度的高低与保温时间的长短有着密切关系。例如变形的工业纯铝，在 200℃ 时退火，需要保持几年时间，才能完成再结晶，而在 600℃ 时，只要 2 ~ 3 min 就够了。在实际生产中，根据不同牌号的铝合金和退火设备等具体情况，要选择不同的退火温度。而一般退火温度范围在 300～500℃之间。为了得到细小的晶粒，最好采用高温、快速退火工艺，即退火温度高、保温时间短。高温退火能够使变形铝合金半成品再结晶迅速完成。当然，退火的最高温度不得超过合金的共晶温度，保温时间要满足再结晶所需要的时间。在高温下再结晶退火要注意一点，即在再结晶完成以后，继续保温新晶粒彼此间又要并吞长大，使半成品的晶粒粗大，这种新的再结晶晶粒的长大过程叫做聚合再结晶。

高温、快速退火，一般在盐浴槽进行。如果没有盐浴槽，利用空气为介质的加热炉退火，加热速度要比盐浴槽的加热速度慢，因此，退火温度不可太高，保温时间比盐浴槽退火保温时间要长一些，但不宜过长。

4. 变形铝合金半成品成分均一性的影响

在铸锭凝固时，合金成分在晶粒内部来不及扩散均匀，使晶粒内成分产生不均匀性，叫做晶内偏析。晶内偏析使合金的再结晶开始温度相差很大。在变形铝合金中以锰的影响最为显著。如铝锰合金 3003 在退火中产生粗大晶粒，往往是由于锰的晶内偏析的影响造成的。在含锰量多的部位，再结晶温度升高，再结晶首先发生在含锰量少的地方。含锰量少的地方先再结晶，并吞了含锰量多的部分，形成粗大晶粒。所以在变形铝合金中，特别是铝锰合金，在退火中要注意到合金的晶内偏析问题。

8　铝合金退火的目的是什么？

消除变形铝合金的晶内偏析。

消除在压力加工时所产生的加工硬化，使合金完全再结晶，恢复塑性，使之能够继续进行压力加工。

使变形铝合金半成品性能达到技术条件规定的要求。

9　什么是铝合金的退火处理？

金属在冷变形过程中，除了外形及尺寸发生变化外，其内部组织也随着变化。在外力作用下，迫使变形金属内部的晶粒发生滑移、转动和破碎。晶粒的形状发生了改变，晶界沿变形方向伸长，晶粒破碎并被拉成纤维状。这样就使原来方位不同的等轴晶粒逐步向一致方向发展，形成了变形结构。其结果使金属产生了各向异性，同时由于加工硬化而使金属的强度升高，塑性降低，逐渐失去了继续承受冷塑性变形的能力。如将这种冷变形后的金属加热，随着加热温度的升高、金属内部的原子活动能力急剧增大。通过原子的热运动，使金属内部组织发生变化，消除了内应力，降低了强度，提高了塑性，使其能够再承受冷的加工变形，我们把这种热处理过程称为退火。

10 铝合金退火处理的种类有哪些?

均匀化退火、高温退火和低温退火。

1. 均匀化处理

（1）目的

铝合金在铸造过程中，当熔融的金属凝固成铸锭时，其化学成分与组织是不均匀的，半连续铸造的铸锭尤其是这样。在铸造过程中，由于快速冷却和非平衡结晶的结果，常在铸锭中造成晶内偏析及区域偏析，并在铸锭内部形成很大的内应力。由于各种偏析和在晶界及枝晶网络间存在的低熔点共晶组织和金属间化合物等，这不仅使铸锭的化学成分和组织不均匀，而且使其热塑性降低，加工性能变坏。为了减少和消除晶内偏析，改善铸锭化学成分和组织上的不均匀性，借以提高其工艺塑性起见，经常需要对铸锭进行均匀化退火。

（2）均匀化处理过程

均匀化退火又称组织均匀化或均火。其实质是铸锭在高温加热条件下，通过相的溶解和原子的扩散来实现均匀化。所谓扩散就是原子在金属及合金中依靠热振动而进行的迁移运动过程。扩散分为均质扩散和异质扩散两种，均质扩散是在纯金属中发生的同种原子间的扩散运动，又称自扩散。异质扩散则是溶质原子在合金溶剂中的扩散运动。空位迁移是原子在金属及合金中的主要扩散方式，因为原子通过空位迁移而进行扩散所需的能量最小。

均匀化退火时，原子的扩散主要是在晶内进行的，使晶粒内部化学成分不均匀的部分，通过扩散而逐步达到均匀。由于均匀化退火是在不平衡的固相线或共晶点以下的温度中进行的，分布在铸锭中各晶粒晶界上的不溶相和非金属夹杂物，不能通过溶解和扩散过程来消除，它妨碍了晶粒间的扩散和晶粒的聚集，所以，均匀化不能使合金基体的晶粒和形状发生明显的改变。均匀化退火，只能减小或消除晶内偏析，而对区域偏析影响很小。

在铸锭均匀化退火过程中，除了原子在晶内扩散外，还伴随着组织的变化，即在均匀化过程中，由于偏析而富集在晶粒边界和枝晶网络上的可溶解的金属间化合物和强化相，将发生溶解和扩散，以及过饱和固溶体的分解等，从而使铸锭的组织得到了改善，加工性能得到了提高。

（3）均匀化退火制度

均匀化退火温度及保温时间对改善铸锭组织与性能是极为重要的参数，其选择原则如下。

A. 均匀化退火温度的选择

进行均匀化退火时，加热温度的上限不得超过合金中低熔点共晶的熔化温度；若高于此温度，则铸锭组织中的低熔点共晶体将被熔化而出现过烧现象。由于不同牌号的合金，它的低熔点共晶温度不同，所以，均匀化退火温度要根据合金来选定。

均匀化温度的下限不能选得太低，因为原子的扩散速度是随加热温度的升高而强烈增加的。并且，金属必须加热到某一定温度以上，其原子扩散过程才能开始显著升高。

在工业生产中，均匀化退火温度的选择，一般应低于不平衡固相线或合金中低熔点共晶温度 5~40℃。

保温时间的选择——均匀化退火保温时间是根据均匀化退火温度、合金中元素的扩散速度、铸锭的尺寸和形状等因素来确定。它必须保证在一定的均匀化退火温度下，使非平衡结晶的低熔点共晶体和晶内偏析相，获得较为充分的扩散。

保温时间的长短，除了与退火温度有关外，还和合金的性质、铸锭的组织和显微不均匀性有关，因为这些因素决定着固溶体浓度的均匀化和过剩相的溶解速度；铸态合金的组织愈弥散，枝晶结构愈细小则过剩相的质点愈细，扩散距离就愈短，均匀化过程也就愈快。

应当指出、均匀化只是在退火的初期进行得最强烈，所以，过分的延长保温时间是没有意义的。

B. 铸锭均匀化退火时的注意事项

在工业生产中，铸锭均匀化退火最好采用带有强制热风循环系统的电阻炉，并且要设有灵敏的温度控制系统，确保炉膛温度均匀。

为了有效利用电炉，要求把均匀化退火的铸锭，根据合金种类、外形尺寸和均匀化退火温度进行分类装炉。炉温高于150℃时可直接装炉，否则炉子要按电炉预热制度进行预热。在装炉时，铸锭在炉内的位置要留有间隙，保证热风畅通。

均匀化铸锭的冷却速度，一般不加严格控制，在实际生产中可以随炉冷却或出炉堆放在一起在空气中冷却。但冷却太慢时，从固溶体中析出相的质点会长得很粗大。

均匀化退火时，先将加热炉定温到均匀化温度，铸锭装炉后，待铸锭表面温度升到均匀化温度后才开始计算保温时间。一般是大锭采用时间的上限小锭采用时间的下限；温度高的采用时间的下限，温度低的采用时间的上限。

（2）高温退火

压力加工后的变形铝合金半成品，经过高温退火，它的组织是完全的再结晶组织。压力加工时产生的加工变形组织，经过高温退火得到完全消除。

变形铝合金半成品在压力加工过程中用高温退火来消除因压力加工引起的合金硬化，使它提高塑性，能够继续冷加工。例如热轧变形铝合金板坯的终了温度，一股在280～330℃之间，在室温下迅速冷却以后，加工硬化现象不能消除。特别是热处理可强化合金，还会因冷却快出现局部淬火现象，更使半成品硬化。因此，热压力加工合金的毛坯需要进行退火，才能进行冷压力加工，这种退火叫预先退火。

对于低成分的变形铝合金如工业纯铝、3003及6A02等，塑性较好，可以不预先退火即可进行冷压力加工。

预先退火的工艺制度一般在 300～450℃退火，保温 1～3 h 即可。对于热处理不强化合金，达到保温时间以后，可立即出炉在室温下冷却。对于热处理可强化合金，在达到退火保温时间后要缓慢冷却，避免因冷却快而使合金产生淬火强化现象，冷却速度每小时不得超过 30℃，冷却至 250℃后，方可出炉在室温下冷却。或者达到保温时间后出炉，覆盖石棉布缓冷。

近年来，在板材生产中，当热轧板坯冷却至 100～250℃时，就送入冷轧机轧制，叫做中温轧制。中温轧制新技术的出现，基本上取消了热轧毛坯的预先退火。中温轧制技术的应用，对于节省电力，缩短生产周期，减少生产场地，提高劳动生产率有很重要的意义。

热轧毛坯预先退火后，可冷变形 45%～85%，如果还需要继续冷加工变薄，要在中间工序进行退火，这种退火叫中间退火。中间退火的工艺制度基本与预先退火相同。

将变形铝合金毛坯冷变形至成品尺寸以后，半成品处于加工硬化状态，质硬而脆，往往不符合技术条件规定的力学性能要求。对不需要热处理强化的半成品，技术条件规定有软状态的(O)和各种不同硬状态的(H1X)。为要使半制品达到这些不同状态的力学性能要求，就要进行不同的退火处理，这种退火叫成品退火。

(3)低温退火

低温退火是将加工硬化达到成品尺寸的变形铝合金半成品，在 150～300℃范围内退火，以获得不同硬状态的成品退火。

低温退火包括消除应力退火和部分软化退火。消除内应力退火的温度低于合金的再结晶开始温度，退火后组织不发生变化，仍然保持原来的加工变形组织。部分软化退火的温度，在合金再结晶开始温度和再结晶终了温度之间选择合适的温度，退火后部分组织发生了变化，即在加工变形组织基础上还有再结晶组织存在。

11 淬火工艺过程是怎样的?

变形铝合金的淬火方法，并不复杂，一般都是把要淬火的半成品置于温度比较均匀的加热炉中，加热到规定的淬火温度，并在这个温度下，保温一段时间，使铝合金的组织发生变化。一些能溶于铝中的合金元素，因在高温下溶解度增加，溶入 α 固溶体中。然后迅速地将半成品浸入水中冷却，把高温时的合金组织以过饱和固溶体的形式，在室温下固定下来，这便是淬火的全部过程。

淬火过程实质上就是在高温下合金元素溶入 α 固溶体，经过淬火急冷，把高温时的合金组织在室温下固定下来。淬火以后，合金能不能强化，主要决定于在淬火时，合金中溶入 α 固溶体中的强化相的性质和数量。

12　淬火过程中组织的变化规律是怎样的？

铝合金中的各种元素与铝形成固溶体或形成其他化合物，它们互相结合成为一个整体，用眼睛是看不出铝合金中有各种各样组织的。如果将合金切一小块，磨平、抛光，用酸或碱浸蚀以后，放在100 倍以上的金相显微镜下观察合金试片，便可清楚地看出在铝合金的基体中包含有各种形状大小不等的金属化合物或金属相。

比如 2017 合金退火的显微组织，白色的基体是合金元素溶入铝中在室温下形成的 α 固溶体，黑点是 $CuAl_2$，$S(Al_2CuMg)$ 相及铝与 Fe，Mn 形成的化合物、共晶体等。这些相在加热到淬火温度以后，就溶解到 α 固溶体去了。淬火时，铝合金迅速浸入水中冷却，这些溶解的相来不及从 α 固溶体中分解出来，只好以过饱和固溶体的形式保留在 α 固溶体之中。淬火状态下，在金相显微镜下，黑色小点明显地减少，这种过饱和固溶体是不稳定的，在一定温度条件下它会分解出被溶物，分解的过程就是铝合金发生时效的过程，经过淬火时效使合金的强度提高了。

13　制定淬火工艺的主要因素包括哪些？

铝合金的淬火工艺，主要决定于以下因素。

1. 淬火温度

在高温下合金中的强化相能溶于 α 固溶体中，温度愈高溶入得愈多，淬火以后使合金强化效果愈好。因此，淬火温度愈高愈好。但是温度太高，会使合金中低熔点共晶体熔化，这种现象叫做过烧。检查半成品过烧与否，需要在金相显微镜下才能看到，如果在金相显微镜下观察到合金组织中有球状共晶体，在晶界有三角形的共晶体和晶界有发毛变粗等现象，就可以判定该合金已经过烧了。过烧现象在铝合金中是不允许的。过烧的半成品，会使力学性能显著降低，耐腐蚀性能变坏，用过烧的半成品做机械零件会出现破损事故。同一炉淬火的半成品即使是发现轻微过烧，也必须将这一炉全部报废，过烧问题是铝合金淬火中值得十分注意的问题。

过烧温度是淬火温度的上限，过烧温度要由试验来确定，一般采用的淬火温度比过烧温度低几度。淬火温度范围很窄，只有 20 ~ 30℃，在淬火时，要特别注意炉温和金属在炉内的实际温度，防止过烧或淬火不完全。

2. 淬火加热与保温时间

淬火加热时间是指半成品由室温升至淬火温度所需要的时间，保温时间是指半成品达到淬火温度以后，在该温度下保持的时间。不论是淬火加热时间和保温时间，在满足半成品淬火要求的前提下，尽可能使它短一些，这样能够得到较细的晶粒，特别是对外表包有纯铝的铝合金板材，对提高抗腐蚀性能有好处。

淬火加热时间与加热设备的性能有关系，盐浴槽的加热速度要比循环空气电炉快 5 ~ 7 倍，比不循环空气电炉快 10 倍。根据设备的具体情况，定出最快的加热速度，以缩短加热与保温时间。

淬火的保温时间，与很多因素有关，如合金成分、淬火半成品尺寸的大小、送入淬火炉内加热半成品的状态(O 或 H1X)，以及加热方法等。

淬火的半成品由于它的壁厚不同，在淬火时，半成品加热到淬火温度以后，所需要的保温时间也不一样，壁厚的较壁薄的保温时间需要长一些。淬火的半成品，原来是软状态的(O)需要的保温时间较长，加工硬化状态的(H1X)，需要的保温时间较短，如 1.0 mm 厚的 2017 板材，退火软状态的板，淬火保温时间在盐浴槽为 5 min，而冷变形程度达到 87.5% 的板，保温时间只需 2 ~ 3 min 就够了。

（3）淬火的冷却速度

铝合金半成品淬火时所用的冷却方法，通常都是把半成品浸入冷水中，使半成品冷到室温之后，便完成了淬火工序。

根据实验和理论分析，铝合金的淬火冷却速度愈快愈好。同样的半成品在同一个炉中加热，由于淬火的冷却速度不一样，最终成品性能不一样，冷却速度慢的强度要低一些。而且冷却慢的半成品，抗腐蚀性能也降低。因此，应该尽量快地使淬火半成品冷却。半成品淬火的冷却，要注意两点：首先是半成品从出炉到浸入冷却水中淬火的转移间隔时间，其次是冷却水温。

半成品从加热炉中取出，浸入冷却水以前的一段时间，在空气中是要降温的，但在空气中的冷却速度却比在水中要慢得多，这样对淬火后半成品的机械强度要降低，抗腐蚀性也要降低。因此，一般规定半成品从出炉到浸入水中的转移时间不得超过 25～35 s，当然愈快愈好。淬火的冷却水温愈低，水槽的容量愈大，则半成品的冷却速度就愈大，一般规定半成品未淬火前的水槽水温不应超过 30℃，淬火完毕以后水槽水温不应超过 40℃，这样淬火的半成品性能，可以得到较满意的结果。但是水温低往往使形状复杂的半成品在淬火以后产生严重的扭曲，而使成品矫正困难。另外对于大型零件淬火冷却时各个部位冷却条件不一样，如薄的部位或零件边缘先冷却至室温，而厚的部位或零件的中心部分温度还相当高，使半成品内部产生内应力，严重时会使零件导致裂纹。在这种情况下，不得不用较缓慢的冷却速度来解决这一矛盾。对于这样的半成品可适当提高淬火水槽的水温，一般水温可保持在 30～50℃，淬火后水温升高不得超过 55℃。

近来，也有人研究半成品淬火时只冷却到人工时效的温度，人工时效温度一般为 100～200℃ 范围，然后在这个温度下继续保温进行人工时效，结果半成品的力学性能不降低，而且还可解决因淬火冷却速度快所造成的扭曲和裂纹现象，这种淬火方法叫"等温淬火"。但是这种方法必须增加部分设备，而且只能用于淬火人工时效的半成品，因此尚未普遍推广。

14 时效的目的和方法是什么?

刚淬火完毕的变形铝合金半成品,它的机械强度并不高,只比退火软状态的稍高一点,需要经过时效处理以后,才能达到最高的机械强度。

时效的方法比较简单,可以分为自然时效和人工时效两种。

自然时效是把淬火完毕的半成品,在室温条件下,放置一定时间,半成品自发地变硬,强度大幅度提高。如淬火后的 2024 合金在室温下放置 4 昼夜,半成品的抗拉强度就由淬火状态的 310 MPa,提高到 420 MPa,达到技术条件规定的性能要求。

人工时效是把淬火完毕的半成品,在较高的温度下 (100 ~ 200℃),保持几小时至十几小时,如淬火后的 6A02 合金,在150℃人工时效 12 h,半成品的抗拉强度由淬火状态的 170 MPa,提高到 330 MPa,达到技术条件规定的性能要求。

时效的速度与温度有密切关系,降低温度会减慢时效过程,增高温度则加速时效过程。如 2017 合金,在室温下时效 4 ~ 5 昼夜以后可达到最高强度,在 -5℃时效,7 天也达不到最高强度,在 -50℃时,时效则基本上停止进行。若在较高温度下,时效则进行得很快,例如:在 100℃时,2017 合金只要两昼夜就达到最高强度,在 200℃时,达到最高强度的时间更短。但在 150 ~ 200℃时,对 2017 合金进行人工时效,若保温时间长,则强度下降,合金发生软化,这种现象叫过时效。

如果将自然时效以后的合金在 200 ~ 250℃温度下,保持 2 ~ 3 min,合金立即发生软化又回复到新淬火状态,这种现象叫做回归。

回归的操作可以重复进行,每一次回归都可回复到新淬火状态,回归后的铝合金又产生自然时效,再回归一次,又再发生自然时效。不过当回归次数多,合金自然时效的强化作用略为降低。

15 时效过程中组织性能变化是怎样的?

1. 时效初期—(时效第一阶段)

以铝铜合金为例,铝铜合金在新淬火状态时,铜原子溶入 α 固溶体中形成过饱和固溶体，这时铜原子在固溶体中是散乱的分布着。由于过饱和固溶体是很不稳定的，它随时都要分解它多溶进去的铜原子，析出 $CuAl_2$，使自己处于稳定状态。但是，在自然时效条件下，铜原子的活动能力小，不能形成 $CuAl_2$ 的晶体结构，铜原子只能在过饱和固溶体的某些地点发生聚集。这种聚集的结果，使某些地方的铜原子浓度增高，形成所谓"富铜区"（即 G. P. 区）。但是这时铜原子并没有从固溶体中析出，只是聚集成无数个微小的片状富铜区，自然时效时，微小的片状富铜区的直径为 50Å，约有数十个原子层，厚度只有几个原子层。因此，在金相显微镜下是看不见的。自然时效时由于原子的扩散能力小，只能形成富铜区而告终，这就是铝合金自然时效的过程。

自然时效的铝合金，在较高温度下加热，短时间保温，则在自然时效时形成小尺寸富铜区不稳定，它又重新扩散开，富铜区消散了，使合金恢复到新淬火状态，这就是回归现象产生的原因。

2. 时效的第二阶段

富铜区的薄片尺寸是与时效温度有关系的，温度愈高富铜区的尺寸愈大，在 150℃富铜区厚度为 10 ~ 40Å；直径为 100 ~ 400Å，在 200℃时，富铜区的厚度达 100Å，直径达到 3000Å，在 150 ~ 200℃时，在富铜区的铜原子浓度逐渐地达到与化合物 $CuAl$：相近的化学成分，这时晶格也发生改组，而形成向 $CuAl_2$ 过渡的过渡相（即 θ′相），这种过渡相与 $CuAl_2$ 的晶格还不一样，它还与 α 固溶体联结在一起，并不像 $CuAl_2$ 那样与 α 固溶体脱离，单独形成一相。这就是人工时效的过程。

3. 时效的第三阶段

在 200℃或更高温度下长时间人工时效时，过渡相（θ′）开始脱离 α 固溶体而形成 $CuAl_2$，相（θ）析出，这就是时效的第三阶段。继续升高温度或长时间保温，则析出的第二相（$CuAl_2$）质点，发生聚集而变得粗大。达到时效第三阶段，$CuAl_2$ 脱离 α 固溶体，在金相显微镜下就能看到合金组织中发生了变化，这时合金的强度下降了，合金软化了，"过时效"已经发生。

时效的三个阶段,实质上是第二相析出的发展过程。第一阶段,形成富铜区,即自然时效过程;第二阶段形成过渡相(θ'),即人工时效过程;第三阶段析出 $CuAl_2$,即过时效。在室温下时效只能发生第一阶段,在高温下时效则可发生第二、第三阶段。

根据上述时效过程的组织变化情况,就可简单地解释时效为什么能使合金性能提高了。由于在时效时产生了无数个富铜区小片状物,弥散在金属晶体的内部,阻碍滑移,所以使金属的强度提高了。在过时效时,富铜区已聚集成 $CuAl_2$ 析出,成为第二相,在变形时阻碍滑移的机会减少,金属强度降低,产生了软化。

16　时效工艺方法的选择和工艺制定依据是什么?

1. 时效方法的选择

时效分为自然时效和人工时效两种,所有热处理强化铝合金,不论采用哪种时效方法都能提高它的强度。究竟每种合金采用哪一种时效方法合适,这就需要根据合金的本性和用途来共同决定。

在变形铝合金中,在高温下工作的需要采用人工时效,在室温下工作的有的可采用自然时效,有的则必须采用人工时效。按照合金的强化相来分析,主要强化相为 S(Al_2CuMg),$CuAl_2$ 和 $Al_x Cu_4 Mg_5 Si_4$ 的,可采用自然时效来强化,在高温下使用或是为了提高合金的屈服强度,就需要采用人工时效来强化,这类合金有 2017、2024 等合金。主要强化相为 Mg_2Si,$MgZn_2$ 和 T($Al_2 Mg_3 Zn_3$)相,采用人工时效强化,才能达到它的最高强度,如 6A02 和 7A04 合金。6A02 和 7A04 合金也是可以在自然时效中获得强化的,但不能获得最大的强化效果,如 6A02 合金自然时效的要比人工时效的抗拉强度低 100 MPa。特别是 7A04 合金在淬火以后,自然时效三个月也达不到它的最高强度,而且耐腐蚀性能还降低了。

与人工时效相比,自然时效的屈服强度低一点,抗腐蚀性能较好。人工时效则能提高合金的屈服强度,而延伸率和耐腐蚀性却降低。但 Al – Zn – Mg – Cu 系合金则相反,人工时效的抗腐蚀性反较自然时效的好。

分级时效又称为阶段时效。是把淬火后的工件放在不同温度下进行两次或多次加热(即双级或多级时效)的一种时效方法。与单级时效相比,分级时效不仅可以显著的缩短时效时间,且可改善 Al – Zn – Mg 和 Al – Zn – Mg – Cu 等系合金的显微结构,在基本上不降低其力学性能的条件下,可明显提高合金的耐应力腐蚀能力、疲劳强度和断裂韧性。

在分级时效时,第一阶段采用较低温时效的目的,是加速 G.P 区的形成。因在较低温度下,使过饱和固溶体内形成了大量的微细的 G.P 区作为向中间相过渡的核心,随着 G.P 区密度的增加,也就增大了中间相的弥散程度。第二阶段采用较高温度时效,其目的是使在较低温度时效时所形成的 G.P 区继续长大,得到密度较大的中间相,借以引起充分的强化作用。

分级时效的温度及保温时间应根据合金的具体特点来选择,在第一阶段中尽量保证 G.P 区的形成在短时间内完成;第二阶段的时效是保证合金得到较高的强度和其他良好的性能。

2. 时效工艺制度的确定

时效工艺制度包括温度和时间两个参数。需要自然时效的合金,在淬火后只要在室温下放置 4 昼夜就可以达到技术条件规定的力学性能。人工时效的加热温度和保温时间,需要严格控制。若时效温度低或保温时间不足,就达不到人工时效的目的,若时效温度高或保温时间过长,则易发生过时效使半成品软化。制订时效工艺制度必须在生产实践中,经过试验和生产的考核,才能订出比较合理的人工时效工艺制度。

需要进行人工时效的合金,最好在淬火以后,马上进行人工时效。因为淬火以后,在室温下放置一段时间,再去进行人工时效,会降低半成品的力学性能。但是,在大批生产时。运料、装炉都需要一定时间。不容易做到淬火后立即进行人工时效。在生产中,一般规定 6A02 合金在淬火后 3 h 之内或 48 h 以后进行人工时效;7A04 合金则规定在 4 h 之内或 2~10 昼夜之间进行人工时效,较为适宜。

17　淬火后进行的冷变形种类和作用有哪些？

淬火后的冷变形有两种：一是半成品因淬火时产生内应力引起的弯曲和扭曲，需要进行矫直给予的冷变形；一种是在人工时效前、或在自然时效过程中、或在时效终了给予半成品一定的冷变形量，使半成品提高它的抗拉强度，屈服强度或高温性能。

1. 淬火后半制品的矫直

热处理强化铝合金在淬火以后都要发生自然时效，随着自然时效时间延长。强度上升，塑性降低。刚淬火完毕的半成品，合金组织内部正在酝酿着变化，这时合金的强度较低，塑性较好。这一段时间是合金准备强化的阶段，一般叫自然时效的孕育期。抓住铝合金自然时效的孕育期进行矫直是有利的，对半成品的最终性能不会有大的影响。

淬火以后，拖延时间过长再进行矫直，会给矫直操作带来困难，因为这时合金已经自然时效强化，需要矫直的力增大，甚至不能矫直，同时合金强化以后矫直，也会使半成品的延伸率降低。

2. 在人工时效前的冷变形

淬火后给予半成品一定的冷变形，然后再进行人工时效，这种时效叫形变时效。形变时效能使半成品的抗拉强度和屈服强度比自然时效和人工时效的都高，但延伸率降低。这种方法主要用于 Al－Mg－Si 合金导线的生产。

3. 时效以后的冷变形

时效以后的冷变形能大幅度提高合金的抗拉强度、屈服强度，延伸率则显著降低。如 2024 合金在自然时效后，抗拉强度 $R_m = 430$ MPa，屈服强度 $Rp_{0.2} = 290$ MPa，延伸率 $\delta\% > 15\%$，若把它冷变形 7%，则 $R_m = 490$ MPa，$Rp_{0.2} = 360$ MPa，$\delta\%$ 则下降到 10%。

人工时效以后冷变形对某些铝合金半成品，不只是提高它的室温强度，而且对高温性能也有很大好处。如 2024 合金板材，在人工时效后给以冷变形，在温度 100℃ 使用时瞬时抗拉强度可提高 10% ~ 15%，在 150℃ 使用时可提高 13% ~ 18%。

18　什么叫铝合金的形变热处理?

形变热处理又称热机械处理,是把时效硬化和加工硬化结合起来的一种热处理方法,也是提高铝合金强度和耐热性的重要手段。例如,经过形变热处理后的 2024 合金板材(冷变形程度 $\varepsilon < 30\%$)在 100℃ 的抗拉强度 σ_b 提高 10% ~ 15% ,在 150℃ 能提高 13% ~ 18% 。

目前,对铝合金强化最有效的形变热处理制度有两种:

①淬火—冷变形—高温时效。

②淬火—自然时效—冷变形—高温时效。

在采用形变热处理时,冷变形程度不宜过大,而时效制度应根据实验来确定。就提高铝合金的高温强度来说,第二种热处理制度更为有效。

形变热处理之所以能够明显提高合金的耐热性能,主要是由于增高了合金中的位错和空位密度,在固溶体中形成了稳定的亚结构。

19　铝合金热处理设备种类有哪些?

常用的铝合金轧制产品热处理设备主要包括辊底式淬火炉、时效炉、箱式退火炉、盐浴炉、气垫式淬火炉。

20　辊底式淬火炉的作用与生产特点是什么?

辊底式淬火炉主要用于铝合金板材的淬火,特别适用于铝合金中厚板的淬火,以达到使合金中起强化作用的溶质最大限度地溶入铝固溶体中提高铝合金的强度。辊底式淬火炉一般为空气炉,可采用电加热、燃油加热或燃气加热。辊底式淬火炉对板材加热、保温,通过辊道将板材运送到淬火区进行淬火,辊底式淬火炉淬火的板材具有金属温度均匀一致(金属内部温差仅为 ±1.5℃)、转移时间短等特点。

表 11 - 1　某辊底式淬火炉的主要技术参数

制造单位	奥地利 EBNER 公司
炉子形式	辊底式炉
用途	铝合金板材的淬火
加热方式	电加热
板材规格/mm	$(2 \sim 100) \times (1000 \sim 1760) \times (2000 \sim 8000)$
炉子最高温度/℃	600
控温精度/℃	$\leqslant \pm 1.5$
控温方式	计算机自动控制

21　时效炉的作用及生产特点是什么?

　　铝板材时效炉的炉型一般为箱式炉或台车式炉,不采用保护性气氛,采用电加热、燃气或燃油加热。

表 11 - 2　典型时效炉的技术参数

制造单位	航空工业规划设计院
炉子形式	箱式炉
用途	铝合金板材人工时效
加热方式	电加热
炉膛有效空间/mm	$8000 \times 4000 \times 2600$(长×宽×高)
最大装炉量/t	40
炉子工作温度/℃	$80 \sim 250$
炉子工作区内温差/℃	$\leqslant \pm 3$
加热器功率/kW	720
循环风机风量/($m^3 \cdot h^{-1}$)	131363
控温方式	PLC 自动控制

22 箱式退火炉的作用及生产特点是什么？

箱式退火炉是目前使用最为广泛的一种退火炉，具有结构简单、使用可靠、配置灵活、投资少等特点。现代化台车式铝板、带材退火炉一般为焊接结构，在内外炉壳之间填充绝热材料，在炉顶或侧面安装一定数量的循环风机强制炉内热风循环，从而提高炉气温度的均匀性；炉门多采用气缸（油缸）或弹簧压紧，水冷耐热橡胶压条密封；配置有台车，供装出料之用，在多台炉子配置时往往采用复合料车装出料，同时配置一定数量的料台便于生产。根据所处理金属及其产品用途的不同，有的炉子还装备保护性气体系统或旁路冷却系统。

目前，国内铝加工厂所选用的箱式铝板、带材退火炉主要是国产设备，其技术性能、控制水平、热效率指标均已达到一定的水平。

表 11-3　国产箱式退火炉主要技术参数

制造单位	中色科技股份有限公司
炉子形式	箱式炉
用途	铝合金板、带材的退火
加热方式	电加热
炉膛有效空间/mm	7550×1850×1900（长×宽×高）
旁路冷却器冷却能力/(MJ·h⁻¹)	1465
炉子区数	3
最大装炉量/t	40
炉子工作温度/℃	150~550
炉子工作区内温差/℃	≤±3
加热器功率/kW	1080
循环风机风量/(m³·h⁻¹)	131363
控温方式	PLC+职能仪表
冷却水耗量/(t·h⁻¹)	32

23 盐浴炉的作用及生产特点有哪些?

盐浴炉主要用于铝板材的各种退火及淬火。盐浴炉采用电加热,炉内填充硝盐,通过电加热使硝盐处于熔融状态,铝板材放入熔融的硝盐中进行加热。由于硝盐的热容量大,特别适合处理锰含量较高的铝板材,可防止出现粗大晶粒。但是,盐浴炉所用硝盐对铝板材具有一定的腐蚀性,生产中需进行酸碱洗及水洗,同时,硝盐在生产中具有一定的危险性,能源消耗大、应用较少。

表 11-4 典型盐浴炉主要技术参数

制造单位	中色科技股份有限公司
炉子形式	盐浴炉
用途	铝及铝合金板材的淬火或退火
加热方式	电加热
盐浴槽尺寸/mm	11960×1760×3500(长×宽×高)
控温区数	6
硝盐总量/t	170
盐浴槽最高工作温度/℃	535
炉子工作区内温差/℃	≤±5
炉子总安装功率/kW	1620
控温方式	晶闸管调控器自动控制

24 气垫式热处理炉的作用及生产特点是什么?

气垫式热处理炉是一种连续热处理设备,既能进行各种制度的退火热处理,又能进行淬火热处理。有的气垫式热处理炉还集成了拉弯矫直系统。气垫式热处理炉技术先进、功能完善,热处理时加热速度快,控温准确,但气垫式热处理炉机组设备庞大,占地多,造价高，应用受到限制。

25 变形铝及铝合金热处理过程中常见的缺陷及产生原因是什么?

制品在热处理中所产生的缺陷及废品主要有：力学性能不合格；过烧；气泡；淬火裂纹；铜扩散；片层状组织；粗大晶粒等。

产生上述废品及缺陷的原因很多，在热处理工序产生的原因可能是由于热处理炉子工作不正常，或是测量仪表不准确，也可能是由于违反了工艺操作规程。

1. 力学性能不合格

力学性能不合格往往表现为：

①退火的软制品强度过高或塑性过低。

②退火的半硬制品强度太高、塑性太低或强度太低，塑性太高；

③淬火时效状态的制品强度或塑性过低。

产生力学性能不合格的原因：主要是化学成分与标准规定不符，以及违反热处理制度及操作规程所致。由于热处理制度不当可能引起的力学性能不合格的原因有：

①退火的软制品力学性能不合格，一般是退火温度过低或保温时间过短；或硬合金在退火后的冷却速度太快。

②退火的半硬制品力学性能不合格，通常是由于退火温度过低，保温时间过短；或者退火温度过高，保温时间过长等所致。

③淬火时效状态的制品力学性能不合格，一般是淬火加热温度偏低或保温时间过短；或淬火的冷却速度慢。如果淬火加热温度过高使材料产生严重过烧时，力学性能也显著降低。人工时效的制品发生过时效时，也会使材料的强度降低。

2. 过烧

当材料及零件发生过烧时，在其显微组织中，可以观察到在晶粒间界上有局部加粗现象，在晶粒内部产生复熔球，在晶粒交界处呈现明显的三角形复熔区等特征。

当材料发生严重过烧时，材料表面上的颜色发黑或发暗，或在材料表面上出现气泡、细小的球状析出物（小泡）或裂纹等。在力学性能方面的表现为强度和伸长率都有降低。

但在轻微过烧时，制品的力学性能往往不仅不降低，在某些情况下反而稍有提高，但对其耐蚀性能却有严重的影响。所以，力学性能的变化不能作为判断过烧的标准。采用金相方法检查材料是否过烧，是比较可靠的。

工业生产中造成过烧的主要原因有以下几个方面：

①加热温度过高，超出了热处理制度允许的温度范围。

②由于加热不均匀，使材料局部达到低熔点共晶体的熔化温度而产生局部过烧。

③加热炉温差过大或控制仪表失灵。

3. 气泡

气泡有两种：一种是表面气泡；一种是穿通气泡。气泡一般不是热处理本身造成的，但此种缺陷或废品通过淬火或退火加热才能显现出来。

表面气泡出现在包铝板材上，产生的原因是，在热轧的第一个道次焊合轧制时，由于包铝板与铸锭之间落入润滑剂，结合得不牢，或由于铸锭铣面质量不好，表面上黏有脏物及其他外来的易挥发物质。当轧制成薄板时气体被压入板内，在淬火或退火加热时，使积存于包铝层和铝板夹层中的空气或水蒸气膨胀，而形成了表面气泡。消除这种气泡的办法是，在进行第一道轧制时，不供给乳液，并要认真地清除包铝板和铸锭表面上的脏物。

在空气炉中进行淬火加热时，由于温度过高，加热时间过长，制品表面常因吸入气体而形成表面气泡。选用恰当的热处理制度，或改用盐浴炉进行淬火处理可以消除这类表面气泡。

穿通气泡多半产生在薄壁的板材、管材和型材上，气泡贯穿了半制品的壁。产生的原因是合金在熔炼时除气不净在铸锭中含有较高约气含量，此气泡保留在半制品中，在热处理后表现出来。消除穿通气泡的办法是，加强熔炼时的精炼和除气操作。

4. 淬火裂纹

某些形状复杂、壁厚差别较大的大型材料，在淬火过程中有时出现裂纹。裂纹一般多出现在拐角部位，尤其在壁厚不均之处。形成裂纹的原因主要是由于材料的淬火温度过高或加热不均匀，以及淬火时冷却速度过快，使淬火材料或工件内部产生较大的内应力而导致淬火裂纹的出现。为了防止淬火裂纹，除了恰当地选用热处理制度外，可适当的提高淬火水槽的温度，以减缓材料或工件的冷却速度。

5. 铜扩散

含铜的铝合金包铝板材，由于重复退火、淬火，或退火、淬火时温度过高，时间过长，使基体合金中的铜原子踏着晶界向包铝层中扩散，严重时能穿透包铝层，在板材表面上出现黄灰色的斑点或长条。这种现象称为铜扩散。铜扩散能降低包铝板材的耐腐蚀性能。

为了不减弱包铝层的防腐蚀作用可采取如下措施：

①在保证产品性能合格的条件下，尽可能降低退火、淬火时的加热温度，缩短保温时间。

②对于有包铝层的薄板材，禁止进行重复多次的退火、淬火操作。

③包铝层的厚度一定要符合技术条件的要求，因为包铝层过薄也将削弱其防腐蚀的作用。

6. 片层状组织

在含锰的铝合金模锻件及挤压制品中，往往产生片层状组织缺陷。片层状组织一般不影响材料或制品的纵向力学性能，但可使横向(垂直于片层状组织的方向)力学性能有某些降低，特别是横向塑性降低得更为显著。

这种缺陷产生的原因，除了与合金中锰的含量有关外，也与热处理制度及操作有关。例如 6A02 合金，当淬火加热温度较高和冷却速度缓慢时，镁和硅从固溶体中发生分解，在被拉长的粗大晶界上析出 Mg_2Si 相质点，这样在制品的断口上常出现片层状组织。

为了防止这种缺陷产生，除合理调整含锰量外，采取合理的热处理制度、缩短淬火转移时间和加快冷却速度，都是有效措施。

　　7. 粗大晶粒

　　铝及铝合金板材、棒材和锻件等材料，在某些条件下其组织在随后热处理的过程中形成了粗大的再结晶晶粒。这种粗大晶粒的存在，会使材料的力学性能有所降低，使深冲件的表面变粗糙或冲裂。因此，获得均匀细晶组织是再结晶退火的重要问题。

　　粗大晶粒的产生与合金的化学成分、均匀化退火制度、变形温度、变形程度、固溶热处理温度、加热速度、退火温度和保温时间等因素有关。

　　要使变形铝合金半制品没有任何粗晶粒，是很不容易的。在生产中减少或消除粗晶的一般原则是考虑上述影响因素，针对具体情况，采取恰当措施加以控制或消除。

　　对易产生粗大晶粒的 3003 合金退火板材，可采取下列措施来防止或消除：

　　①3003 合金半连续铸锭进行高温均匀化退火或高温热轧。其热轧温度必须控制在 500～520℃ 的范围内。

　　②在锰、铁总含量小于 1.8% 的条件下，当锰含量控制在 1.4%～1.5% 时，杂质铁的含量应控制在 0.4% 以上，也可以向合金中加入 0.1%～0.2% 钛。

　　③宜在盐浴槽中退火，如果采用空气炉时，应尽可能采用高温快速退火。

　　④成品退火前，必须使其加工率避开临界变形度，一般成品退火前的冷变形程度应在 75% 以上。

　　对于工业纯铝退火板材，则可用下列措施来防止产生粗大晶粒：

　　①半连续铸造的纯铝铸锭，宜采用高温（350～500℃轧制，轧制温度控制在上限为好，轧制终了温度应不低于300℃）。

　　②退火前的冷变形程度不低于 50%。

　　③宜在盐浴槽中退火，在空气炉中退火时，应尽量提高加热速度。

第12章　板、带箔材产品常见缺陷特征及其产生原因

1　表面气泡的特征及其产生原因是什么?

　　板、带材表面不规则的圆形或条状空腔凸起。凸起的边缘圆滑、板片上下不对称,分布无规律(见图12 – 1)。

　　主要产生原因:

　　①铸块表面凹凸不平、不清洁,表面偏析瘤深度较深。

　　②铣面量小或表面有缺陷,如凹痕或铣刀痕较深。

　　③乳液或空气进入包铝板与铸块之间。

　　④铸块加热温度过高或时间过长。

　　⑤热处理时温度过高。

图12 – 1　气泡

2　毛刺的特征及其产生原因是什么?

　　板、带材经剪切,边缘存在有大小不等的细短丝或尖而薄的金属刺。

　　主要产生原因:

　　①剪刃不锋利。

　　②剪刃润滑不良。

　　③剪刃间隙及重叠量调整不当。

3　水痕的特征及其产生原因是什么？

板、带材表面浅白色或浅黑色不规则的水线痕迹（见图 12 - 2）。

主要产生原因：

①淬火后板材表面水分未处理干净，经压光机压光后留下的痕迹。

②清洗后，烘干不好，板、带材表面残留水分。

③淋雨等原因造成板、带材表面残留水分，未及时处理干净。

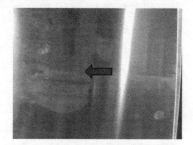

图 12 - 2　水痕

4　印痕的特征及其产生原因是什么？

板、带材表面存在单个的或周期性的凹陷或凸起（见图 12 - 3）。凹陷或凸起光滑。

主要产生原因：

①轧辊、工作辊、包装涂油辊及板、带表面黏有金属屑或脏物。

②其他工艺设备（如：压光机、矫直机、给料辊、导辊）表面有缺陷或黏附脏物。

③套筒表面不清洁、不平整及存在光滑的凸起。

④卷取时，铝板、带黏附异物。

图 12 - 3　印痕

5　裂边的特征及其产生原因是什么？

板、带材边部破裂，严重时呈锯齿状［见图 12 - 4(a)、图 12 - 4 (b)、图 12 - 4(c)］。

主要产生原因：

①铸块温度低、中间退火或均匀化退火不充分，金属塑性差。

②辊形控制不当，使板、带边部出现拉应力。

③剪切送料偏斜，板、带一边产生拉应力。

④侧边包铝不完整。

⑤端面损伤，经切边后无法消除。

⑥道次加工率过大。

⑦浇口未切掉。

⑧冷轧时卷取张力调整不合适。

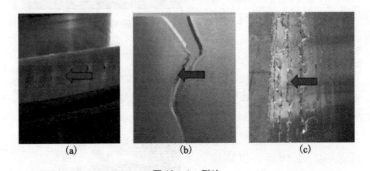

(a)　　　　　　　　(b)　　　　　　　　(c)

图 12 - 4　裂边

(a)热轧厚板裂边；(b)冷轧板材裂边；(c)带材坯料裂边

6　表面裂纹的特征及其产生原因是什么？

板、带材表面开裂现象[见图 12 -5(a)、图 12 -5(b)]。

主要产生原因：

①铸块加热温度过高。

②道次加工率过大。

③铸块表面质量差。

④铸锭成分偏析、化合物聚集。

⑤铸轧带坯存在夹渣等缺陷。

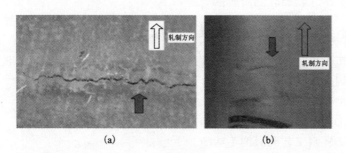

图12-5　表面裂纹

(a)铸锭热轧开坯表面裂纹；(b)热轧板表面裂纹

7　碰伤的特征及其产生原因是什么？

板、带材在搬运或存放过程中，与其他物体碰撞后在表面或端面产生的损伤[见图12-6(a)、图12-6(b)]。

图12-6　碰伤

(a)卷材碰伤；(b)板材碰伤

8　孔洞的特征及其产生原因是什么？

穿透板、带材的孔或洞(见图12-7)。

主要产生原因：

①坯料轧制前存在夹渣、黏伤、压划、孔洞。

②压入物经轧制后脱落。

9 非金属压入的特征及其产生原因是什么?

压入板、带表面的非金属夹杂物。非金属压入物呈点状、长条状或不规则形状,颜色随压入物不同而不同(见图12-8)。

主要产生原因:

①生产设备或环境不洁净。

②轧制工艺润滑剂不洁净。

③坯料存在非金属异物。

④板坯表面有擦划伤,油泥等非金属异物残留在凹陷处。

⑤生产过程中,非金属异物掉落在板、带材表面。

图12-7 孔洞

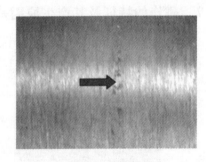

图12-8 非金属压入

10 金属压入的特征及其产生原因是什么?

金属屑或金属碎片压入板、带材表面。压入物刮掉后呈大小不等的凹陷,破坏了板、带材表面的连续性(见图12-9)。

11 凹痕的特征及其产生原因是什么?

板、带材表面单个或不规则分布的凹陷。凹陷处表面不光滑,表面金属被破坏。

主要产生原因:

①退火料架或底盘上有突出物，造成硌伤。

②锯切后，铝屑等杂物未清理干净，印在板材表面上。

③卷取、垛板过程中，坚硬异物掉落板片间或卷入带卷。

12　折伤的特征及其产生原因是什么？

板材弯折后产生的变形折痕（见图 12 - 10）。产生于薄板翻板、搬运或垛板时受力不平衡。

图 12 - 9　金属压入

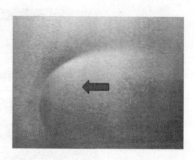

图 12 - 10　折伤

13　压折的特征及其产生原因是什么？

压过的皱折，皱折与轧制方向成一定角度。压折处呈亮道花纹（见图 12 - 11）。

主要产生原因：

①压光机辊形不当，板材不均匀变形。

②压光前板材波浪过大，矫直过程压下量大、速度快。

③压光时送料不正。

④冷轧时板、带厚度不均匀，板形不良。

⑤矫直机送料不正。

图 12 - 11　压折

14   分层的特征及其产生原因是什么?

由于变形不均或铸锭夹渣,在板材的横截面上产生与板材表面平行并沿压延方向延伸的裂纹。变形不均造成的分层分布在板材端部及边部中心部位[见图 12 – 12(a)、图 12 – 12(b)、图 12 – 12(c)];铸锭夹渣造成的分层分布无规律(见图 12 – 13)。

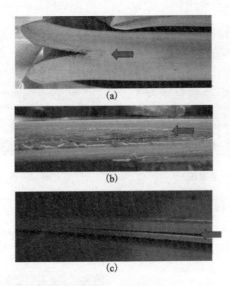

(a)

(b)

(c)

图 12 – 12   分层

(a)热轧板端头张开的分层;(b)热轧板端头未张开的分层;(c)严重的板材分层

主要产生原因:

①热轧道次压下量分配不当,压下量过大。

②铸锭加热不均匀或加热温度过高或过低。

③铸锭质量差,含有非金属夹杂。

④含气量高,疏松严重。

图 12 – 13 夹渣分层

15 振纹的特征及其产生原因是什么?

在板、带材表面周期性或连续地出现垂直于轧制方向的条纹。该条纹单条间平行分布,一般贯通带材整个宽度(见图 12 – 14)。产生于轧机、矫直机、压光机等设备在生产过程中振动。

16 黏伤的特征及其产生原因是什么?

因板间或带材卷层间黏连造成板、带表面呈点状、片状或条状的伤痕(见图 12 – 15)。黏伤产生时往往上下板片(或卷层)呈对称性,有时呈周期性。

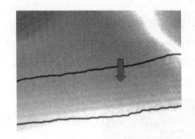

图 12 – 14 振纹

图 12 – 15 黏伤

主要产生原因:
①热状态下板、带材承受局部压力。
②冷轧卷取过程中张力过大,经退火产生。
③热轧卷取时张力过大。

17　刀背印的特征及其产生原因是什么?

剪切过程中剪刃与刀垫配合不好,在板、带材边部产生的明显、连续的线状痕迹。

18　横波的特征及其产生原因是什么?

垂直压延方向横贯板、带材表面的波纹,波纹处厚度突变(见图 12 - 16)。

主要产生原因:

①轧制过程中中间停机,或较快调整压下量。

②精整时多辊矫直机在有较大压下量的情况下矫直时中间停车。

图 12 - 16　横波

19　擦伤的特征及其产生原因是什么?

由于板、带材层间存在杂物或铝粉与板面接触、物料间棱与面,或面与面接触后发生相对滑动或错动而在板、带表面造成的成束(或组)分布的伤痕(见图 12 - 17)。

图 12 - 17　擦伤

主要产生原因：

①板、带在加工生产过程中与导路、设备接触时产生摩擦。

②冷轧卷端面不齐，在立式炉退火翻转时层与层之间产生错动。

③开卷时产生层间错动。

④精整验收或包装操作不当产生板间滑动。

⑤卷材松卷。

20　拉伸钳口痕的特征及其产生原因是什么？

板材拉伸后锯切量不足，在拉伸板表面端头形成的规则排布的凹坑(见图 12 - 18)。

21　摩擦腐蚀的特征及其产生原因是什么？

运输过程中，板、带材表面摩擦错动产生静电，造成表面静电腐蚀后形成的镜像分布的黑色氧化铝(见图 12 - 19)。

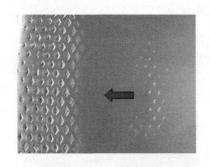

图 12 - 18　拉伸钳口痕

图 12 - 19　摩擦腐蚀

22　花纹失真的特征及其产生原因是什么？

由于花纹辊存在破损或轧花工序压下量不足造成花纹板的花纹变形或残缺。

23 黏铝的特征及其产生原因是什么?

板、带材表面黏附铝粉(见图 12 - 20)。黏铝的板、带材表面粗
糙、无金属光泽。

主要产生原因:

①热轧时铸锭温度过高。

②轧制工艺不当,道次压下
量大且轧制速度快。

③工艺润滑剂性能差。

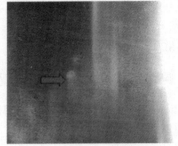

图 12 - 20 黏铝

24 轧辊磨痕的特征及其产生原因是什么?

工作辊磨削不良使工作辊的磨痕
反印在板、带材表面上。

25 划伤的特征及其产生原因是什么?

因尖锐的物体(如板角、金属屑或设备上的尖锐物等)与板面接
触,在相对滑动时所造成的呈单条状分布的伤痕(见图 12 - 21)。

主要产生原因:

①热轧机辊道、导板上黏铝。

②冷轧机导板、压平辊等有
突出的尖锐物。

③精整时板角划伤板面。

④包装时,异物划伤板面。

图 12 - 21 划伤

26 压过划痕的特征及其产生原因是什么?

经轧辊压过的擦、划伤、黏铝等表面缺陷(见图 12 - 22)。

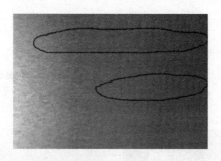

图 12-22　压过划痕

27　揉擦伤的特征及其产生原因是什么?

淬火时相邻板片间相互摩擦产生的伤痕(见图 12-23)。揉擦伤不规则,呈圆弧状,破坏了自然氧化膜和包覆层。

主要产生原因:

①淬火板材弯曲变形过大。

②淬火时,装料太多、板间间距小。

28　起皮的特征及其产生原因是什么?

铸块表面平整度差或铣面不彻底或铸块加热时间长,

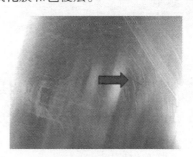

图 12-23　揉擦伤

表面严重氧化,造成板材表面的局部起层。成层较薄,破裂翻起(见图 12-24)。

29　黑条的特征及其产生原因是什么?

板、带材表面沿轧制方向分布的黑色线条状缺陷(见图 12-25)。

主要产生原因:

①工艺润滑不良。

②工艺润滑剂不干净。

③板、带表面有擦划伤。

④板、带通过的导路不干净。

⑤铸轧带表面偏析或热轧用铸块铣面不彻底。

⑥金属中有夹杂。

⑦开坯轧制时，产生大量氧化铝粉，并压入金属，进一步轧制产生黑条。

图 12 - 24　起皮

图 12 - 25　黑条

30　油斑的特征及其产生原因是什么？

残留在板、带上的油污，经退火后形成的淡黄色、棕色，黄褐色斑痕(见图 12 - 26)。

主要产生原因：

①轧制油的理化指标不适宜。

②冷轧吹扫不良，残留油过多，退火过程中，残留的油不能完全挥发。

③机械润滑油等高黏度油滴在板、带表面，未清除干净。

图 12 - 26　油斑

31　油污的特征及其产生原因是什么?

板、带材表面的油性污渍。

主要产生原因:

①板、带材表面残留的轧制油与灰尘、铝粉或杂物混合形成。

②轧制油中混有高黏度润滑油。

③剪切、矫直等过程中设备润滑油污染板、带材。

32　花脸的特征及其产生原因是什么?

淬火板材表面发生光泽及颜色不均匀的污迹(见图12 - 27)。

主要产生原因:

①淬火后清洗用酸、碱浓度过低。

②淬火后清洗用酸、碱洗不充分。

③淬火后水洗不充分。

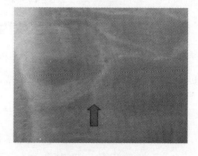

图 12 - 27　花脸

33　腐蚀的特征及其产生原因是什么?

板、带材表面与周围介质接触,发生化学或电化学反应后在板、带表面产生局部破坏的现象(见图12 - 28)。腐蚀板、带材表面失去金属光泽,严重时在表面产生灰白色的腐蚀产物。

主要产生原因:

①淬火洗涤后,板材表面残留有酸、碱、硝盐。

②板、带生产、包装、贮存、运输不当,由于气候潮湿或水滴浸润表面。

③工艺润滑剂中含有水分或呈碱性。

④压缩空气及测厚仪含有水分。

图 12 – 28　腐蚀

34　硝盐痕的特征及其产生原因是什么?

热处理硝盐介质残留在板材表面而产生的斑痕。硝盐痕呈不规则的白色或淡黄色斑块,表面粗糙、无金属光泽。

35　滑移线的特征及其产生原因是什么?

板材预拉伸时拉伸量过大。在拉伸板表面形成与拉伸方向呈45°～60°角的有规律的明暗条纹(见图 12 – 29)。

图 12 – 29　滑移线

36　包铝层错动的特征及其产生原因是什么?

热轧时包铝板偏移或横向摆动形成的板、带表面缺陷。该缺陷沿板材边部为整齐的暗带、热处理后呈暗黄色条状痕迹。

主要产生原因:

①包铝板没有放正。

②焊合侧边包铝板时辊边量过大,造成包铝板偏移。

③热轧时铸块送料不正。

④切边时两边剪切宽度不均,一边剪切量小。

⑤焊合压延时压下量小,未焊合上。

37　乳液痕的特征及其产生原因是什么?

板、带表面残留的呈乳白色或灰黑色点状、条状痕迹(见图12-30)。

主要产生原因:

①乳液温度高,乳液没吹净。

②乳液温度过高,乳液烧结在板面上。

图12-30　乳液痕

38　明暗条纹的特征及其产生原因是什么?

板、带材表面与轧制方向平行的明暗相间的条纹(见图12-31)。

主要产生原因:

①铸锭表面质量差,热轧前未铣面。

②工艺润滑不良。

③轧辊上存在亮带。

④板坯表面组织不均有粗大晶粒或偏析带。

⑤先轧窄料后轧宽料。

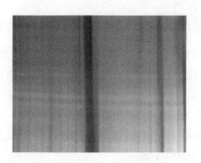

图 12 - 31　明暗条纹

39　贯穿气孔的特征及其产生原因是什么?

板材表面呈现出一种表面及边缘圆滑的圆形或长条形的贯穿板材整个厚度的空腔凸起,具有对称性。这种凸起分布是无规则的(见图 12 - 32)。主要原因是铸锭质量不好,含氢量过高,有集中气孔。

图 12 - 32　贯穿气孔

40　松树枝状花纹的特征及其产生原因是什么?

冷轧过程中产生的滑移线。板、带材表面呈现有规律的松树枝状花纹,有明显色差,但仍十分光滑[见图 12 - 33(a)、图 12 - 33(b)]。

主要产生原因:

①工艺润滑不良。

②冷轧时道次压下量过大。

③冷轧时张力小,特别是后张力小。

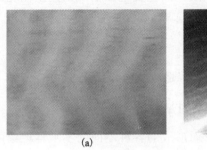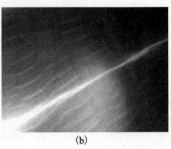

(a)　　　　　　　　　　　(b)

图 12－33　松树枝状花纹

(a)板材松树枝状花纹;(b)卷材松树枝状花纹

41　包覆层脱落的特征及其产生原因是什么?

复合材料包铝层离开基体并脱落形成的不规则缺陷。主要原因是包铝层与基体金属之间有异物,导致包铝层无法焊合,并进一步产生包铝层脱落。

42　辊花的特征及其产生原因是什么?

磨床振动造成轧辊磨削不良,在板、带材表面形成的与轧制方向平行或呈一定角度的、有规律排列的、且相互间平行的条纹。

43　铣刀痕的特征及其产生原因是什么?

由于铸锭铣面不当,轧制后板材表面产生的与铣削方向一致的条纹(见图 12－34)。

图 12－34　铣刀痕

44 压花的特征及其产生原因是什么?

由于带材折皱、断带等原因导致轧辊辊面不规则色差在轧制过程中周期性地印到带材表面的色差现象。

45 暗裂产生的原因是什么?

由于铸锭冶金缺陷或热轧不当造成的内部裂纹。

46 波浪的特征及其产生原因是什么?

板、带材由于不均匀变形而形成的各种不同的不平整现象的总称。板、带边部产生的波浪称为边部波浪,中间产生的波浪称为中间波浪,在中间和边部之间的既不在中间又不在两边的波浪称为二肋波浪,尺寸较小且通常呈圆形的波浪称为碎浪(见图 12 –35)。

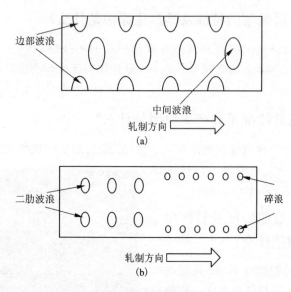

图 12 –35 波浪示意图

(a)边部波浪和中间波浪示意图;(b)二肋波浪和碎浪示意图

产生原因：

①辊缝调整不平衡，辊形控制不合理。

②润滑冷却不均，使板、带变形不均。

③道次压下量分配不合理。

④来料板型不良。

⑤卷取张力使用不均。

47　翘边的特征及其产生原因是什么?

经轧制或剪切后，带材边部翘起[见图 12 –36(a)、图 12 –36(b)]。

主要产生原因：

①轧制时压下量过大。

②轧制时润滑油分布不均匀。

③剪切时剪刀调整不当。

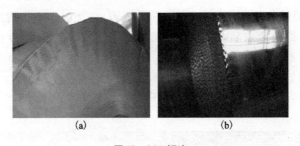

图 12 –36　翘边

(a)翘边；(b)翘边

48　起棱的特征及其产生原因是什么?

卷曲过程中，由于厚头或打底不良，卷曲张力不当，套筒不圆或有棱等原因产生的表面折痕(见图 12 –37)。

49　过烧的特征及其产生原因是什么?

热处理时金属温度达到或超过低熔点共晶温度而产生特有组织的现象叫过烧。过烧严重时表面呈现明显的氧化色(呈灰色或微黄

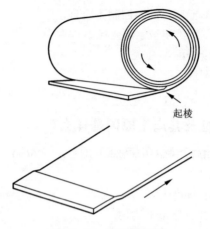

图 12 - 37　起棱示意图

色）、粗糙或密集小泡［见图 12 - 38（a）］。显微组织中出现晶界加粗或晶间复熔三角或晶内出现了复熔共晶球［见图 12 - 38（b）］。

主要产生原因：

①热处理工艺不当。

②热处理设备及仪表运转不正常。

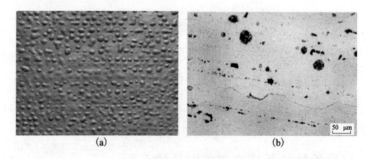

图 12 - 38　过烧

（a）严重过烧板材表面；（b）过烧板材显微组织

50　铜扩散的特征及其产生原因是什么?

　　由于不适宜的加热制度使包铝板材基体金属中的铜原子扩散到包铝层的晶界上,形成须状晶界(见图12-39),扩散到板材表面时,在表面上形成黄褐色斑点。

　　主要产生原因:

　　①不正确的热处理制度,温度过高或时间过长。

　　②淬火、退火等重复热处理次数太多。

　　③用错包铝板。

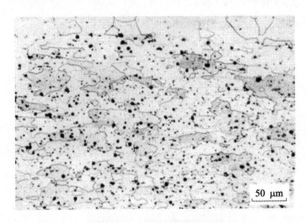

50 μm

图12-39　铜扩散显微组织

51　大晶粒的特征及其产生原因是什么?

　　热处理工艺不当或坯料化学成分控制不当,在板、带材表面形成橘皮状晶粒粗大现象。

52 侧边弯曲的特征及其产生原因是什么?

板、带的纵向侧边呈现向某一侧弯曲的非平直状态(见图 12 –40)。

主要产生原因:

①轧机、压光机两端压下量不一样。

②轧机、压光机送料不正。

③板、带来料两侧厚度不一致。

④轧辊预热不良或乳液流量控制不当。

⑤工艺润滑剂浓度过高,产生打滑。

⑥剪切前带材存在波浪,经剪切后波浪展开。

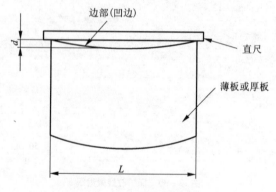

图 12 –40   侧边弯曲示意图

53 塌卷的特征及其产生原因是什么?

卷芯严重变形,卷形不圆(见图 12 –41)。

主要产生原因:

①卷曲过程中张力不当。

②外力压迫。

③卷芯强度低。

④无卷芯卷材经退火产生。

图 12 –41 塌卷

54 错层的特征及其产生原因是什么?

带材端面层与层之间不规则错动,造成端面不平整（见图 12 –42）。

主要产生原因:

①坯料不平整。

②卷取张力控制不当。

③压下量不均,套筒串动。

④压平辊调整不当。

⑤卷取过程中,对中系统异常。

⑥辊系平行度不好。

图 12 –42 错层

55 蛇形的特征及其产生原因是什么?

卷取操作中的周期性波动,使带材展开后形成周期性的侧边弯曲称为蛇形（见图 12 –43）。

56 塔形的特征及其产生原因是什么?

带卷层与层之间向一侧窜动形成塔状偏移（见图 12 –44）。

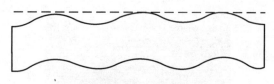

图 12 - 43　蛇形

主要产生原因：

①来料板形不好，张力控制不当。

②卷取对中调节控制系统异常。

③卷取时带头黏结不牢。

图 12 - 44　塔形

57　松卷的特征及其产生原因是什么?

卷取、开卷时层与层之间产生的松动，严重时波及整卷（见图 12 - 45）。

主要产生原因：

①卷取过程中张力不均或过小。

②开卷时压辊压力太小。

③钢带或卡子不牢固，吊运时产生。

图 12 - 45　松卷

58　燕窝的特征及其产生原因是什么?

带卷端面上产生局部"V"型缺陷(见图 12 – 46)。这种缺陷在带卷卷取过程中或卸卷后产生,有些待放置一段时间后才产生。

主要产生原因:

①带卷卷取过程中前后张力使用不当。

②胀圈不圆或卷取时打底不圆,卸卷后由于应力不均匀分布而产生。

③卷芯质量差。

图 12 – 46　燕窝

第13章 铸轧带材缺陷特征及 其产生原因

1 分层裂纹的特征及其产生原因是什么?

铸轧带表层下出现由低熔点相和 Fe、Si 等杂质隔开的分层。有时分层延伸到表面,形成马蹄形裂口[如图 13 - 1(a)]。延伸或未延伸到表面的这种缺陷称之为分层裂纹。分层裂纹一般是各个分离且成群出现[如图 13 - 1(b)]。裂纹两侧组织差异较大,表面低熔点相和杂质相较少,晶粒较粗大,内部低熔点相和杂质相较多,晶粒细小。

主要产生原因:分层裂纹是由于铸轧带在凝固过程中,凝壳抗剪强度小于表面黏着区和中心变形区之间的附加切应力所致。

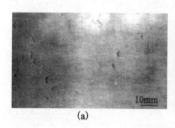
(a)

(b)

图 13 -1 分层裂纹
(a)表面;(b)侧向截面

2 通条裂纹的特征及其产生原因是什么?

铸轧带表面出现弧形、V 形或无固定横向裂纹或裂口,沿着轧制方向形成或排列成裂纹带。它往往同气道、表面偏析带、粗晶带等缺陷伴生。

主要产生原因：

①供料嘴局部堵塞。

②嘴唇局部破损或结渣。

3 热带的特征及其产生原因是什么？

铸轧带局部未受轧制变形，具有自由结晶表面的区域（如图 13-2）。缺陷严重时会穿透板厚，形成孔洞；热带形状不规则，有不同程度的凹陷。凹陷的表面不平整，往往伴随有裂缝出现，有时有偏析浮出物。

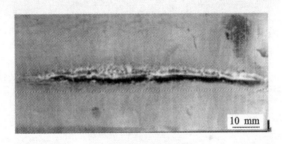

图 13-2 热带（表面）

主要产生原因：

①铸轧温度过高、速度过快、冷却强度不够等原因致使熔体出现局部未完全凝固。

②前箱液面太低。

③供料嘴严重堵塞等原因致使局部熔体供给不足，熔体不能和辊面充分接触，因而未受轧制变形，保留铸态组织。

4 气道的特征及其产生原因是什么？

铸轧带内形成的纵向连续或间断延伸不规则的凹坑。通过低倍试片肉眼可见的孔洞称为气道。借助放大镜才能发现的称为微孔。气道附近晶位发生歪扭，表面多显现白道，严重时可延续到铸轧带全长，常伴有通条裂纹和麦穗状晶。气道分横向位置固定气道和游动性气道(见图13－3)。

主要产生原因：

①熔体含气量多。

②供料系统干燥不彻底。

③供料嘴结渣。

④铸轧辊表面温度与环境温度差过大。

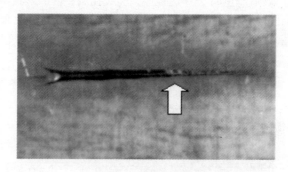

图13－3　气道(表面)

5　粗大晶粒的特征及其产生原因是什么？

在宏观组织上出现的均匀或不均匀的、超出晶粒标准规定的大晶粒(见图13－4)。粗大晶粒组织具有很强的各向异性；冷轧后表面出现白色条状缺陷；再结晶退火后晶粒易长大。

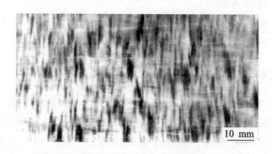

图13－4　五级大晶粒(表面)

主要产生原因：

①熔体过热。

②结晶前沿温度梯度过大。

③液面过低。

④熔体在炉内停留时间过长。

⑤晶粒细化效果不良。

6　晶粒不均的特征及其产生原因是什么?

同一铸轧带不同区域晶粒大小有明显差异的现象（见图 13 - 5）。晶粒不均有两种形式：一种为同一表面不同区域晶粒大小不同，另一种为上下表面晶粒大小不同。

图 13 - 5　晶粒不均（混合酸洗后表面）

主要产生原因：晶粒不均是由于在铸嘴出口处结晶条件差异所致。

7　表面偏析条纹的特征及其产生原因是什么?

铸轧带表面点状缺陷集聚成带状，纵贯铸轧带全长（见图 13 - 6）。未经浸蚀时缺陷不易发现，缺陷部位反光性稍差，较暗；经高浓度混和酸或碱浸蚀后发黑。显微组织为两相共晶组织，缺陷部位化合物比正常部位明显增多，其中 Si、Fe、Cu 等与铝形成共晶转变的元素含量升高，而与铝形成包晶转变的 Ti 的含量则明显降低。表面偏析条纹是一种逆偏析。

　　产生原因：供料嘴的唇缘损坏、脱落或挂渣。

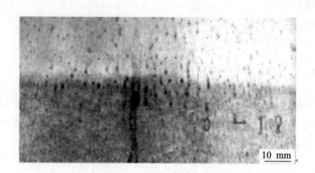

图 13 - 6　表面偏析条纹

8　中心层(线)偏析的特征及其产生原因是什么?

　　铸轧带中，最终凝固的中心层附近集中了不平衡过剩组合物的现象(见图 13 - 7)。中心层(线)偏析量随合金元素含量的增加或铸轧速度的提高而增加。在轧辊压力作用下，富集合金元素的液态铝沿枝晶间隙，从较冷区挤到中部较热区(即所谓孔道效应)，全部凝固后在中部形成共晶，局部还可能出现过共晶。

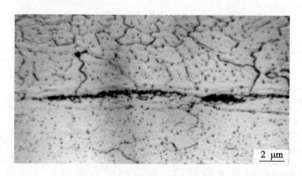

图 13 - 7　中心层(线)偏析

主要产生原因：

①铸轧速度过快。

②合金元素含量高。

③铸轧区过小。

9　重熔斑纹的特征及其产生原因是什么？

铸轧时，铸造区铝凝壳发生重熔，在铸轧带表面形成皱纹或斑纹的现象。这种缺陷多以周期性横向皱纹形式出现，严重时可见成层，甚至出现类似偏析浮出物的斑点。重熔斑纹实际上是一种逆偏析。偏析区内组织粗大，中间化合物大且集中，破坏了铸轧带表面组织的均匀性。

主要产生原因：

①熔体温度过高。

②铸轧速度快。

③凝壳薄。

④铸轧辊局部导热性能差。

⑤供料嘴组装及流场分布不良，熔体温度不均。

⑥铸轧机振动等。

10　夹杂的特征及其产生原因是什么？

铸轧带内含有的炉渣、熔剂、各种耐火材料碎块、金属氧化物及其他杂物。夹杂形貌多种多样，多呈黑色或耐火材料的颜色，形状不规则。

主要产生原因：

①熔体不干净。

②精炼、过滤效果不佳或过滤片损坏。

③料嘴内部保温材料脱落。

④液面波动大，氧化膜带入。

11　表面纵向条纹的特征及其产生原因是什么？

铸轧带表面沿轧制方向出现的有一定色差没有深度的条纹，一般贯穿整个纵向板面。

主要产生原因：

①嘴辊间隙小，铸嘴前沿摩擦辊面。

②铸嘴局部破损。

③铸嘴前沿挂渣。

④嘴腔局部堵塞。

⑤轧辊辊面磨削质量不好，轧辊辊面或牵引辊辊面有划痕。

12　横向波纹的特征及其产生原因是什么？

铸轧时，嘴辊间隙处包覆铝液和氧化膜周期振荡并发生破裂，使带坯表面的凝固速度周期变化，枝晶间距周期变化。经过高浓度混和酸或碱浸蚀后出现较粗大的树枝晶组织或较粗大的化合物颗粒与正常晶粒组织间隔的现象（见图 13 - 8）。

主要产生原因：

①铸轧速度过快。

②供料嘴与轧辊间隙较大。

③冷却强度过大。

④前箱液面高度过高或不稳定。

⑤机架、供料系统振动等致使铸嘴前沿弯液面在辊面和铝凝固壳之间波动。

图 13 - 8　横向波纹（酸侵蚀后）

13　黏辊的特征及其产生原因是什么？

铸轧时，铸轧带局部或整个带宽度上在离开轧辊中心连线后不能与轧辊分离，而由卷取张力强行分离，使带坯出现表面粗糙、翘曲不平或横纹等缺陷的现象。

主要产生原因：
①熔体温度偏高。
②铸轧速度快。
③冷却强度低。
④铸轧辊辊面温度不均。
⑤铸轧辊表面粗糙度不适宜。
⑥清辊器或润滑介质欠佳。
⑦卷取张力小。

14　层间黏伤的特征及其产生原因是什么？

铸轧带被卷取时层与层之间发生的局部黏连的现象，强行展开后，黏连区呈现片状、条状或点状伤痕。发生黏连的两接触表面对应点上的伤痕相互吻合。

主要产生原因：
①铸轧速度太快。
②铸轧带温度过高。
③卷取张力过大。

15　辊印的特征及其产生原因是什么？

由于铸轧辊辊面、牵引辊或导向辊辊面损伤或黏铝[见图 13 - 9(a)]、铸轧辊龟裂[见图 13 - 9(b)]等印在铸轧带表面呈现周期性出现的凸起或凹下的现象。

注：铸轧辊龟裂是由于使用时间长，承受交变热应力、机械应力、以及辊面与高温熔体发生一系列物理化学作用引起的。

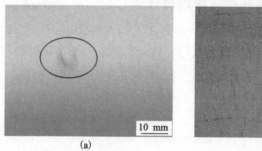
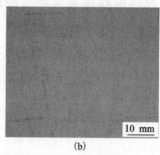

图 13 – 9 辊印

(a)辊印缺陷；(b)铸轧辊龟裂造成的辊印

16 非金属压入的特征及其产生原因是什么？

压入铸轧带表面的非金属夹杂物。非金属压入物呈点状、长条状或不规则形状，颜色随压入物不同而不同。

主要产生原因：

①供料嘴唇掉渣或局部脱落。

②清辊器毛毡脱落。

③喷涂介质在辊面堆积。

④非金属异物经输送辊道或卷取压入铸轧带表面。

17 金属压入的特征及其产生原因是什么？

铸轧带表面嵌入金属碎片或碎屑。

主要产生原因：

①铸轧辊黏铝或热状态铸轧带坯黏上外来金属碎屑未及时清除。

②铸轧带在线铣边时铝屑未吸取干净，压入表面。

18 机械损伤的特征及其产生原因是什么？

铸轧带表面出现的划伤（断续或连续的单条沟线状缺陷。一般是由尖锐物与产品接触并相对移动所致）、擦伤（成束或成片细小的划伤。一般是物体的棱与面或面与面接触后发生相对移动或错动所致)、碰伤和压伤(产品与其他物体互相碰撞或挤压形成的一个或多个伤痕)等。

主要产生原因:

①设备和工具有突出尖锐角或黏铝。

②导辊与移动不同步。

③铸轧带搬运不慎。

19　腐蚀的特征及其产生原因是什么?

铸轧带表面与外界介质发生化学或电化学反应,导致表面不规则损伤的现象。腐蚀表面失去金属光泽,严重时产生灰色粉末。

主要产生原因:因包装、贮存、运输不当导致铸轧带吸附水分或与其他化学物质接触。

20　板型不良的特征及其产生原因是什么?

铸轧带横截面除边部减薄区外,中间部分也明显不具备二次曲线的特征(见图 13 – 10)。

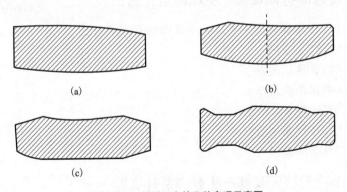

图 13 – 10　板型不良的几种表现示意图
(a)楔形板;(b)中凸偏移;(c)二肋厚;(d)二肋薄

主要产生原因:

①铸轧辊形不合理。

②辊芯冷却水通道局部堵塞。

③辊缝未调整好。

④辊套过薄局部变形不均。

⑤轧制载荷太大。

⑥工艺参数不匹配。

21 裂边的特征及其产生原因是什么?

铸轧带边部破裂称为裂边。具体可分为工艺裂边和边部缺损。

主要产生原因:

①耳部挂渣。

②耳子倒角不合适。

③铸轧区大,变形量大。

④铸轧速度过快。

⑤熔体温度不均。

⑥熔体流动性差。

22 飞边的特征及其产生原因是什么?

铸轧带边缘宽出一条形状不规则的金属翅片。

主要产生原因:

①铸轧速度过快。

②前箱温度过高。

③耳子损坏、脱落。

④耳子倒角不合适。

⑤耳辊间隙过大。

23 缩边的特征及其产生原因是什么?

铸轧带一侧或两侧边部收缩,带坯变窄的现象。

主要产生原因:

①前箱温度过低。

②熔体温度过低。

③前箱液面过低。

④液流分配不合理。

⑤耳部结渣。

24　错层的特征及其产生原因是什么?

铸轧带卷取时层与层之间不规则地串动造成的端面不平整的现象。

主要产生原因:

①铸轧时发生黏辊。

②铸轧区长度不一致。

③卷取张力不稳定。

25　塔形的特征及其产生原因是什么?

铸轧带卷取时呈规律性的向一侧偏移(倾斜)的现象。

主要产生原因:

①卷取机咬入带头的位置偏移。

②供料嘴中心线与卷取中心线偏移。

③铸轧带单侧压下量过大。

④卷取轴中心线与轧辊水平线不平行。

26　松层的特征及其产生原因是什么?

由于铸轧带缠卷不紧或出现相对滑动而产生的层与层之间的较大缝隙的现象。

主要产生原因:

①卷取张力突然减小或停止。

②捆卷钢带断带或捆卷不紧。

第14章　铝箔缺陷特征及其产生原因

1　非金属压入的特征及其产生原因是什么?

非金属夹杂压入箔材表面, 表面呈明显的点状或长条状黄黑色缺陷(见图 14 - 1)。

图 14 -1　非金属压入

主要产生原因:
①生产设备或环境不洁净。
②轧制工艺润滑剂不洁净。
③坯料存在非金属异物。
④板坯表面有擦划伤, 油泥等非金属异物残留在凹陷处。
⑤生产过程中, 非金属异物掉落在板、带材表面。

2　金属压入的特征及其产生原因是什么?

金属屑或金属碎片压入箔材表面。压入物刮掉后呈大小不等的凹陷, 破坏了箔材表面的连续性。

3　划伤的特征及其产生原因是什么？

箔材表面呈现的断续或连续的沟状伤痕。一般在尖锐物与箔材表面接触后相对滑动时产生。

主要产生原因：

①轧辊、导辊表面有尖状缺陷，或黏有硬杂物。

②合卷、分切的机械导辊、导路有尖状缺陷或黏有杂物。

③包装时，异物划伤铝箔表面。

4　擦伤的特征及其产生原因是什么？

由于物料间棱与面、或面与面接触后发生的相对滑动在箔材表面造成的成束（或组）分布的伤痕。

主要产生原因：

①箔材在加工生产过程中，与导路、设备接触时，产生相对摩擦而造成擦伤。

②坯料松卷。

③轧制时张力使用不当，开卷时产生层间错动。

5　碰伤的特征及其产生原因是什么？

箔材在搬运或存放过程中，与其他物体碰撞后在表面或端面产生的损伤（见图 14 - 2）。

图 14 - 2　端面碰伤

6 印痕的特征及其产生原因是什么?

箔材表面存在单个或周期性的凹陷或凸起(见图 14 - 3)。

主要产生原因:

①轧辊或导辊表面有缺陷。

②轧辊或导辊表面黏有金属屑等脏物。

③套筒或管芯表面不清洁或局部存在光滑凸起。

④卷取时,箔材表面黏有异物。

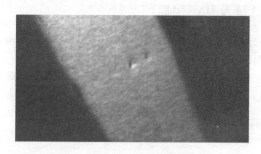

图 14 - 3   表面印痕

7 表面气泡的特征及其产生原因是什么?

箔材表面不规则的圆形或条状空腔凸起;凸起的边缘圆滑,两面不对称,分布无规律。

主要产生原因:

①退火温度过高,加热时间过长。

②板型不良。

③表面残油量大。

④箔卷空隙率小。

8 腐蚀的特征及其产生原因是什么?

铝箔表面与周围介质接触,发生化学反应或电化学反应后,在铝箔表面产生的缺陷,被腐蚀的铝箔表面会失去光泽,严重时还会产生灰色腐蚀产物(见图 14 -4)。

主要产生原因:

①铝箔生产及运输、存放保管不当,由于气候潮湿或雨水浸入而引起腐蚀。

②轧制油中含有水分或呈碱性。

③测厚仪冷却系统滴水或压缩空气中含水量高。

图 14 -4　铝箔表面腐蚀

④包装、贮存、运输不当,由于气候潮湿或水滴浸润表面而引起腐蚀。

9　油斑的特征及其产生原因是什么?

残留在铝箔上的油污,经退火后形成的淡黄色、棕色,黄褐色斑痕(见图 14 -5)。

主要产生原因:

①轧制油的理化指标不适宜。

②轧制过程吹扫不良,残留油过多,退火过程中,残油不能完全挥发。

③机械润滑油等高黏度油滴在板、带表面,未清除干净。

图 14 -5　油斑

④分切张力过大,造成铝箔卷过紧。

10　裂边的特征及其产生原因是什么?

铝箔表面纵向边部破裂的现象,称裂边。严重时边部可见明显缺口(见图 14 -6)。

主要产生原因：

①辊形控制不当，使铝箔边部出现拉应力。

②中间退火不充分，金属塑性差。

③边部裂口未完全切除。

图 14-6　裂边

④道次加工率过大。

⑤切边刀不够锋利或调整不当。

11　板型不良的特征及其产生原因是什么？

由于不均匀变形使箔材表面局部产生起伏不平的现象，称为板型不良。根据缺陷产生的部位，分为中间波浪、边部波浪、二肋波浪及复合波浪等。在边部称边部波浪（见图 14-7），在中间称中间波浪，二者兼有之称复合波浪，既不在中间又不在边部称二肋波浪。

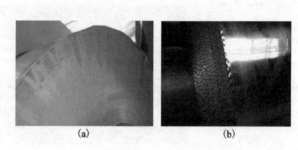

(a)　　　　　　　　(b)

图 14-7　边部波浪

主要产生原因：

①来料板型不良。

②轧制压力调整不平衡。

③道次压下量分配不合理。

④轧辊辊形不合理。

⑤轧制油喷淋不正常。

12 压折的特征及其产生原因是什么?

压过的皱折。皱折与轧制方向成一定角度。压折处呈亮道花纹。

主要产生原因:

①后张力小。

②辊形控制不良,厚度不均。

③轧制时送料不正。

13 黏连的特征及其产生原因是什么?

铝箔卷单张不易打开,多张打开时呈板结状,产品自由垂落长度不能达到标准要求,严重时,单张无法打开。

主要产生原因:

①轧制油理化指标不合理。

②分切张力过大。

③退火工艺不合理。

14 黏油的特征及其产生原因是什么?

残留在箔卷内的轧制油及其他油污,在退火过程中氧化,聚合生成黏稠物质,影响箔材展开。

主要产生原因:

①退火制度不当。

②轧制油理化指标不适宜。

③高黏度油滴在铝箔表面。

15 起棱的特征及其产生原因是什么?

垂直压延方向横贯箔材表面的波纹及凸起(见图 14 – 8)。

主要产生原因:

①卷取张力控制不当,先松后紧。

②套筒或管芯精度不够,打底不良。

③分切时同一轴卷径大小不一样。

④生产工艺参数控制不合理。

图14－8　铝箔表面横波

16　横纹的特征及其产生原因是什么？

铝箔表面横向有规律的细条纹，一般呈白色，无凹凸感，有时在卷材局部，有时布满整个表面（见图14－9）。

主要产生原因：

①轧制毛料表面有横纹。

②轧制道次压下量过大。

③轧辊粗糙度不合理。

④轧制油理化指标不合理。

图14－9　铝箔表面横纹

17 人字纹的特征及其产生原因是什么?

箔材表面呈现的有规律的人字形的花纹,一般呈白色,表面有明显的色差,但十分光滑(见图14-10)。

主要产生原因:

①轧制时道次压下量过大,金属在轧辊间由于摩擦力大,流动速度慢,产生滑移。

②辊形不好,温度不均。

③轧辊粗糙度不合理。

④轧制油理化指标不合理。

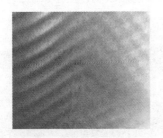 

图14-10 人字纹

18 孔洞的特征及其产生原因是什么?

箔材表面的孔洞(见图14-11)。

主要产生原因:

①轧辊表面有损伤。

②生产过程中,外来物脱落后形成裂口。

③来料表面有夹杂、气道、严重划伤等缺陷。

④压下量过大导致变形不均匀。

图14-11 铝箔孔洞

19   松卷的特征及其产生原因是什么?

由于分切时卷取不紧,沿管芯方向立拿箔材时,箔材发生层间错动;用手指按压箔材时,可产生局部凹陷的现象。

主要产生原因:

①分切时张力过小或张力不均。

②分切速度过快。

③分切压平辊压力过小。

20   毛刺的特征及其产生原因是什么?

剪切后,箔材边部存在的大小不等的刺状物(见图 14 - 12)。

主要产生原因:

①剪切时刀刃不锋利。

②剪刃润滑不当。

③剪刃间隙及重叠量调

整不当。

21   错层的特征及其产生原因是什么?

图 14 - 12   铝箔端面毛刺

铝箔卷端面层与层之间

不规则错动,造成端面不平整(见图 14 - 13)。

主要产生原因:

①来料板型不良。

②卷取张力调整不当。

③压平辊调整不当。

④卷取时对中系统异常。

⑤轧制或分切时速度过快。

图 14 - 13   铝箔端面串层

22　塔形的特征及其产生原因是什么?

铝箔端面层与层之间的错动造成塔状偏移，称为塔形。塔形是错层的特例（见图 14 – 14）。

主要产生原因：

①来料板型不好。

②卷取时对中调节系统异常。

图 14 – 14　铝箔塔形

③压平辊系统状态不良，或调整不当。

④卷取张力调整不当。

23　翘边的特征及其产生原因是什么?

铝箔卷两端或一端向上翘起的现象，称为翘边，其特征为铝箔卷边向上部翘起，手触有明显凹凸感（见图 14 – 15）。

主要产生原因：

①道次加工率过大。

②轧制油分布不均。

③剪刀调整不当。

④板型不良。

图 14 – 15　翘边

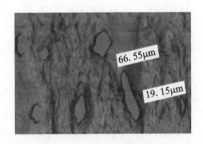

图 14 – 16　针孔

24 针孔的特征及其产生原因是什么?

铝箔表面迎光可见的不规则小孔(见图 14 – 16)。

主要产生原因:

①坯料存在内部组织缺陷。

②轧辊表面粗糙度过高或轧辊表面有缺陷。

③轧制油不够洁净。

④来料表面擦划伤。

⑤轧制工艺参数不当。

⑥生产环境不洁净。

25 开缝的特征及其产生原因是什么?

铝箔经轧制后沿纵向自然开裂的现象。

主要产生原因:

①轧制时后张力过小。

②来料板型不良。

③辊形控制不当。

④坯料存在气道。

⑤入口侧打折或来料打折。

26 皱纹的特征及其产生原因是什么?

铝箔表面呈现的细小的、纵向或斜向局部凸起的、一条或数条圆滑的沟槽(见图 14 – 17)。

主要产生原因:

①压下量过大,致使轧制时变形不均或卷取时张力不够。

②辊形控制不当或轧制压力过低。

③坯料厚度不均,板型不良或有起棱。

④卷取轴精度不够,套筒不圆。

⑤压平辊压力控制不当。

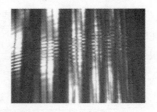

图 14 - 17 皱纹

27 起皱的特征及其产生原因是什么?

铝箔卷表面无法展平的纵向或横向皱折(见图 14 - 18)。

主要产生原因:

①来料板型不良或有皱折。

②轧辊辊形控制不合理。

③轧制及分切工艺参数不合理。

④轧机辊系精度不够。

⑤套筒或管芯精度不够。

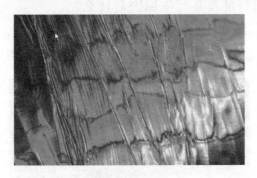

图 14 - 18 起皱

28 亮点的特征及其产生原因是什么?

铝箔双合轧制时,出现的铝箔暗面上不均匀的发亮的点称为亮点(见图 14 - 19)。

主要产生原因：

①双合前箔材表面粗糙不均或有辊印、横波等缺陷。

②轧辊表面粗糙不均。

③双合油指标不适宜。

④双合时，上下张铝箔厚度相差过大。

图 14 - 19　亮点

29　箭头的特征及其产生原因是什么?

铝箔卷端面上一定层数在同一处由内向外处的凸起，像箭头(燕窝)一样，凸起程度由内向外或由外向内逐渐减弱(见图 14 - 20)。

图 14 - 20　箭头(燕窝)

主要产生原因：

①卷取张力前小后大。

②套筒或管芯精度低。

③生产过程断带后，张力使用不当。

30　辊眼的特征及其产生原因是什么？

铝箔表面出现的周期性有压延痕迹的小孔，有的呈网状，尺寸一般大于针孔（见图 14 –21）。

主要产生原因：

①来料表面有辊眼。

②轧制过程中，有异物将轧辊硌伤。

图 14 –21　辊眼

31　辊印的特征及其产生原因是什么？

轧制时铝箔表面出现的呈周期性排列的印痕。

主要产生原因：

①来料表面有辊印。

②在推入轧辊时，因操作不当将轧辊表面划伤，或在轧制过程中，有异物将轧辊硌伤。

32　油污的特征及其产生原因是什么？

铝箔表面的油性污渍。

主要产生原因:

①轧制工艺参数不合理。

②轧机清辊器出现异常。

③轧机测厚仪头部滴油。

④轧机本体滴油。

⑤轧制油不洁净。

33 除油不净的特征及其产生原因是什么?

O状态铝箔,退火后,采用刷水方法检测,未达到刷水试验规定的级别(见图14-22)。

主要产生原因:

①铝箔表面带油量过大。

②铝箔卷空隙率过低。

③轧制油理化指标不适宜。

④退火工艺不合理。

图14-22 除油不净

34 亮线的特征及其产生原因是什么?

铝箔表面纵向连续的亮条,产生部位与其他部位有明显的色泽差异(见图14-23)。

主要产生原因:

①来料表面有严重亮线。

②清辊器运转不正常,将轧辊划伤。

③轧机运转时,有异物将轧辊划伤。

图 14 - 23 亮线

35 起鼓的特征及其产生原因是什么?

铝箔表面纵向的呈条状凸起,手触有明显凸凹感,有时除去外层铝箔后消失,有时贯穿整卷铝箔(见图 14 - 24)。

图 14 - 24 起鼓

主要产生原因：

①铝箔板型控制不良。

②铝箔表面有亮线。

③退火冷却速度过快。

④压平辊表面不平整。

36　暗面色差的特征及其产生原因是什么？

双合时由于未喷双合油或双合油不均匀，造成轧制后的产品，暗面色泽不均匀、色差明显，严重时上、下张无法分开（见图 14－25）。

图 14－25　暗面色差

37　气道的特征及其产生原因是什么？

由于熔体氢含量偏高，造成铝箔在轧制过程中出现的沿轧制方向的条状压碎，有一定宽度（见图 14－26）。

图 14－26　气道

38　暗面条纹的特征及其产生原因是什么？

双合产品，暗面有沿轧制方向的明显的明暗相间的条状花纹（见图 14 – 27）。

主要产生原因：

①坯料晶粒细化不够。

②毛料中间退火工艺不合理。

③坯料合金成分不合理。

图 14 – 27　暗面条纹

39　白条的特征及其产生原因是什么？

铝箔表面沿轧制方向、宽度或间隔不等的白色条纹。一般对应铸轧带下表面出现，条纹多集中在铝箔中间、两肋位置，随着铝箔的压延减薄，条纹呈明显加重趋势（见图 14 – 28）。

图 14 – 28　铝箔表面白条

主要产生原因：

①铸轧坯料 Ti、B 偏析，沉积等。

②铸轧带材中间及两肋位置冷却较差，结晶滞后造成该位置组织和其他位置不同。

③铸轧辊冷却强度不均，造成成分偏析、晶粒不均。

40　端面花纹的特征及其产生原因是什么？

铝箔端部局部或整卷上看，管芯处沿壁厚呈放射状花纹；开卷后该处铝箔边部有轻微波浪（见图 14 – 29）。

主要产生原因：

①刀槽或剪刀调整不当。

②分卷处板型不良（波浪）。

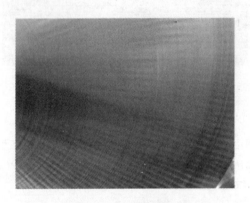

图 14 – 29　端面花纹

附录　板、带箔材产品常用技术标准

1　国家标准

常用国家标准见表 15 – 1。

表 15 – 1　国家标准

序号	标准号	标准名称
1	GB 6891—86	铝及铝合金压型板
2	GBn 167—82	可热处理强化的铝合金板
3	GBn 168—82	不可热处理强化的铝及铝合金板
4	GBn 169—82	可热处理强化的铝合金大规格板
5	GBn 170—82	不可热处理强化的铝及铝合金大规格板
6	GB/T 3194—1998	铝及铝合金板、带材的尺寸允许偏差
7	GB/T 3198—2010	铝及铝合金箔
8	GB/T 3615—2007	电解电容器用铝箔
9	GB/T 3618—2006	铝及铝合金花纹板
10	GB/T 3880—1997	铝及铝合金轧制板材
11	GB/T 3880.1—2012	一般工业用铝及铝合金板、带材 第 1 部分：一般要求
12	GB/T 3880.2—2012	一般工业用铝及铝合金板、带材 第 2 部分：力学性能
13	GB/T 3880.3—2012	一般工业用铝及铝合金板、带材 第 3 部分：尺寸偏差
14	GB/T 8544—1997	铝及铝合金冷轧带材
15	GB/T 16501—1996	铝及铝合金热轧带材

续表 15 - 1

序号	标准号	标准名称
16	GB/T 22641—2008	船用铝合金板材
17	GB/T 22642—2008	电子、电力电容器用铝箔
18	GB/T 29503—2013	铝合金预拉伸板

2　国家军用标准

常用国家标军用准见 15 - 2。

表 15 - 2　国家军用标准

序号	标准号	标准名称
1	GJB 390—87	航天工业用 LF6 铝镁合金板材
2	GJB390A—2008	航天用铝合金板材规范
3	GJB 1741—93	铝合金预拉伸板材规范
4	GJB1741A—2008	铝合金预拉伸板材规范
5	GJB 1742—93	舰用 LF15、LF16 铝合金板材规范
6	GJB 2051—94	航天用 LD10 铝合金板材规范
7	GJB 2053—94	航空航天用铝合金薄板规范
8	GJB2053A—2008	航空航天用铝合金结构板材规范
9	GJB 2662—96	航空航天用铝合金厚板规范
10	GJB2662A—2008	航空航天用铝合金厚板规范
11	GJB 3424—98	航空用铝合金变截面板材规范
12	GJB 3796—99	7075 铝合金板材规范
13	GJB 5075—2001	航空用铝合金箔规范
14	GJB 6470—2008	航空航天用铝合金蒙皮板规范

3　行业标准

常见行业标准见 15 - 3。

表 15 - 3　行业标准

序号	标准号	标准名称
1	YS/T 69—2005	钎焊用铝合金复合板
2	YS/T 90—2008	铝及铝合金铸轧带材
3	YS/T 91—2009	瓶盖用铝及铝合金板、带材
4	YS/T95.1—2009	空调器散热片用铝箔
5	YS/T95.2—2001	空调器散热片用铝箔
6	YS/T 242—2000	表盘及装饰用纯铝板
7	YS/T 242—2009	表盘及装饰用铝及铝合金板
8	YS/T 421—2007	印刷版基用铝板、带
9	YS/T 429.1—2000	铝幕墙板、板基
10	YS/T 430—2000	电缆用铝箔
11	YS/T 432—2000	铝塑复合板用铝带
12	YS/T 434—2009	铝塑复合管用铝及铝合金带材
13	YS/T 446—2002	钎焊式热交换器用铝合金复合箔
14	YS/T 457—2003	双零铝箔用冷轧带材
15	YS/T 494—2005	洗衣机用铝及铝合金板材
16	YS/T 496—2005	钎焊式热交换器用铝合金箔
17	YS/T 621—2007	百叶窗用铝合金带材
18	YS/T 622—2007	铁道货车用铝合金板材
19	YS/T 687—2009	电子行业机柜用铝合金板、带材
20	YS/T 688—2009	铝及铝合金深冲用板、带材
21	YS/T 690—2009	天花吊顶用铝及铝合金板、带材
22	YS/T 711—2009	手机及数码产品外壳用铝及铝合金板、带材

续表 15 - 3

序号	标准号	标准名称
23	YS/T 712—2009	手机电池壳用铝合金板、带材
24	YS/T 713—2009	干式变压器用铝带、箔材
25	YS/T 727—2010	电容器外壳用铝及铝合金带材
26	YS/T 772—2011	计算机散热器用铝及铝合金带材

4　国外标准

常用国外标准见 15 - 4。

表 15 - 4　国外标准

序号	标准号	标准名称
1	EN 485 - 2 - 1994	铝及铝合金带材、薄板及厚板　力学性能
2	EN 485 - 3 - 1993	铝及铝合金带材、薄板及厚板 热轧制品的尺寸及外形偏差
3	ANSI　H35.1 - 1993	铝合金牌号及状态代号
4	ANSI　H35.2 - 1993	铝加工制品的尺寸偏差
5	ASTM　B209M - 2002	铝及铝合金薄板和厚板标准(公制)
6	ASTM　B221M - 92a	铝及铝合金挤压异形棒、圆棒、 线材、型材和管材(公制)
7	AMS - QQ - A - 1997(1)	铝及铝合金板材通用规范
8	AMS - QQ - A - 1997(2)	6061 铝合金厚、薄板
9	AMS - QQ - A - 1997(3)	7075 铝合金厚、薄板
10	AMS - QQ - A - 1997(4)	2024 铝合金厚、薄板
11	AMS - QQ - A - 1997(5)	5052 铝合金板材
12	ASTM B373 - 2000	电容器用铝箔
13	ASME B209 - 2010	铝及铝合金薄板和厚板规范

参考文献

[1] 肖亚庆.铝加工技术实用手册[M].北京:冶金工业出版社,2005

[2] 王祝堂、田荣璋.铝合金及其加工手册.[M].第二版.长沙:中南大学出版社,2000

[3] 轻金属材料加工手册编写组.轻合金材料加工手册[M].北京:冶金工业出版社,1980

[4] 付祖铸.有色金属板、带生产[M].长沙:中南大学出版社,2000

[5] 马英义.铝合金中厚板生产技术[M].北京:冶金工业出版社,2009

[6] 孙建林.轧制工艺润滑原理技术与应用[M].北京:冶金工业出版社,2004

[7] 赵世庆.铝合金热轧及热连轧技术[M].北京:冶金工业出版社,2010

[8] 尹晓辉.铝合金冷轧及薄板生产技术[M].北京:冶金工业出版社,2010

[9] 铝合金热处理编写组.铝合金热处理[M].北京:冶金工业出版社,1972

[10] 谢水生、刘静安、黄国杰.铝加工生产技术500问[M].北京:化学工业出版社,2006

[11] 王祝堂.世界铝板、带箔轧制工业[M].长沙:中南大学出版社,2010

[12] 王祝堂.铝合金及其加工手册[M].长沙:中南大学出版社,1988

[13] 王锰、卢治森.轻金属材料加工手册[M].北京:冶金工业出版社,1979

[14] 黄伯云、李成功等.中国材料工程大典[M].北京:化学工业出版社,2006

[15] 林钢等.铝合金应用手册[M].北京:机械工业出版社,2006

[16] 唐和平.变形铝合金与铸造铝合金生产机铝合金热处理、表面处理与染色、着色新工艺新技术和最新标准应用实务手册[M].北京:中国工业电子出版社,2006

[17] 徐洲、姚寿山.材料加工原理[M].北京:中国科学出版社,2002

[18] 刘静安,傅启明.世界当代铝加工最新技术[M].

[19] 李松瑞,周善初.金属热处理[M].长沙:中南大学出版社,2005

[20] 崔中圻,覃耀春. 金属学与热处理. [M]. 第二版. 北京:机械工业出版社,2007

[21] 王宗宽,周亚军.铝板、带材轧制过程中的工艺润滑及影响因素[J]. 轻合金加工技术,2007(11)

[22] 魏云华.铝热轧乳液的性能控制[J]. 轻合金加工技术,2002(9)

[23] 盛春磊.中国铝及铝合金轧制设备现状与发展趋势[J]. 铝加工,2005(5)

[24] 易光.铝合金热处理设备的发展与关键技术[J].工业加热,1999(1)

[25] 侯波. 铝合金连续铸轧和连铸连轧技术[M]. 北京:冶金工业出版社, 2010

[26] 孙一康. 冷热轧板、带轧机的模型与控制[M]. 北京:冶金工业出版社, 2010

[27] 段瑞芬. 铝箔生产技术[M]. 北京:冶金工业出版社, 2010

[28] 李凤轶. 铝合金生产设备及使用维护技术[M]. 北京:冶金工业出版社, 2013